水利水电工程
移民安置规划与设计

刘焕永　席景华　刘映泉　刘平安　代磊 等　著

中国水利水电出版社

www.waterpub.com.cn

·北京·

内 容 提 要

　　本书介绍了我国水利水电工程建设征地移民安置规划设计在不同时期、不同阶段法律法规、规程规范的沿革和规划设计方法，通过典型案例分析，总结提出移民安置规划设计工作经验和建议。全书共 11 章，包括专业发展概述，建设征地范围界定，基础调查，移民安置的任务、目标和标准，农村移民安置规划设计，城镇迁建规划设计，专业项目规划设计，库底清理设计，补偿费用概（估）算编制，综合设计，总结与展望等内容，具有较高的学术和应用价值。

　　本书可供从事水利水电工程建设征地移民行业的政府管理、规划设计、工程建设管理等工作人员及理论研究者阅读，也可作为移民干部及技术工作人员的培训教材。

图书在版编目（ＣＩＰ）数据

水利水电工程移民安置规划与设计 / 刘焕永等著
. -- 北京 : 中国水利水电出版社，2021.9
ISBN 978-7-5170-9921-5

Ⅰ. ①水… Ⅱ. ①刘… Ⅲ. ①水利水电工程－移民安置－研究－中国 Ⅳ. ①D632.4

中国版本图书馆CIP数据核字(2021)第182198号

书　　名	**水利水电工程移民安置规划与设计** SHUILI SHUIDIAN GONGCHENG YIMIN ANZHI GUIHUA YU SHEJI
作　　者	刘焕永　席景华　刘映泉　刘平安　代　磊　等 著
出版发行	中国水利水电出版社 （北京市海淀区玉渊潭南路 1 号 D 座　100038） 网址：www. waterpub. com. cn E - mail：sales@ waterpub. com. cn 电话：(010) 68367658（营销中心）
经　　售	北京科水图书销售中心（零售） 电话：(010) 88383994、63202643、68545874 全国各地新华书店和相关出版物销售网点
排　　版	中国水利水电出版社微机排版中心
印　　刷	河北鑫彩博图印刷有限公司
规　　格	184mm×260mm　16 开本　15.75 印张　382 千字
版　　次	2021 年 9 月第 1 版　2021 年 9 月第 1 次印刷
印　　数	001—700 册
定　　价	**120.00 元**

《水利水电工程移民安置规划与设计》

编 撰 人 员 名 单

刘焕永	席景华	刘映泉	刘平安	代　磊	黄爱平	江燮华
杨　洲	杨　胜	余　琳	曾述银	徐　静	陈　敬	周长春
翟洪光	徐开寿	杨昌定	胡　波	梁　宇	周广成	欧勇胜
何生兵	陈　林	王小聪	张　振	朱　林	汪　奎	郑萍伟
曾　耀	王铁虎	杜珍华	崔洪梅	李　枝	石昕川	李　涛
刘　建	石　新	唐中强	余　波	苏洪昆	章　林	黄晓亮
吴耀宇	代　勇	干尚伟	金永刚	张　铭	袁子轶	梁　炎
文　韬	欧玉鹏	李　强	蔡璐遥	张　娣	吴启凡	唐亚冲
高双林						

　　水利水电工程建设需要征占大量土地，还需要对征占土地范围内的居民开展迁移安置以恢复其生产生活条件，对涉及的个人财产给予补偿，对城镇和各类基础设施进行迁复建以恢复其功能，这些工作都属于水利水电工程征地移民工作范畴。征地移民工作是水利水电工程建设的基础和保障，对工程方案的选择、工程投资控制、施工布置和建设节点安排及工程建设的顺利推进意义重大，对涉及的移民更是利益攸关，对工程建设所在地和移民安置区的社会经济影响深远。征地移民涉及多个利益主体，既有社会管理工作，又涉及多个行业的工程建设，错综复杂，需要建设参与各方共同努力才能完成。

　　水利水电工程建设征地移民安置规划设计是水利水电工程设计的重要组成部分，主要任务是参与工程设计方案比选、确定建设征地范围、调查实物指标、开展移民搬迁安置和生产安置规划设计、开展城镇迁建和专业项目迁复建规划设计、编制建设征地移民补偿费用概（估）算等工作，关系到水利水电工程规模的合理选定，关系到移民的个人财产补偿和生产、生活恢复，影响相关地区国民经济的恢复发展与社会稳定。伴随我国水利水电资源的陆续开发和国家建设管理体制的不断改革，建设征地移民安置规划设计工作也经历了从"无"到"有"，从"粗放"到"规范"，从"简单调查"到"全面规划设计"的变化过程，为水利水电工程顺利建设和移民安置实现"搬得出、稳得住、能致富"做出了重要贡献。近年来，水利水电工程移民投资占比越来越高，与此同时，移民相关法律法规、规程规范、政策进一步完善，各方对新时期的水利水电工程建设征地移民规划设计工作提出了新的要求。

　　中国电建集团成都勘测设计研究院有限公司（以下简称成都院）勘测设计了 200 余座水电站，承担了大渡河、金沙江、雅砻江、岷江、西藏地区等 100 余座大中型水利水电工程建设征地移民安置规划设计工作，移民规划设计队伍从不足 10 人发展到目前的 200 余人；设计的瀑布沟、溪洛渡、锦屏等大中型水利水电工程涉及移民 30 余万人、迁建县城 2 座、集镇 54 座、等级公路 1400 余 km，移民安置规划投资总额逾千亿元；同时主编《水电工程建设征地移民安置规划设计规范》（DL/T 5064—2007）、《水电工程农村移民安置规划设计规范》（DL/T 5378—2007）、《水电工程建设征地处理范围界定规范》（DL/T

5376—2007）等多项规程规范。成都院征地移民专业具备丰富的移民安置规划设计理论基础和实践经验。鉴于此，将多年的工作经验进行总结和提炼，形成《水利水电工程移民安置规划与设计》一书。

本书介绍了我国水利水电工程建设征地移民安置规划设计在不同时期、不同阶段法律法规、规程规范的沿革和规划设计方法。在结合成都院多年来水库移民工作经验的基础上，通过典型案例分析，对建设征地范围界定，基础调查，移民安置任务、目标和标准，农村移民安置规划设计，城镇迁建规划设计，专业项目规划设计，库底清理设计，补偿费用概（估）算编制，综合设计等9个方面的工作内容、设计方法的发展演变，规划设计重难点，以及创新技术方法进行归纳总结，提出移民安置规划设计工作经验和建议，以期为后续水利水电工程建设征地移民规划设计工作提供经验和参考。

本书的主要内容是在2014年水利水电规划设计总院委托成都院完成的课题成果基础上，结合工作实践编写而成。全书共11章：第1章专业发展概述，介绍了征地移民的概念及演变过程，政策法规体系，规划设计原则、任务和报批程序，成都院移民专业发展情况。第2章建设征地范围界定，阐述了设计洪水标准确定、水库末端处理、风浪及船行波影响确定、水库影响区范围界定及处理、枢纽工程建设区界定及处理等工作的技术难重点、工作方法。第3章基础调查，梳理移民安置规划设计开展基础调查的工作程序、方法、重点难点。第4章移民安置的任务、目标和标准，介绍了生产安置计算、生产安置人口界定、规划目标及安置标准确定的主要工作方法。第5章农村移民安置规划设计，介绍不同时期农村移民安置规划设计的工作重点及主要工作方法；分析了生产安置、搬迁安置规划设计的主要技术要点，以及在典型案例工程的应用和经验分享。第6章城镇迁建规划设计，阐述了迁建城镇新址选择、竖向规划与场地处理的工作方法，以及选址过程中存在的主要问题及典型案例。第7章专业项目规划设计，介绍了交通运输、水利、防护、电力工程和企业单位处理的工作内容和方法，通过典型案例分析，对重难点技术内容进行分析说明。第8章库底清理设计，介绍了库底清理范围的界定，对象的识别、方法选择、工程量和费用计算等工作内容和方法，通过典型案例分析，对重难点技术内容进行分析说明。第9章补偿费用概（估）算编制，介绍了不同时期移民安置补偿费用概（估）算项目的构成和划分，通过典型案例分析，阐述了土地及地上附着物、林木、特殊项目等处理方式，以及房屋基本入住费、风貌打造费用等体系外新增项目及处理。第10章综合设计，阐述了设计交底、变更处理、专题验收、综合设计成果编制的工作内容、流程和技术要求，提出工作过程中存在的主要问题。第 2 章到第 10 章，分别对设计过程中存在的主要技术难点，采用典型案例进行分析，总结提出规划设计经验和建议。第 11 章总结与展望，针对城镇迁建规划设计、专业项目规划设计、库底清理设计、补偿费用概算工作存在的问题，提出解决思路和后续发展建议。

由于时间与水平限制，本书难免存在不足之处，恳请读者批评指正。

作者

2020 年 11 月

目录

第 1 章

专 业 发 展 概 述

1.1 征地移民的概念及演变过程

在长期的水利水电工程建设中，"征地移民"早已成为广泛应用的术语，但早期其内涵仅包括水库淹没区受影响的人口。20 世纪 80 年代中后期，世界银行和亚洲开发银行等国际金融机构大量投资和参与中国的基础工程建设，引入了"非自愿移民（Involuntary Resettlement）"概念和相应政策，使得国内对"征地移民"的概念有了新的认识。

施国庆将"征地移民"界定为在开发利用水资源过程中，因兴建水库而引起较大数量的、有组织的人口迁移，具有非自愿性质，即造成的非自愿移民活动，涉及社会、经济、生态环境等诸多方面。这一概念得到了学术界的广泛认可。随着水利水电工程实践的发展，征地移民的范畴已延伸至枢纽工程建设区涉及的人口。即"征地移民"是指因水利水电工程建设而遭受直接或间接影响，需要进行生产或生活安置的所有人，包括：房屋必须拆除而搬迁的人，耕地、园地、林地、养殖水域等用于农业生产经营的土地被征用的土地所有者或生产经营者，房屋必须拆除的企业或机关事业单位的职工，征地后将丧失就业和收入来源的人口等。

移民安置工作是水电工程能否顺利建设的重要环节，国家有关主管部门和工程建设各有关方面对此项工作一贯高度重视。移民安置规划设计工作是移民工作的重要基础性工作，原水利电力部曾于 1984 年颁发了《水利水电工程水库淹没处理设计规范》（SD 130—1984）（以下简称"84 规范"），1996 年原电力工业部根据国家有关移民工作法规政策的要求，在原规范的基础上修编颁发了《水电工程水库淹没处理规划设计规范》（DL/T 5064—1996）（以下简称"96 规范"），2007 年国家发展和改革委员会发布《水电工程建设征地移民安置规划设计规范》（DL/T 5064—2007）、《水电工程建设征地处理范围界定规范》（DL/T 5376—2007）、《水电工程建设征地实物指标调查规范》（DL/T 5377—2007）、《水电工程农村移民安置规划设计规范》（DL/T 5378—2007）、《水电工程移民专业项目规划设计规范》（DL/T 5379—2007）、《水电工程移民安置城镇迁建规划设计规范》（DL/T 5380—2007）、《水电工程水库库底清理设计规范》（DL/T 5381—2007）、《水电工程建设征地移民安置补偿费用概（估）算编制规范》（DL/T 5382—2007）系列规范（以下简称"07 系列规范"），较好地指导了水电工程水库淹没处理规划设计工作，对建设征地移民安置工作的规范化管理起了重要推动作用。近年来，随着电力体制的深化改革，社会主义法制建设的不断完善和国家投资项目核准制度的建立，水电工程建设征地移民工作的管理得到了加强，国家和社会对建设征地移民安置的规划设计工作也提出了更高的要求。国务院相继出台《大中型水利水电工程建设征地补偿和移民安置条例》（国务院令 74号，以下简称"74 号移民条例"）、《大中型水利水电工程建设征地补偿和移民安置条例》（国务院令 471 号，以下简称"471 号移民条例"）《国务院关于修改〈大中型水利水电工程建设征地补偿和移民安置条例〉的决定》（国务院令 679 号，以下简称"679 号移民条例"）。

通过广泛收集各有关方面对原规范修改意见，以促进国家能源战略实施，构建和谐社会为指导思想，在认真分析研究水电工程建设征地移民安置规划设计的特点和移民工作实际情况的基础上，根据"471 号移民条例"和国家有关政策法规，衔接近年来国家投资主管部门对水电工程项目核准中有关各方的职责和核准程序要求，对"471 号移民条例"的要求，重新制定了规范名称，由原来的水库淹没处理调整为建设征地移民安置。

1.2　政策法规体系

从建设征地移民安置宏观政策体系看，主要分为计划经济时期和市场经济时期，1982年国家出台的《国家建设征用土地条例》和随后配套的出台的《水利水电工程水库淹没处理设计规范》（SD 130—1984）具有重大的里程碑意义。以移民规范出台时间进行划分，1984 年以前属于计划经济时期，移民规划设计工作没有技术标准和规范可依，主要开展实物指标调查，估算补偿投资等工作，国家在此基础上审查批准补偿投资，以行政方式指令性移民，移民搬迁直接进入异地人民公社或对应单位，同时对估算投资执行包干制度。

1984 年以后，随着国家改革开放和工程建设市场化，建设征地移民安置规划设计工作逐渐提升到国家层面，随着移民安置"84 规范""74 号移民条例""96 规范""471 号移民条例""07 规范"和"679 号移民条例"等一系列国家政策和配套规范的出台和修编，移民安置规划工作逐步走上正规化、系统化和标准化道路，不断完善壮大。

1.2.1　1984 年以前

1953 年 12 月 5 日，中央人民政府政务院发布了《国家建设征用土地管理办法》，该办法对征用土地的原则、审批权限、实物指标和补偿费确定、临时征用土地和停止使用土地、生产生活安置、征用土地的产权以及少数民族自治区的特殊情况等进行了规定，首次规范了基本建设征用土地的工作。在这一时期，移民规划设计工作没有技术标准和规范可依，设计单位代表国家承担了投资控制的部分职能，设计单位在地方政府的配合下，开展实物指标调查、估算补偿投资，国家在此基础上审查批准补偿投资，并以行政命令形式下达移民任务，基本为指令性移民，移民搬迁直接进入异地人民公社或对应单位。

1958 年 1 月 6 日，国务院修正并公布施行《国家建设征用土地办法》。在这个时期，移民规划工作主要参照狮子滩水电站、福建古田溪一级水电站等的技术工作和《国家建设征用土地办法》的有关规定开展移民安置的规划设计工作。

1962—1964 年，原水利电力部水电建设总局曾组织编制了《水利水电工程水库淹没处理设计规范》，并形成了《水利水电工程水库淹没处理设计规范》（研究班定稿，1964年7月），包括总则、水库淹没处理设计所需的基本资料、水库范围及设计标准、各项处理设计的基本原则与主要内容、各项淹没补偿投资及分担原则、设计阶段与设计要求、附则等7章内容。该技术标准未正式发布，但在20世纪60年代和70年代的水电工程建设征地移民安置规划设计中，被作为技术标准部分得以应用。

1982年，国家出台《国家建设征用土地条例》，并针对移民安置逐步配套编制移民规范，为移民安置构建政策体系；移民安置规划工作逐步走上正规化、系统化和标准化道路。

1.2.2　1984—1991 年

该时期建设征地移民安置工作主要执行《水利水电工程水库淹没处理设计规范》（SD 130—1984），《水利水电工程水库淹没实物指标调查细则》（1986年），《中华人民共和国土地管理法》（1987年），财政部、电力工业部《关于从水电站发电成本中提取库区维护基金的通知》（〔81〕电财字第56号），国务院《转发水利电力部关于抓紧处理水库移民问题报告的通知》（国办发〔1986〕56号），以及四川省出台的政策《四川省土地管理暂行条例》（1982年）、四川省《中华人民共和国土地管理法》实施办法（1987年）等政策文件。文件体系完成构建。

1. 《中华人民共和国土地管理法》（1987年）

（1）提出了农业安置人口的概念并明确了其计算方法。土地管理法第二十八条规定："需要安置的农业人口数，按照被征用的耕地数量除以征地前被征地单位平均每人占有耕地的数量计算。"从法律层面明确提出了农业安置人口的概念，并明确了其计算方法。

（2）对征用耕地补偿增加了安置补助费。土地管理法第二十八条规定："国家建设征用土地，用地单位除支付补偿费外，还应当支付安置补助费。征用耕地的安置补助费，按照需要安置的农业人口数计算。每一个需要安置的农业人口的安置补助费标准，为该耕地被征用前三年平均每亩年产值的二至三倍。但是，每亩被征用耕地的安置补助费，最高不得超过被征用前三年平均年产值的十倍。"对征用耕地补偿增加了安置补助费。

（3）土地补偿标准逐步提高。对于征地补偿，土地管理法第二十七条、二十八条中明确规定："国家建设征用土地，由用地单位支付补偿费。征用耕地的补偿费，为该耕地被征用前三年平均年产值的三至六倍。""每一个需要安置的农业人口的安置补助标准，为该耕地被征用前三年平均每亩年产值的二至三倍。但是，每亩被征用耕地的安置补助费，最高不得超过被征用前三年平均年产值的十倍。征用其他土地的安置补助费标准，由省、自治区、直辖市参照征用耕地的安置补助费标准规定。"

第二十九条规定："依照本法第二十七条、二十八条的规定支付土地补偿费和安置补助费，尚不能使需要安置的农民保持原有生活水平的，经省、自治区、直辖市人民政府批准，可以增加安置补助费。但是，土地补偿费和安置补助费的总和不得超过土地被征用前三年平均年产值的二十倍。"征用土地补偿标准由1958年1月颁布实施的《国家建设征用土地办法》中的最近二至四年的定产量的总值提高到最高征用前三年平均年产值的二十倍。

2．《水利水电工程水库淹没处理设计规范》（SD 130—1984）

1984 年颁布的《水利水电工程水库淹没处理设计规范》（SD 130—1984）第一次针对水电工程移民安置出台了专门规范，规范对水电工程移民安置规划设计工作进行了规范，同时对移民规划设计工作分工做了规定。

1.2.3　1991—2006 年

1991 年 1 月 4 日，国务院发布《中华人民共和国土地管理法实施条例》（国务院令第 73 号），自 1991 年 2 月 1 日起施行。

1991 年 2 月 15 日，国务院以第 74 号令颁布了《大中型水利水电工程建设征地补偿和移民安置条例》，该条例于 1991 年 5 月 1 日实施。

1991 年 12 月 3 日，能源部、水利部水利水电规划设计总院发出《关于加强水库淹没前期工作的通知》（水规规〔1991〕67 号），并随文发布《不同设计阶段水库淹没处理工作深度暂行规定》。

1992 年 3 月 25 日，国务院发出《批转国家计委关于加强水库移民工作若干意见的通知》（国发〔1992〕20 号），对于移民安置规划指出："加强移民前期工作，为项目决策提供科学依据。水库淹没处理的前期工作，包括淹没损失和地区经济的调查、移民环境容量分析、移民安置与专项迁建规划以及投资概算编制等内容……当前水库移民前期工作，同整个工程前期工作相比，无论在深度和进度上，均未做到同步，与国家决策立项的要求和移民实施的需要都存在较大差距。"

1996 年 11 月 28 日，原电力工业部以《关于发布〈水电工程水库淹没处理规划设计规范〉电力行业标准的通知》（电技〔1996〕807 号），颁布了《水电工程水库淹没处理规划设计规范》（DL/T 5064—1996），"96 规范"自 1997 年 5 月 1 日起实施。

2002 年 11 月 30 日，原国家计委发出《关于印发〈水电工程建设征地移民工作暂行管理办法〉的通知》（计基础〔2002〕2623 号），发布《水电工程建设征地移民工作暂行管理办法》，加强了对水电工程建设征地和移民安置工作的管理，明确各级地方政府、移民机构、项目法人、设计单位和监理单位等有关部门和单位的责任和义务，确保水电工程建设征地移民安置工作的顺利进行，促进水电工程建设的健康发展，保护移民的合法权益。

1.2.4　2006—2017 年

2006 年国家颁布实施《大中型水利水电工程建设征地补偿和移民安置条例》（国务院令第 471 号），随着新移民条例实施，与之配套的《水电工程建设征地移民安置规划设计规范》（DL/T 5064—2007）、《水电工程建设征地处理范围界定规范》（DL/T 5376—2007）、《水电工程建设征地实物指标调查规范》（DL/T 5377—2007）、《水电工程农村移民安置规划设计规范》（DL/T 5378—2007）、《水电工程移民专业项目规划设计规范》（DL/T 5379—2007）、《水电工程移民安置城镇迁建规划设计规范》（DL/T 5380—2007）、《水电工程水库库底清理设计规范》（DL/T 5381—2007）、《水电工程建设征地移民安置补偿费用概（估）算编制规范》（DL/T 5382—2007）等也及时颁布执行。

在此阶段，四川省也先后出台了《四川省人民政府大型水电工程移民办公室关于大中型水利水电工程移民安置规划大纲和移民安置规划编制工作的意见》（川移发〔2007〕23号）、《四川省人民政府办公厅关于印发〈大中型水利水电工程建设征地范围内禁止新增建设项目和迁入人口的通告管理办法〉的通知》（川办函〔2007〕279号）、《关于加强中型水电站移民安置规划和移民安置实施规划设计管理的通知》（川移发〔2007〕74号）、《关于在全省大中型水利水电工程试行先移民后建设有关问题的通知》（川扶贫移民规安〔2010〕202号）等文件和规定。目前，四川省已制定《四川省大中型水利水电工程建设征地移民安置前期工作管理办法》，对建设征地移民安置程序、实物调查、移民规划大纲、移民规划报告编制内容、实施监督、竣工验收、后期扶持等作出规定。这些规定及时出台，实际上是对国务院令第471号移民条例的补充、细化和完善。

1.3 规划设计原则

1. 计划经济时期：新中国成立至1984年以前

国家尚无指导移民安置规划设计和实施工作的国家性政策和规范，水电工程移民工作一般采取行政指令方式进行，缺乏系统和正式的移民工作指导性法律政策、规程规范。移民工作主要参照1958年国务院颁布实施的《国家建设征用土地办法》的规定执行，设计单位代表国家承担了投资控制的部分职能，水库淹没处理及移民安置规划非常简单，移民工作主要依托行政指令和政治动员的方式开展，移民补偿一般按人头或满足基本生产生活条件即可。

国家提出水库移民规划要满足"国家不浪费，移民不吃亏""本着勤俭建国，勤俭办一切事业的精神，为了不使移民远途迁移，尽可能采用后街插社就地安置，正确处理国家、集体和个人利益三者之间的关系""国家增产粮食""以水利建设为重点，做好水库移民安置工作""移民必须服从施工，移民生产两不误"的大政方针。

2. 起步期：1984—1991年

国家建设征用土地的法规体系开始建立，征用土地补偿费纳入法制轨道，国务院1982年5月公布施行的《国家建设征用土地条例》为典型标志。1984年12月，水利电力部颁布实施《水利水电工程水库淹没处理设计规范》（SD 130—1984），自此，水库淹没处理设计有了第一本规范。

水库淹没处理设计必须根据国家的有关方针、政策和法令，全面规划，统筹兼顾，正确处理中央、地方、集体、个人之间的关系，对淹没所及的全民所有、集体所有和个人所有的生产与生活资料做到妥善处理，合理补偿；尽量考虑少淹没土地，少迁移人口；妥善安置移民的生产和生活，做到不降低移民原来正常年景实际的经济收入水平，并能逐步有所改善。

3. 探索期：1991—2006年

水库移民政策的法规体系开始建立，移民政策体系从无到有，移民规划设计纳入法制轨道，国务院1991年2月发布、5月起施行的《大中型水利水电工程建设征地补偿和移民安置条例》（国务院令第74号）为典型标志，是移民政策体系的探索时期。1996年11月，电力工业部发布《水电工程水库淹没处理规划设计规范》（DL/T 5064—1996），水电工程水库淹没处理规划设计进入专业化轨道。

水电站水库淹没处理规划设计尽量考虑少淹没土地，少迁移人口；贯彻开发性移民方针，坚持国家扶持、政策优惠、各方支援、自力更生的原则，正确处理国家、集体、个人之间的关系，移民区和移民安置区应当服从国家整体利益安排；通过采取前期补偿、补助与后期生产扶持的办法，妥善安置移民的生产、生活；移民安置与库区建设、资源开发、水土保持、经济发展相结合，逐步使移民生活达到或者超过原有水平；移民安置应当因地制宜、全面规划、合理利用库区资源，就地后靠安置；没有后靠安置条件的，可以采取开发荒地滩涂、调剂土地、外迁等形式安置，但应当遵守国家法律、法规的有关规定。

4. 完善期：2006—2017 年

2006 年 3 月，国务院公布《大中型水利水电工程建设征地补偿和移民安置条例》（国务院令第 471 号）；2017 年 4 月，国务院公布《国务院关于修改〈大中型水利水电工程建设征地补偿和移民安置条例〉的决定》（国务院令第 679 号），水库移民政策的法规体系逐步完善。

国家实行开发性移民方针，采取前期补偿、补助与后期扶持相结合的办法，使移民生活达到或者超过原有水平。大中型水利水电工程建设征地补偿和移民安置应当遵循以人为本，保障移民的合法权益，满足移民生存与发展的需求；顾全大局，服从国家整体安排，兼顾国家、集体、个人利益；节约利用土地，合理规划工程占地，控制移民规模；可持续发展，与资源综合开发利用、生态环境保护相协调；因地制宜，统筹规划；实事求是、客观科学、依法依规；尊重少数民族生产生活习惯。

同时，国家发展和改革委员会于 2007 年 7 月发布《水电工程建设征地移民安置规划设计规范》（DL/T 5064—2007）及相配套的《水电工程建设征地处理范围界定规范》（DL/T 5376—2007）、《水电工程建设征地实物指标调查规范》（DL/T 5377—2007）、《水电工程农村移民安置规划设计规范》（DL/T 5378—2007）、《水电工程移民专业项目规划设计规范》（DL/T 5379—2007）、《水电工程移民安置城镇迁建规划设计规范》（DL/T 5380—2007）、《水电工程水库库底清理设计规范》（DL/T 5381—2007）、《水电工程建设征地移民安置补偿费用概（估）算编制规范》（DL/T 5382—2007）等七项规范，进一步系统地规范了水电工程建设征地移民安置规划设计工作。

1.4 规划设计任务

1. 计划经济时期：新中国成立至 1984 年以前

计划经济时期，国家尚未出台水库移民安置规划设计和实施工作的国家性政策和规范，水库移民规划设计主要按照《国家建设征用土地办法》采取行政指令和政治动员方式进行，移民补偿一般按人头或满足基本生产生活条件即可。

设计单位代表国家承担部分投资控制的职能，在地方政府的配合下，开展实物指标调查，编制移民安置规划和补偿投资，国家在此基础上审查批准补偿投资，并以行政命令形式下达移民任务，基本为指令性移民，移民搬迁直接进入异地人民公社或对应单位。

2. 起步期：1984—1991 年

根据《水利水电工程水库淹没处理设计规范》（SD 130—1984）的要求，水库淹没处理设计的主要任务是：合理确定水库范围，查明淹没对象的实物数据，研究水库淹没对地区国民经济的影响，配合有关专业论证工程建设规模，编制水库移民安置和专项迁建规划，进行防护措施设计及库区综合开发规划，提出库底清理技术要求，编制水库淹没处理投资概算。水库淹没处理设计一般按初步设计、技施设计两个阶段分别进行。

（1）初步设计阶段主要任务。

1）分高程实地调查水库淹没实物数据。其中：耕地、园地以自然村为单位调查统计；人口、房屋按居民点调查统计；林地、果木、工矿、交通、水利设施、电信、广播等专业项目需全部实地调查。主要居民点和重要建筑物应在水库地形图上统计标出。

2）收集水库所在地区工农业生产、交通运输等国民经济和自然地理资料，分析兴建水库对地区国民经济的影响。

3）选择居民迁移、土地征用和其他淹没对象迁移标准，确定水库处理范围。

4）编制移民安置规划。

5）提出城镇、交通、电信、广播等淹没对象的迁建方案。

6）对防护对象提出防护规划。

7）提出库边主要道路、渡口、桥梁等设施的初步规划。

8）初步研究库区综合开发利用，提出卫生防疫及清库要求。

9）编制水库淹没处理初步设计报告。主要包括：淹没损失数据、移民安置方案、投资概算和主要设备、材料，并附有关图表和来往文件。

（2）技施设计阶段主要任务。

1）核定不同淹没对象的设计洪水标准。

2）确定水库移民征地范围，并测定水库界线，埋设永久界桩，编制成果图表，办理委托保管界桩手续。

3）核定水库淹没的各项实物数据。其中：人口、房屋、个人所有的经济林和果木等分户登记。

4）落实移民安置规划和编制分期移民计划。其中应包括安置区生产规划，集体安置的居民点布置规划，自然村的移民安置平衡表，移民工程的设计与施工进度计划，分期移民人数与迁建安置的进度等。

5）核实城镇、交通、电信、广播、矿产等淹没对象的处理设计及实施方案。

6）进行重要防护工程设计和施工组织设计。

7）落实库边主要道路、渡口、桥梁的设置。

8）制定库底清理技术要求和实施办法。

9）编制水库淹没处理技施设计报告。主要包括：淹没损失数据、移民安置实施方案、有关专业项目设计、修正概算和主要设备材料，并附有关图表和来往文件。

3. 探索期：1991—2006 年

根据《水电工程水库淹没处理规划设计规范》（DL/T 5064—1996）的要求，水库淹没处理规划设计的主要任务是：合理确定水库淹没处理范围，查明淹没损失的实物指标，研究水库淹没对地区国民经济的影响，参与论证工程建设规模，进行移民安置、城镇迁建、专业项目复建、防护工程的规划设计和水库水域开发利用，制定库底清理技术要求，编制水库淹没处理补偿投资概（估）算。水库淹没处理设计一般按预可行性研究报告阶段、可行性研究报告阶段、招标设计阶段分别进行。

（1）预可行性研究报告阶段。

1）按初拟的各正常蓄水位方案，调查水库淹没损失主要实物指标。

2）初步调查库区的滑坡和潜在不稳定岸坡的分布及大致范围，初步圈定浸没、塌岸范围，调查受其影响的主要实物指标。

3）为初选正常蓄水位方案提出具有制约性的淹没对象的控制高程、范围和数量。

4）初步调查移民安置区的环境容量，说明移民安置的条件和去向。对城镇和主要专业项目设施的复建提出初步意见。

5）估算水库淹没处理补偿投资。

6）编制水库淹没处理篇章或报告。

（2）可行性研究报告阶段。

1）确定居民迁移、土地征用及其他淹没对象的淹没处理范围。

2）查明库区大坝滑体、不稳定岸坡的分布、范围，圈定浸没和塌岸区。对淹没线以上附近不稳定岸坡和拟定的移民安置区的地基稳定性进行详细的地质勘察。

3）查明各正常蓄水位方案水库淹没及影响处理范围内的实物指标，提出调查报告。

4）分析兴建水库对地区社会经济的影响，参与选择正常蓄水位方案。

5）编制移民安置规划，包括农村移民安置规划和集镇、城镇迁建规则。

6）进行各专业项目的复建及文物处理规划设计。

7）对有条件的防护对象，应研究防护方案，提出防护工程规划设计报告。

8）研究水库水域开发利用，提出初步规划。

9）提出库底清理技术要求。

10）编制水库淹没处理补偿投资概算。

11）提出水库淹没处理实施总进度及分期移民和分年投资初步计划。

12）编制水库淹没处理规划设计报告（地方政府和有关部门提供的资料及意见作为附件列入）。

（3）招标设计阶段。

1）测定水库居民迁移和土地征用界线，埋设永久界桩，编制界桩分布图表，办理委托保管界桩手续。

2）必要时核定水库淹没影响处理范围和有明显变化的实物指标。

3）编制移民安置实施规划或实施计划，提出设计文件。

4）根据审定的各专业项目的复建方案，提出设计文件。

5）根据审定的防护工程方案，提出设计报告。

6）对确定水库水域开发利用的项目，提出相应的规划报告。

7）编制库底清理实施计划和办法。

8）根据可行性研究阶段审定的补偿总概算，核定各分项的补偿投资。

9）编制水库淹没处理实施总进度及分期移民和分年度投资计划。

4. 完善期：2006—2017 年

根据《水电工程建设征地移民安置规划设计规范》（DL/T 5064—2007）（以下简称

"07总规范")的要求，移民安置规划设计的主要任务是：确定建设征地处理范围，调查水电工程建设征地实物指标，研究建设征地移民安置对地区社会经济的影响，参与工程建设方案的论证，提出移民安置总体规划，进行农村移民安置、城镇迁建、专业项目处理、库底清理、移民安置区环境保护和水土保持的规划设计，提出水库水域开发利用和水库移民后期扶持措施，编制建设征地移民安置补偿费用概（估）算。水库淹没处理设计一般按预可行性研究报告阶段、可行性研究报告阶段、移民安置实施阶段分别进行。

（1）预可行性研究报告阶段。

1）初步拟定建设征地处理范围。

2）初步调查分析主要实物指标。

3）研究提出对枢纽工程初选方案具有制约性的对象及其控制高程、范围和数量。

4）初步研究建设征地移民对地区社会经济的影响。

5）初步分析移民数量和移民安置环境容量，分析移民安置的条件，研究提出移民安置的去向，初拟移民安置方案。

6）提出城镇迁建和专业项目处理初步方案。

7）初步分析预测移民安置环境保护和水土保持问题，初拟移民安置环境保护、水土保持对策和措施。

8）估算建设征地移民安置补偿费用。

9）编制建设征地移民安置初步规划报告。

10）由县级人民政府对推荐的移民安置初步方案提出认可文件。

（2）可行性研究报告阶段。

1）分析预测建设征地移民安置任务以及对地区社会经济的影响，从建设征地移民安置角度对工程设计方案比选提出推荐意见。

2）确定建设征地处理范围。

3）查明建设征地处理范围内的实物指标，提出实物指标调查报告。

4）拟定移民安置目标、标准，确定移民安置任务，分析移民安置环境容量，选定移民安置区，确定移民安置去向，提出主要影响对象的处理方式，进行移民生活水平评价预测，编制移民安置总体规划，并在此基础上编制移民安置规划大纲。

5）确定农村移民安置方案，选择农村移民安置居民点新址，开展农村移民搬迁和生产安置规划设计，明确移民后期扶持措施，提出相应项目的设计文件。

6）选定城镇迁建新址，确定建设规模，编制城镇迁建规划或处理规划，提出城市集镇迁建基础设施工程初步设计文件。

7）确定各专业项目处理方案，进行专业项目处理设计，提出设计文件。

8）确定库底清理的范围、对象和清理标准，拟定清理措施，提出设计文件。

9）明确移民安置区环境保护和水土保持的要求，进行移民安置区环境保护和水土保持设计，提出设计文件。

10）研究移民安置项目分布和实施外部条件，拟定移民安置项目实施顺序、管理方案、进度安排，提出实施组织设计文件。

11）提出移民后期扶持措施。

12）分析确定补偿实物指标，编制建设征地移民安置补偿费用概算。

13）编制移民安置规划报告。

14）履行实物指标公示和确认程序。由地方各级人民政府对移民安置规划设计成果提出确认文件。

（3）移民安置实施阶段。

1）提出移民安置实施阶段设计任务要求和进度计划，进行界桩布置设计。必要时对建设征地处理范围、实物指标、移民安置人口和规划设计方案进行复核。

2）配合有关地方人民政府编制移民安置实施计划。

3）进行农村移民生产开发和居民点工程项目的施工图设计，提出设计文件或实施技术要求。

4）进行城镇的基础施工图设计，提出设计文件。

5）进行专业项目施工图设计，提出设计文件。

6）进行移民安置区环保、水保工程项目施工图设计，提出设计文件。

7）开展建设征地移民综合设计工作，进行移民安置规划设计交底，处理移民安置规划实施过程中出现的设计问题，处理设计变更事宜（包括农村移民安置方案调整、城镇规划设计方案调整、专业项目等移民工程设计方案改变），编制移民安置验收综合设计报告。

1.5 规划报批程序

1.5.1 1984年以前

该时期以典型工程龚嘴水电站为例，在编制移民安置规划时，采取以地方为主，设计单位配合方式，移民安置规划报告由各公社分别负责编制，报经区、县逐级审批。

1.5.2 1984—1991年

在该时期，对移民安置规划设计成果不进行单独审查，水电站的移民安置规划篇章与工程设计报告一起逐级上报水电部进行审查；对于调查细则等成果只进行咨询，不需要开展审查。

1.5.3 1991—2006年

在该时期，对于咨询管理，出台的《大中型水利水电工程建设征地补偿和移民安置条例》（国务院令第74号）等相关办法对移民安置规划专题报告审批提出了具体要求，移民安置规划已经成为项目审批、征地手续办理和工程施工的前置条件。

1991年国务院颁布的《大中型水利水电工程建设征地补偿和移民安置条例》（国务院令第74号）规定：水利水电工程建设单位，应当在工程建设的前期工作阶段，会同当地人民政府根据安置地的自然、经济等条件，按照经济合理的原则编制移民安置规划。移民安置规划应当与设计任务书（可行性研究报告）和初步设计文件同时报主管部门审批。没有移民安置规划的，不得审批工程设计文件、办理征地手续，不得施工。

国家计委《关于印发〈水电工程建设征地移民工作暂行管理办法〉的通知》（计基础〔2002〕2623 号）规定：国务院投资主管部门负责审批建设征地移民安置规划和补偿投资概算，省级人民政府负责审批建设征地移民安置实施规划，省级移民管理机构负责移民安置实施规划和建设征地移民安置实施年度计划的审查与协调工作。

1.5.4　2006—2017 年

在该时期，不同水电工程移民安置规划审批程序略有差异。根据《水电工程建设征地移民工作暂行管理办法》（计基础〔2002〕2623 号）第十三条规定："工程开工后，必须依据批准的建设征地移民安置规划编制建设征地移民安置实施规划，并报省级人民政府批准。"

2006 年 9 月，《大中型水利水电工程建设征地补偿和移民安置条例》（国务院令第 471 号）施行。《四川省人民政府关于贯彻国务院水库移民政策的意见》（川府发〔2006〕24 号）的规定：以 2006 年 9 月 1 日为时间界限，分类编审水利水电工程移民安置规划。

（1）2006 年 9 月 1 日以前已竣工的工程只编审移民后期扶持规划。

（2）2006 年 9 月 1 日前已审批或核准的在建工程，不再重新编审移民安置规划，但应补充编审移民后期扶持规划。其中未完成移民安置实施规划设计及审批的，应继续按原有规定完成设计和报审。

（3）2006 年 9 月 1 日以后审批或核准的新建工程，应严格按《条例》规定编审移民安置规划。

以溪洛渡、锦屏一级和瀑布沟等电站为例，水电移民安置规划由水电总院会同省级移民主管部门审查后，由中咨公司进行评估、发展和改革委核准。各单项移民安置实施规划设计报告经省级移民机构组织水电总院进行咨询审查，省政府批准后交由地方政府组织实施。

以乌东德、双江口、两河口等为例，移民安置规划大纲由水电总院会同省级移民主管部门进行审查核定，由地方政府进行行政确认后，省级人民政府进行批复，作为编制移民安置规划的基本依据。移民安置规划报告由水电总院会同省级移民主管部门进行审查核定，之后由省级移民主管部门进行批复，作为移民安置实施的依据。

1.6　成都院移民专业发展情况

1. 社会经济调查队

新中国成立的第一个五年计划中，三门峡水电工程建设被提到议事日程，随后中央水电局成立了社会经济调查队，成都院水库专业前身崭露头角，以三门峡水电规划为契机，随后相继开展了重庆狮子滩水电站以及紫坪铺、映秀湾、太平驿等八个梯级的调查规划工作。

当时的移民政策局限于仅补偿而不安置，水库专业也被社会认知为搞调查、做算术，是没有技术含量的行业，逐步被边缘化，然而当时水库专业的工作条件却是十分艰苦，在新安江水库的调查工作中，工作人员徒步从浙江走到安徽，白天跑野外填图，晚上借住在农户家中量算面积，工作设施设备也很缺乏，甚至连计算器都没有，吃住条件更是艰难，每个水库专业人员都拥有铮铮傲骨，在这样的环境下，水库专业从业人员无一退缩、默默无闻地为水电站建设事业添砖加瓦。

2. 成都院规划处水库组

1955 年，随着经济建设的高潮，为了加快全国水电资源的开发建设，中央水电局成立了规划总院，并在全国设立了八大设计院，成都院从此诞生。

由于当时全国的水电开发还处于初级阶段，各流域的地质、水文资料调查及规划工作便成了这一时期的主要工作任务，规划处也就成为了当时成都院最核心的部门之一，社会经济调查队逐步转变为水库组，与当时的施工组、机电组、规划组等成了成都院下面的处级部门。

水库组先后完成了贵州的姬昌桥、猫跳河，四川的龙溪河、大洪河、上硐、回龙寨、下硐、龚嘴、铜街子等主要项目。

3. 成都院规划处水环室、水库室

1981 年成都院设立了水环室，移民和环保专业得到了一定的发展，随着专业的拓展细化，为了满足水库环保专业各自的发展需要，1990 年，水库和环保专业分开，水环室拆分为水库室和环保室。

由此，水库专业不仅仅停留在实物指标调查层面，开始了初期的移民安置规划工作。

4. 成都院环保移民分院

1999 年，成都院的环保专业已经在国内具有较高专业技术水平，水库专业也开始开展相关的居民点、土地整理等设计工作，水库专业正式从规划处分离出来，组建成立了环保移民分院。

成立后移民工作越来越受到重视，移民专业得到长足的发展，1995 年，二滩水电站移民安置实施规划报告顺利通过审查；2004 年，溪洛渡水电站可行性研究阶段移民安置规划设计报告顺利通过专家审查，随后备受瞩目的我国第二大水电站溪洛渡水电站开工典礼在美丽的金沙江畔隆重举行；2006 年 9 月，历经 17 个月，全面完成瀑布沟水电站汉源、石棉库区、影响区、新址占地的实物指标复核、调查工作，同年顺利完成《瀑布沟水电站汉源县农村移民安置实施规划报告》（审定本）并出版上报四川省人民政府。

2005—2008 年，移民专业开始承担相关的科研课题、规范标准的编制工作，整个移民工作队伍素质得到了进一步的提升。一代代水库人锐意进取、敢于创新；一代代水库人百折不挠，继往开来，一次次的奋起、开拓，换来了一次次辉煌的成绩。

5. 成都院征地移民处

2008 年，全国的水电开发建设进度达到了历史上的最高峰，岷江、大渡河、金沙江、雅砻江等各流域迎来了全面开发建设的新时代，为了满足新形势下的水库移民专业发展需要，2009 年，正式成立了征地移民处。

期间，各电站的移民安置任务压力大、时间紧，移民搬迁安置进度逐渐成为影响电站总体建设进度的制约性因素，加之国家提出"以人为本"的思想逐渐深入百姓心中，移民的利益问题越来越备受各方关注，成都院水库专业顶住层层压力，发挥专业优势，攻坚克难，逐个攻破，经过多年的发展，已成为具有全专业覆盖、全生命周期服务能力的综合性专业。水库人居安思危，不断寻求新的突破，在夯实传统业务的基础上，积极拓展区域经济规划、城乡（新农村）规划、农田水利、高标准农田建设、市政基础设施、旧改棚改等业务，已初见成效。

6. 成都院城乡发展工程分公司/移民工程院

2017年是成都院的改革之年，成都院水库专业为适应公司改革转型升级需要，实现专业差异化发展、提高专业市场核心竞争力，正式成立城乡发展工程分公司/移民工程院。

分公司以规划设计为龙头，发挥成都院品牌和移民专业人才优势，拓展水库移民、监理咨询、建设管理业务市场，开拓城乡发展全产业链服务市场（城镇化、农业农村发展），创建多元化的质量效益型城乡发展工程公司。

几代水库人夜以继日、艰苦卓绝、脚踏实地，从1953年最早的社会经济调查队到如今的城乡发展工程分公司，由最初的10多名调查队员发展到现在拥有200余名各类专业技术人才，水库专业从新芽成长为栋梁，从默默无闻到誉满天下，其中的荣辱只有历经的人才能体会。

第 2 章

建设征地范围界定

2.1 法律法规及规程规范的相关规定

1984 年前，我国尚无专门的移民规范。1984 年 12 月 31 日原水利电力部以"〔84〕水电技字第 118 号文"颁发了《水利水电工程水库淹没处理设计规范》（SD 130—1984），该规范为全国水库淹没处理和移民安置工作迈向规范化起了重要作用。1991 年 2 月 15 日，国务院以第 74 号令发布了《大中型水利水电工程建设征地补偿和移民安置条例》，根据新条例、相关行业及移民安置实际要求，1996 年对"84 规范"进行修订，完成《水电工程水库淹没处理规划设计规范》（DL/T 5064—1996）；为贯彻落实《大中型水利水电工程建设征地补偿和移民安置条例》（国务院令第 471 号），适应水电工程项目核准和水电工程建设需要，进一步规范水电工程建设征地移民安置规划设计工作，对《水电工程水库淹没处理规划设计规范》（DL/T 5064—1996）修订更名为《水电工程建设征地移民安置规划设计规范》（DL/T 5064—2007）。

2.1.1 1984 年前

这一时期，移民规划设计规范未颁布，在建设征地处理范围方面移民规划设计工作者主要根据国家发布的有关土地管理制度开展，施工占地处理纳入主体工程处理。

1.《国家建设征用土地办法》（1953 年）

1953 年 12 月，中央人民政府政务院发布了《国家建设征用土地办法》，该办法首次规范了水利工程基本建设征用土地的工作，明确了国家建设征用土地的基本原则，其中第三条规定："国家建设征用土地，既应该根据国家建设的实际需要，保证国家建设所必需的土地，又应该照顾当地人民的切身利益，必须对被征用土地者的生产和生活有妥善的安置，如果对被征用土地者一时无法安置，应该等待安置妥善后再行征用，或者另行择地征用。国家建设征用土地，必须贯彻节约用地的原则，一切目前可以不举办的工程，都不应该举办，需要举办的工程，在征用土地的时候，必须精打细算，严格掌握设计定额，控制建筑密度，防止多征、早征，杜绝浪费土地。凡有荒地、劣地、空地可以利用的，应该尽量利用；尽可能不征用或者少征用耕地良田，不拆或者少拆房屋。"该时期关于征地范围的要求更多的是原则性要求，没有淹没影响区、枢纽区的具体要求。

2.《国家建设征用土地条例》（1982 年）

1982 年 5 月 4 日全国人民代表大会常务委员会批准了《国家建设征用土地条例》，为移民规范的编制奠定了基础。第三条规定："节约土地是我国的国策。一切建设工程，都必须遵循经济合理的原则，提高土地利用率。凡有荒地可以利用的，不得占用耕地；凡有劣地可以利用的，不得占用良田，尤其不得占用菜地、园地、精美鱼塘等经济效益高的土地。各地区特别是大城市近郊和人口密集地区，都应当按照土地利用规划，对各项建设用地严格加以控制。在城市规划区范围内进行建设，必须符合城市规划的要求，并同改造旧城区结合起来，以减少新占土地。"该时期关于征地范围的要求相对前期更加细化，但仍为原则性要求，没有淹没影响区、枢纽区具体要求。

2.1.2　1984—1991 年

该时期主要依据原水利电力部颁布的《水利水电工程水库淹没处理设计规范》（SD 130—1984）开展水库淹没处理范围的相关工作，施工占地处理继续纳入主体工程部分进行处理。

（1）明确了水库淹没处理范围，包括淹没区及因淹没而引起的浸没、塌岸、滑坡等影响的地区。

（2）将水库淹没区分为经常淹没区和临时淹没区。一般以正常蓄水位以下地区为经常淹没区，正常蓄水位以上受水库洪水回水和风浪、冰塞壅水等淹没的地区为临时淹没区。

（3）明确要求水库淹没处理范围需增加设计洪水标准，并结合淹没对象的重要性和原有防洪标准、水库调节性能及运用方式等进行分析论证，同时还应采取防护工程措施来减少淹没损失。

（4）提出了水库回水末端的终点位置可按回水曲线高于同频率洪水天然水面线 0.1～0.3m 范围内分析确定。

（5）提出了风浪影响区，要求在正常蓄水位的基础上，适当考虑风浪爬高的影响或采取一定的防浪措施。

（6）明确了居民迁移和土地征用界线的确定原则及要求。

2.1.3　1991—2006 年

该时期主要依据原电力工业部颁布的"96 规范"开展建设征地处理范围的相关工作。"96 规范"相对于"84 规范"，主要进行了以下修改和完善。

（1）增补了牧草地也按正常蓄水位确定其处理范围。

（2）关于水库洪水回水淹没范围的确定，将"应以坝址以上不同洪水标准的沿程回水位高程为依据"，修改为"应以坝址以上同一频率的分期洪水回水位组成外包线的沿程回水高程为依据"。即指对某一淹没对象（如居民点或土地）所选用的设计洪水标准在不同时段的洪水回水位的外包线。

（3）关于水库回水末端的终点高程位置，将原规定的"可按回水曲线高于同频率洪水天然水面线 0.1～0.3m 范围内分析确定"，修改为"水库回水末端的设计终点高程位置，在回水曲线不高于同频率天然水面线 0.3m 范围内，是采取垂直斩断还是水平延伸，应结合当地地形、壅水历时和淹没对象的重要性等具体情况综合分析确定"。一般来说，如回水末端地形较为开阔，水面比降较缓，附近是良田沃土或城镇，宜采取水平延伸，反之，回水末端为峡谷山地，又无重要经济对象，可采取垂直斩断。同时，要尽量避免出现如下现象：在下游的居民点或耕地属于淹没处理范围，在其上游邻近地区高程低于下游的居民点或耕地反而不属于淹没处理范围。

（4）关于水库泥沙淤积年限长短的选取问题，"84 规范"规定的"对多沙河流回水淹没范围还应考虑一定年限的泥沙淤积影响，一般可按工程投入运行后 10～30 年的淤积情况考虑"，修改为"水库洪水回水位的确定，还应根据河流输沙量的大小、水库运行方式、规划中上游有无调节水库以及受影响对象的重要程度，考虑 10～30 年的泥沙淤积影响"。如果河流输沙量较大，并且水库淤积后影响的对象属于城镇、工矿、交通等重要设施，宜考虑淤积年限长一些，反之可以短一些。

（5）新增了计算风浪爬高的原则规定，即"风浪影响范围可采取正常蓄水位时段出现的 5～10 年一遇的风速计算浪高确定"。在计算浪高的基础上，再根据岸坡情况计算风浪爬高，以确定风浪影响范围。

（6）将标题"库周影响地区"修改为"其他影响区"，内容除原指的"水库蓄水后失去生产、生活条件而必须采取措施的库边及孤岛上的居民点"外，增列了"在岩溶发育地区，因水库蓄水致使库周岩溶洼地出现库水倒灌、滞洪而造成影响的地区"。因为近几年在一些岩溶地区修建的水库，蓄水后通过地下暗河出现库水倒灌或洼地内水因水力比降变缓而未能及时排泄，形成内涝淹没，需要加以处理。

（7）将"在回水影响不显著的坝前段，居民迁移的界线，一般可高于正常蓄水位 0.5～1.0m，以策安全"，修改为"由于正常蓄水位持续时间较长，在回水影响不显著的坝前段，居民迁移和耕（园）地征用界线可高于正常蓄水位 0.5～1.0m，以策安全"，即将原规定的"居民迁移界线"增加了"耕（园）地征用界线"。至于高于正常蓄水位 0.5m 还是 1.0m，可以根据水库的调节性能高低和一年内正常蓄水位出现的时间长短以及风浪爬高影响加以选择。一般情况下，对于居民点宜取 1.0m，对于耕（园）地宜取 0.5m。

2.1.4　2006—2017 年

该时期国家发展和改革委员会颁布《水电工程建设征地处理范围界定规范》（DL/T 5376—2007）（以下简称"07 范围规范"），移民规划设计工作者据此开展建设征地处理范围的相关工作。"07 范围规范"相对于"96 规范"，主要进行了以下修改和完善。

（1）随着建设项目用地审批制度的进一步完善，国家对水电工程建设征地报批提出了更高的要求。同时结合水电工程建设用地存在征收、征用以及影响等不同性质，将"96 规范"中"水库淹没处理范围"改用为"建设征地处理范围"。

（2）增列了"枢纽工程建设区"，较全面地概括了目前水电工程建设需征地处理的范围。因城镇新址、专业项目占地具有特殊性，宜作为其项目本身的建设征地范围考虑。

（3）明确水库淹没区不论经常淹没区还是临时淹没区均作为建设征地处理范围，不再区分经常淹没区和临时淹没区。

（4）新增了水库回水末端断面的概念，强调了水库回水末端断面定位的唯一性。当设计洪水回水水面线与同频率天然洪水水面线差值为 0.3m 的断面与布设断面不吻合时，可采用内插法进行推算，以确定末端断面的位置。

（5）考虑水库风浪、船行波是经常性发生的，在"96规范"第3.1.2条"通常以正常蓄水位以下为经常淹没区"的基础上，考虑将水库安全超高范围，即库岸受风浪、船行波影响的地区纳入水库淹没区，不再区分经常淹没区。

（6）新增水库淹没的土地通过垫高措施可以恢复原用途的应视作临时用地的规定。

（7）根据工程建设中的实践经验，增列了"工程永久管理区"和"工程建设管理区"。

2.1.5　小结

水利水电工程建设征地处理范围的相关规程规范从无到有，在不同时期的规程规范中对淹没处理范围的界定进行了修改和完善。

（1）枢纽工程建设区部分移民安置从直接纳入主体工程进行简单处理，逐步关注，到"07范围规范"独立成章节。

（2）水库淹没区回水末端的处理从无到有，"84规范"明确为"水库回水末端的终点位置可按回水曲线高于同频率洪水天然水面线0.1～0.3m范围内分析确定"，"96规范"修改为"水库回水末端的设计终点高程位置，在回水曲线不高于同频率天然水面线0.3m范围内，是采取垂直斩断还是水平延伸，应结合当地地形、壅水历时和淹没对象的重要性等具体情况综合分析确定"，"07范围规范"强调了水库回水末端断面定位的唯一性。

（3）临时淹没区的概念从无到有，又从临时淹没到不再区分临时淹没或永久淹没，并且纳入建设征地处理范围。

（4）水库影响区概念也从无到有，从"84规范"前直接纳入水库淹没处理范围统筹考虑不单独成章节，逐步提出了水库影响区。水库影响区根据涉及对象重要程度，对不同的处理对象采取不同方式。

2.2　工作重难点及主要工作方法

建设征地范围界定是在工程前期参与工程规模论证、枢纽建筑物选址、施工组织设计，在项目实施阶段根据规划、地质、水工、施工、移民安置等规划成果，界定建设征地处理范围，绘制建设征地移民界线图及征地红线图。建设征地范围界定应遵循的主要原则包括：满足工程建设和运行需要；节约用地，少占耕地，尽量少占基本农田；用地安全，尽可能减小工程对周边区域的影响，避让有地质灾害的区域。

水电工程建设征地范围界定在预可行性研究报告阶段的主要工作内容：需初步计算水库洪水回水，初步拟定水库淹没影响区和枢纽工程建设区，提出初步的建设征地处理范围；可行性研究报告阶段，按该阶段确认的水库正常蓄水位和回水计算成果、水库影响区预测成果、施工总布置图和移民安置方案，确定建设征地移民界线和处理范围；移民安置实施阶段，进行建设征地移民界线永久界桩布置设计，必要时根据水库洪水复核成果和移民安置实施方案的变化情况，复核、调整建设征地移民界线和处理范围。

水电工程建设征地范围界定是根据测量专业提供的水库淹没影响区和枢纽工程建设区地形地类图、界桩测设成果，规划专业提供的水库正常蓄水位成果、天然河道多年平均流量水面线计算成果、各频率分期（汛期、非汛期）天然洪水和设计洪水回水计算成果及断面坐标，地质专业提供的水库影响区范围界定成果，施工专业提供的施工总布置图和施工用地范围图；编制水库淹没影响区示意图、枢纽工程建设区用地范围图、建设征地范围界桩布置等成果（文字报告和图件）作为最终成果。

2.2.1　设计洪水标准确定

设计洪水标准确定的重难点就是标准上下限取值的确定，因不同标准的洪水其壅高水位不同，故在确定其范围时首先需要确定设计洪水标准。水库兴建后入库洪水造成库区水位壅高，在正常蓄水位以上，其壅高水位高于同频率天然洪水水位的区域就是水库洪水回水区域。

1. 1984 年以前

这一时期国内尚无相关规定，主要采取借鉴国外经验做法。1954 年兴建的狮子滩水电站，采用 10 年一遇设计洪水标准；1966 年兴建的龚嘴水电站，水库移民拟定以 20 年一遇水库回水水位为居民迁移标准，5 年一遇水库回水水位为土地标准。

2. 1984—1991 年

这一时期设计洪水标准安置"84 规范"的要求进行编制，居民迁移和土地征用界线的确定，应综合上述水库淹没、浸没、塌岸等影响范围的具体情况，进行全面分析论证。其设计洪水标准应根据表 2.1 合理选用。

表 2.1　　　　　　　　　　　　　　不同淹没对象设计洪水标准表

序号	淹　没　对　象	洪水标准（频率）/%	重现期/年
1	耕地、园地	50～20	2～5
2	林地	正常蓄水位	—
3	农村居民点、一般城镇和一般工矿区	10～5	10～20
4	中等城市、中等工矿区	5～2	20～50
5	重要城市、重要工矿区	2～1	50～100

以二滩水电站为例，"84 规范"中耕地防洪标准为 2～5 年一遇洪水标准，考虑库区农业生产和库区水文记录情况，土地征用水位选择 5 年一遇洪水标准；居民迁移线防洪标准为 10～20 年一遇洪水标准，根据水库沿岸地形、地质情况和房屋建筑特点（80% 以上为土木结构房屋），从居民的居住安全考虑，移民迁移水位采用 20 年一遇洪水标准。

以铜街子水电站为例，土地征用水位采用 2 年一遇洪水标准，移民迁移水位采用 20 年一遇洪水标准。

3. 1991—2006 年

这一时期设计洪水标准按照"96 规范"的要求进行编制，将牧草地纳入标准中，要求对表 2.2 中未列的淹没对象设计洪水标准应考虑原有防洪标准，并参照专业规范的规定同有关部门协商确定。

表 2.2   不同淹没对象设计洪水标准表

序号	淹　没　对　象	洪水标准（频率)/%	重现期/年
1	耕地、园地	50～20	2～5
2	林地、牧草地	正常蓄水位	—
3	农村居民点、一般城镇和一般工矿区	10～5	10～20
4	中等城市、中等工矿区	5～2	20～50
5	重要城市、重要工矿区	2～1	50～100

以溪洛渡水电站为例，设计洪水标准根据《防洪标准》（GB 50201—94）和"96 规范"的规定，结合工程水库调节性能、运行方式及淹没对象的重要性，各淹没对象采用洪水标准见表 2.3。

表 2.3   不同淹没对象设计洪水标准表

淹　没　对　象	洪水标准（频率)/%	重现期/年
耕地、园地	20	5
林地、荒草地	按正常蓄水位 600.00m 控制	—
农村居民点、集镇、工矿企业、四级公路等设施	5	20
三级公路	4	25

4. 2006—2017 年

水库淹没涉及各类土地、居民点、城镇、交通设施、水利设施、电力设施、电信设施、企事业单位等对象，设计洪水标准应按水库各淹没对象（或可能淹没对象）分别确定。在选取具体对象水库淹没处理设计洪水标准时，应考虑其耐淹性和重要性。比如林地耐淹性高于耕（园）地，耕（园）地的淹没处理设计洪水标准比林地的淹没处理设计洪水标准高；城市比集镇重要，城市的淹没处理设计洪水标准比集镇的淹没处理设计洪水标准高。设计洪水标准一般以设计洪水的重现期表示，如 5% 频率的设计洪水，以 20 年一遇设计洪水表示。在选定设计洪水标准重现期以内，水库淹没所造成的损失按水库淹没处理；出现超设计洪水标准重现期以上洪水造成的损失，一般按自然灾害处理。设计洪水标准确定的基本要求如下。

（1）淹没对象的设计洪水标准，根据淹没对象的重要性、耐淹程度、结合水库调节性能及运用方式，在安全、经济和考虑其原有防洪标准的原则下分析选择。

（2）为保证工程安全、可靠运行，淹没对象的设计洪水标准按表 2.4 所列设计洪水重现期的上限标准选取。如果选取其他标准应进行分析论证，其分析论证重点是论证取下限因素。

（3）铁路、公路、电力、电信、水利设施、文物古迹等淹没对象，其设计洪水标准按照《防洪标准》（GB 50201）、行业技术标准的规定确定。《防洪标准》（GB 50201）和行业技术标准无规定的，可根据其服务对象的重要性研究确定设计洪水标准。

表 2.4 不同淹没对象设计洪水标准表

序号	淹 没 对 象	洪水标准（频率）/%	重现期/年
1	耕地、园地	50～20	2～5
2	林地、牧草地，未利用土地	正常蓄水位	—
3	农村居民点、一般城镇和一般工矿区	10～5	10～20
4	中等城市、中等工矿区	5～2	20～50
5	重要城市、重要工矿区	2～1	50～100
6	铁路		
6.1	客运专线，Ⅰ级、Ⅱ级	1	100
6.2	Ⅲ级，Ⅳ级	2	50
7	公路		
7.1	高速，一级公路	1	100
7.2	二级公路	2	50
7.3	三级公路	4	25

注 铁路、公路淹没对象均为路基。

以叶巴滩水电站为例，上述淹没处理对象的设计洪水标准，是根据受淹对象的重要性区分的，同一类淹没对象的设计洪水标准有一定的幅度。水库淹没处理设计洪水标准的选择，需考虑以下三方面因素。

1）受淹对象的原有防洪标准：原有防洪标准低的，淹没处理设计洪水标准不宜过高。

2）水库调节性能：调节性能高的水库（如多年调节水库），淹没处理设计洪水标准宜低；反之，调节性能低的水库（如日年调节水库、季年调节水库），淹没处理设计洪水标准宜高。

3）水库运用方式：如汛期是否降低水位运行，如降低则需分别计算汛期和非汛期相同频率的回水位，然后以两者外包线作为淹没处理范围。

根据《防洪标准》（GB 50201—2014）及各淹没对象实际情况，叶巴滩水电站水库淹没区各淹没对象采用的设计洪水标准见表 2.5。

表 2.5 叶巴滩水电站水库淹没区各淹没对象设计洪水标准表

序号	淹 没 对 象	设计洪水标准（频率）/%	重现期/年	备注
1	耕地、园地	20	5	
2	林地、牧草地、未利用地	正常蓄水位	—	
3	农村居民点	5	20	
4	输电、通信线路及其他一般专项	5	20	

2.2.2 水库末端处理

1. 1984 年以前

以 1954 年兴建的狮子滩水电站为例，其未有水库洪水回水末端的设计终点位置相关内容。

2. 1984—1991 年

这一时期，按照"84 规范"的要求，水库回水末端的终点位置可按回水曲线高于同频率洪水天然水面线 0.1~0.3m 范围内分析确定。

以东西关电站为例，经分析计算，居民迁移线的回水末端的终点位置其回水曲线高于同频率洪水天然水面线 0.29m，土地征用线的回水末端的终点位置其回水曲线高于同频率洪水天然水面线 0.24m。

3. 1991—2006 年

这一时期，按照"96 规范"的要求，水库回水末端的设计终点高程位置，在回水曲线不高于同频率天然水面线 0.3m 范围内，是采取垂直斩断还是水平延伸，应结合当地地形、壅水历时和淹没对象的重要性等具体情况综合分析确定。

以溪洛渡水电站为例，水库回水末端终点位置以回水曲线不高于同频率天然水面线 0.3m 为控制范围，尖灭点以上采用水平延伸方式封闭，金沙江干流后汛期土地征用线的回水末端的终点位置其回水曲线高于同频率洪水天然水面线 0.28m，金沙江干流后汛期居民迁移线的回水末端的终点位置其回水曲线高于同频率洪水天然水面线 0.25m。

4. 2006—2017 年

这一时期，按照"07 范围规范"的要求，水库洪水回水曲线与同频率天然水面线在坝前差距最大，随着与大坝距离的增大，回水曲线与同频率天然水面线的差值会越来越小，理论上讲，二者是一对渐近线，这两条曲线应该是永不相交的。为了确定水库淹没范围，需要确定水库洪水回水末端的设计终点位置。确定水库洪水回水末端的设计终点位置方法为：①以设计洪水回水水面线与同频率天然洪水水面线差值为 0.3m 处的计算断面为水库回水末端断面；②水库回水末端断面上游的淹没范围，采取水平延伸至与天然河道多年平均流量水面线相交处。

图 2.1 中，某水库正常蓄水位为 1504.00m，水库安全超高为 1m。图中"原河底线"是指天然河道的底面线；"泥沙淤积面"是指水库建坝后，由于泥沙淤积造成天然河道底面线抬高形成的面；"多年平均水位线"是指天然河道多年径流量算数平均值流量下对应的水位线；"同频率洪水天然水面线"是指在未建坝的情况下，天然河道与某一设计洪水相同频率洪水水位形成的曲线。根据回水计算成果（$P=5\%$），在距坝里程 79.5km 的位置，20 年一遇洪水水位（1526.38m）正好高于 20 年一遇洪水天然水位（1526.08m）0.3m，该位置即为水库回水末端段面，在该断面上高程 1526.38m 位置水平延伸至与天然河道多年平均流量水面线相交处即为设计终点位置。

末端断面的位置判断主要步骤为：①计算相应频率下断面回水水位和天然水位间的差值 A；②若某一断面差值 $A=0.3m$，则该断面即为末端断面；③若没有 $A=0.3m$ 的断面，则寻找相邻断面，使得前一断面 $A>0.3$，后一断面 $A<0.3m$。

图 2.2 中，某水电站 9 号断面 20 年一遇洪水水位（359.62m）与 20 年一遇洪水天然水位（359.28m）差为 0.34m，10 号断面 20 年一遇洪水水位（360.34m）与 20 年一遇洪水天然水位（360.14m）差为 0.20m，因此该水电站 20 年一遇洪水回水末端断面在 9 号

和 10 号断面之间。

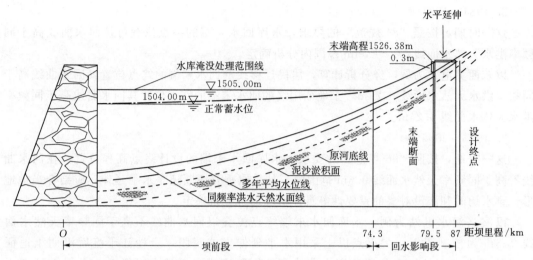

图 2.1 水库回水末端示意图（$P=5\%$，即 20 年一遇洪水）

断面编号	距坝里程 /km	$Q_{5\%}=35600\text{m}^3/\text{s}$		水位差 /m	
		天然水位/m	回水水位/m		
1	0	351.61	353.94	2.33	
2	0.847	352.45	354.37	1.92	
3	1.647	353.35	354.73	1.38	
4	2.605	354.59	355.73	1.14	
5	4.094	356.02	357.13	1.11	
6	5.082	357.14	357.87	0.73	
7	6.137	358.11	358.69	0.58	
8	6.806	358.95	359.48	0.53	
9	7.857	359.28	359.62	0.35	＞0.3m
9—1					← 末端断面在此处
10	8.687	360.14	360.34	0.20	＜0.3m

图 2.2 水库回水末端断面确定方法

若末端断面同回水计算断面不一致，则需要通过计算寻找末端断面的具体位置（距坝里程）及此断面的天然水位、回水水位。主要有两种方法：①线性内插法，由于两断面间的水位变化随水平距离（距坝里程）线性变化，用线性内插法确定末端断面；②中位线法，即运用中位线定理，不断迭代寻找最接近末端断面的位置。

中位线法程序较为复杂，花费时间较多，且断面位置确定不够精确，推荐使用线性内插法。

线性内插法是根据一组已知的未知函数自变量的值和它相对应的函数值，利用等比关系去求未知函数其他值的近似计算方法，是一种求未知函数逼近数值的求解方法。线性内插法假定断面间水位随着水平距离（距坝里程）的增大而线性变化。现已知两断面

（$X1Y1$、$X3Y3$）间某一断面（$X2Y2$）的回水水位与天然水位之间的差值为 0.3m，见图 2.3。可通过线性内插法求该断面的距坝里程、天然水位和回水水位。

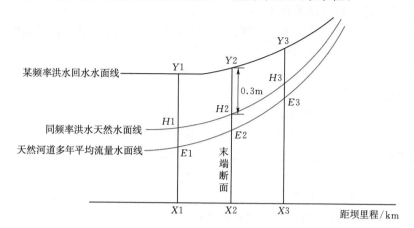

图 2.3 水库回水末端断面位置确定

图 2.3 中，断面 $X1Y1$、$X3Y3$ 的距坝里程、回水水位、天然水位和多年平均水位是已知的，断面 $X2Y2$（末端断面）满足 $Y2-H2=0.3$。则有：

$$X2=X1+(X3-X1)\times\frac{(Y1-H1)-0.3}{(Y1-H1)-(Y3-H3)} \tag{2.1}$$

$$Y2=Y1+(Y3-Y1)\times\frac{(Y1-H1)-0.3}{(Y1-H1)-(Y3-H3)} \tag{2.2}$$

$$H2=H1+(H3-H1)\times\frac{(Y1-H1)-0.3}{(Y1-H1)-(Y3-H3)} \tag{2.3}$$

末端断面确定后，在其上游断面寻找与末端断面回水水位相同的多年平均流量水位，其所在断面 $E4X4$ 即为设计终点。断面 $E5X5$、$E6X6$ 为已知断面，见图 2.4。同末端断面位置判断和计算方法一样，设计终点距坝里程的计算公式为

$$X4=X5+(X6-X5)\times\frac{E4-E5}{E6-E5} \tag{2.4}$$

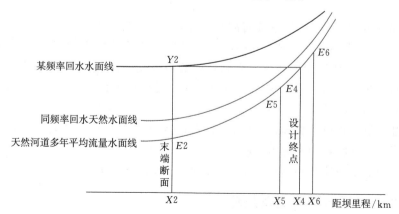

图 2.4 水库回水设计终点位置确定

2.2.3　风浪及船行波影响确定

1. 1984年以前（计划经济时期）

以1954年兴建的狮子滩水电站为例，其未有风浪及船行波影响确定相关内容。

2. 1984—1991年（起步期）

这一时期，提出了"风浪影响区"，要求"在正常蓄水位的基础上，适当考虑风浪爬高的影响或采取一定的防浪措施"。

以铜街子水电站为例，考虑风浪影响，回水位低于474.50m时，土地征用水位均为474.50m；高于474.50m时以回水位为土地征用水位；回水位低于475.00m时，人口迁移和其他淹没对象迁建均为475.00m；高于475.00m时以回水位为人口迁移和其他淹没对象的迁建水位。

3. 1991—2006年（探索期）

这一时期，新增了计算风浪爬高的原则规定，即"风浪影响范围可采取正常蓄水位时段出现的5～10年一遇的风速计算浪高确定"。在计算浪高的基础上，再根据岸坡情况计算风浪爬高，以确定风浪影响范围。

以溪洛渡水电站为例，考虑风浪影响，对回水位低于601.00m时，各设计洪水标准调查水位均为601.00m，高于601.00m时按汛期或后汛期回水水位大值作为调查水位。

4. 2006—2017年（完善期）

风浪爬高影响是指湖泊型、宽阔带状河道型的水库或风速较大的水库，因库面开阔，吹程较长，风浪大，影响库周居民点、农田或其他重要对象；船行波影响是指通航库区船舶在水面上运行时，船体推挤水体而形成的波浪，该波浪沿船行方向呈放射锥形分布，影响库周居民点、农田或其他重要对象。

以叶巴滩水电站为例，按照"07范围规范"的风浪爬高经验公式。

如果岸坡在45°以下，波浪垂直吹程在30km以下和风速在7级以下（风速在14～17m/s），按下列经验公式计算风浪爬高：

$$h_p = 3.2Kh\tan\alpha \tag{2.5}$$
$$h = 0.0208V^{5/4}D^{1/3} \tag{2.6}$$

式中：h_p为风浪爬高，m；h为岸坡前波浪高度，m；α为岸坡坡度（即坡面与水平面所成角度）；V为岸坡垂向库面风速，m/s，可参照当地气象站的观测资料；D为岸坡迎风面波浪吹程，km，一般按岸坡此岸垂直到彼岸的最大直线距离；K为与岸坡粗糙情况有关的系数（对于光滑均匀的人工坡面，如块石或混凝土板坡面，$K=0.77～1.0$；对于农田坎高小于0.5m，$K=0.5～0.7$）。

计算耕地和居民点风浪爬高最大值为0.57m。考虑到水库岸坡陡峻，地表物理地质作用明显，库岸再造活跃，为充分考虑库周居民生产、生活安全，在回水影响不显著的坝前段，耕地和居民点水库安全超高均采用正常蓄水位加高1m考虑。

2.2.4　水库影响区范围界定及处理

水电站建成后，水库蓄水及运行过程中随着水位变化，会对库周水库淹没线上部分区域对象造成影响。因水库蓄水受影响的区域为水库影响区，水库影响区包括滑坡、塌岸、浸没区域和库区岩溶内涝、水库渗漏、库周孤岛等其他区域。

水库影响区范围界定工作内容包括：影响区类型及范围划定，影响区处理范围及对象界定。一般来说，水库蓄水影响区域地质条件复杂，不同类型影响区危害性、分布对象不同，各对象适应库岸变形破坏能力存在较大差异。为科学、合理开展确定水库影响区范围，水库影响区范围界定工作由地质、移民专业共同配合完成。其中，地质专业主要结合库区地形、地质条件确定影响区类型，划定地质影响区范围，识别影响区危险性；移民专业主要识别影响区危害性，结合地质专业提出影响区工程地质评价结论、影响对象重要性、适应变形破坏能力，分析各对象受影响程度，确定影响对象和处理范围。

1. 1984 年以前

以 1954 年兴建的狮子滩水电站和龚嘴水电站为例，其未有影响区的相关内容。

2. 1984—1991 年

这一时期，提出了水库影响的冰塞壅水区、浸没区、塌岸、滑坡地段和库周影响地区。但受当时社会经济发展、工程技术等各方面限制，水库影响区工作开展较为简化。

3. 1991—2006 年

这一时期，将"库周影响地区"修改为"其他影响区"，内容除原指的"水库蓄水后失去生产、生活条件而必须采取措施的库边及孤岛上的居民点"外，增列了"在岩溶发育地区，因水库蓄水致使库周岩溶洼地出现库水倒灌、滞洪而造成影响的地区"，水库影响区处理工作开始强化。

以溪洛渡水电站为例，水库库周因水库蓄水造成的滑坡、塌岸及浸没有 63 处，其中滑坡 19 处、塌岸 39 处、浸没 5 处。

4. 2006—2017 年

这一时期，水库影响区处理逐级细化，从开始的界定逐级细化为界定后分析处理和待观两种处理方式。

（1）界定。

1）滑坡处理区界定方法。在滑坡区分布有居民点或重要建筑物和设施，滑坡对其危害性大，并满足下列条件之一的，界定为滑坡影响处理区：

——滑坡区分布有居民点或重要建筑物和设施，天然条件下滑坡体处于稳定状态的，水库蓄水后部分淹没，并将引起复活的区域。

——天然条件下处于不稳定状态的滑坡体，水库蓄水后部分淹没，并将加剧活动的区域。

——水库蓄水未直接淹没的滑坡体，水库蓄水后引起地下水位上升，恶化滑坡稳定条件，导致复活或加剧活动的区域。

——水库蓄水后将引起的潜在不稳定库岸边坡，特别是近坝库岸边坡变形失稳的区域。

2）塌岸处理区界定方法。在塌岸区分布有居民点、耕地、园地或重要建筑物和设施，塌岸对其危害性较大，界定为塌岸影响处理区。

3）浸没处理区界定方法。天然条件下为浸没区，水库蓄水后，加剧浸没危害程度和水库蓄水后新出现的浸没区域，且区域内分布有居民点、耕地、园地或重要建筑物和设施，浸没对其危害性较大的界定为浸没影响处理区。

4）其他受水库蓄水影响处理区界定方法。经地勘论证、水文地质试验及分析，可以明确认定存在岩溶洼地出现库水倒灌、水库渗漏、滞洪影响，其影响范围分布有居民点、耕地、园地或重要建筑物和设施的区域。

工程引水导致河段减水，造成生产生活引水困难而必须采取处理措施的影响区域。

水库蓄水后，失去基本生产、生活条件而必须采取处理措施的库周及孤岛等区域。

（2）影响区处理对象。不同类型水库影响区的危害性及影响对象重要性不同，影响区范围内各影响对象适应库岸变形破坏能力也存在较大差异。为遵循"以人为本、经济、安全、充分利用资源，节约用地、少占耕地"的原则，根据影响区受影响对象确定影响区范围。影响区范围界定过程中，需对因水库蓄水对居民生产生活、使用功能造成影响的对象进行处理，明确处理方式、范围；对受水库蓄水影响较小的对象，在确保安全的前提下尽量利用，水库运行过程中加强监测、巡视，后期视影响区变形破坏情况和受影响程度进一步研究处理方案。

一般情况下，滑坡影响区处理对象主要包括居民点、房屋等重要建筑物和设施；塌岸、浸没、库水倒灌、水库渗漏、滞洪影响区处理对象主要包括居民点、耕（园）地、重要建筑物和设施；减水河段、孤岛等库周影响区处理对象根据居民生产、生活受影响情况，移民安置方案综合分析确定。影响区范围界定工作过程中可根据实际调查和分析情况，适当调整影响区具体处理对象，但处理对象应具备受水库蓄水影响的属性。

（3）不同阶段影响区范围界定方法。在水电工程规划设计工作过程中，预可行性研究、可行性研究、实施等阶段关于水库影响区范围界定目的、工作深度和要求不同，各阶段影响区范围界定工作方法也存在一定差异。

1）预可行性研究阶段主要通过简单地表调查、经验判断等方式，初步预测水库影响区类型、范围，对调查发现影响工程建设方案决策的水库影响区，根据需要进行勘探。

2）可行性研究阶段，主要由地质专业、移民专业联合开展库区地质调查确定影响区类型、分布和范围，对涉及居民点、成片农田、重要专项设施等重点对象的区域，通过勘探手段确定影响区类型、位置，预测其在天然状态及水库运行后的稳定性，评价其对可能产生的影响，结合影响区危害性及影响对象重要性确定影响区处理对象和范围。

3）实施阶段主要通过群测群防、现场巡查、监测等方式对可研阶段确定水库影响区范围界定成果进行复核，将水库蓄水及运行过程中开裂、变形区域受影响对象纳入新增水库影响区进行处理。

2.2.5 枢纽工程建设区界定及处理

枢纽工程建设区是指枢纽工程建筑物及工程永久管理区、料场、渣场、施工企业、场内施工道路、工程建设管理区（主要为施工人员生活设施，包括工程施工需要的封闭管理区）等区域。枢纽工程建设区范围界定的主要工作内容有：参与施工总布置方案拟订，确定用地范围；按最终用途确定用地性质（临时用地区和永久占地区）；明确枢纽工程建设区与水库淹没区重叠部分处理原则和方法。

1. 1984 年以前（计划经济时期）

以 1954 年兴建的狮子滩水电站和龚嘴水电站为例，其未将枢纽工程建设区和水库淹没影响区进行明确区分。

2. 1984—1991 年

这一时期，仍未将枢纽工程建设区和水库淹没影响区进行明确区分。

3. 1991—2006 年

这一时期，受社会经济发展限制，未明确该区域划分，部分项目进行了简化处理。以溪洛渡水电站为例，在建设征地部分增加了封闭管理区，其范围根据枢纽工程施工总体规划确定的封闭管理区征地红线图确定。

4. 2006—2017 年

这一时期，增列了"枢纽工程建设区"，较全面地概括了目前水电工程建设需征地处理的范围。

（1）确定用地范围。枢纽工程建设区用地范围应综合考虑地质、施工、水工和移民安置等因素的基础上，合理确定施工总布置图和施工用地规划范围图，编制用地规划及施工总布置方案。

1）一般情况下，为满足工程建设需要，施工、水工等专业首先确定主体工程施工区，即闸、坝、厂房等主体工程。然后布设砂石加工、混凝土生产、供水、供电等施工工厂区，施工工厂布置宜靠近服务对象和用户中心，设于交通运输和水电供应方便处，且厂址地基应满足承载能力要求，避免不良地质地段，尽量少占耕地。进一步布设当地建材开采和加工区，确定满足规范要求的可选料源，妥善规划运输道路和生产生活，生活区宜远离噪声、振动、飞尘、交通量大的现场。最后布设储运系统、大型设备和金属结构安装场地、工程弃渣场、建设管理区、施工生活区等工区，其中工程弃渣场宜选择山沟、荒地，避免占用耕地和经济林地。

2）移民专业根据施工专业确定的初步用地范围，结合国家用地的要求，在满足工程建设需要的前提下，尽可能减少工程对周边区域的影响。尽量利用荒地、滩地、坡地和水库淹没区土地，少占耕地和经济林地，提高土地利用率，合理利用土地资源；尽量避让地质灾害区、集中居民区等区域，避让重要敏感对象，最大限度地减少对当地群众生产、生活的不利影响，据此调整优化施工用地范围。

预可行性研究阶段，主要研究枢纽工程建设区制约性的对象及枢纽工程建设对地区社会经济的影响，初步确定用地范围。可行性研究阶段枢纽工程建设区用地范围确定的工作方法和流程见图 2.5。

（2）确定用地性质。枢纽工程建设区范围包括枢纽工程建筑物及工程永久管理区、料场、渣场、施工企业、场内施工道路、工程建设管理区等区域，应根据施工总布置方案提供的施工用地范围图落实各区块用地性质。根据实际用地效果，工程建设永久使用的土地作为永久用地范围，包括枢纽工程建筑物及工程永久管理区等区域；对工程临时使用但不

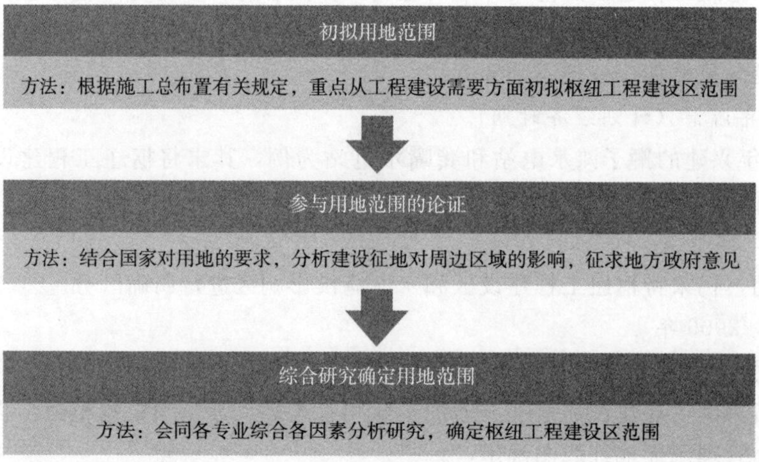

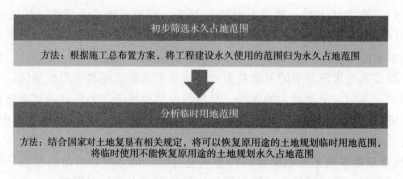

图 2.5　可行性研究阶段枢纽工程建设区范围确定的工作方法和流程图

能恢复原用途的土地划归永久用地范围。将工程建设临时使用且可以恢复原用途的土地划归临时用地范围，一般情况下，料场、渣场、施工企业、场内施工道路、工程建设管理区等区域可作为工程建设临时使用。

　　预可行性研究阶段，主要根据施工总布置方案初步确定用地性质。可行性研究阶段枢纽工程建设区用地性质确定的工作方法和流程见图 2.6。

图 2.6　可行性研究阶段枢纽工程建设区用地性质确定的工作方法和流程图

　　（3）明确枢纽工程建设区与水库淹没区重叠部分处理方法。按照用地时序，枢纽工程建设区应先期用地，为满足枢纽工程建设需要，将枢纽工程建设区与水库淹没区重叠部分归入枢纽工程建设区。

2.3　工作中遇到的主要问题及典型案例剖析

　　水电工程征（占）地范围广、面积大，可能涉及城镇、人口密集区（点）、连片耕地、重要基础设施、文物古迹、军事设施、宗教设施、风景名胜区、环境保护区等对象。上述对象在建设征地区社会、经济、文化发展中具有重要作用，各方关注度高、处理难度大、处理费用高。为合理确定水电工程建设规模，减少淹没损失，提高工程经济效益，尽量降低工程建设对当地社会、经济发展的影响，规划设计工作过程中移民专业应合理确定水库淹没区，通过查阅相关资料、征求地方人民政府及行业主管部门意见等方式收集建设征地区主要淹没对象分布位置、重要程度、受影响程度、处理难度等资料；结合工程开发性质、规模和建设征地区实际情况和当地人民政府和居民意见，通过技术、经济比较综合分析提出各淹没对象处理方案，估算处理费用，为工程建设规模及方案论证提供支撑。经分析、论证，对建设征地区社会、经济、文化发展有重要意义，在建设征地区具有不可替代性、不能受水电工程征（占）地影响的对象或处理难度大、费用高的对象，应通过调整开发方式、调整工程布置方案、降低正常蓄水位或采取工程措施等方式进行合理避让，以确保工程建设的顺利推进。

2.3.1　设计洪水标准的确定

根据"07范围规范"，确定设计洪水标准的主要要求如下。

（1）淹没对象的设计洪水标准，应根据淹没对象的重要性、耐淹程度，结合水库调节性能及运用方式，在安全、经济和考虑其原有防洪标准的原则下分析选择。

（2）为保证工程安全、可靠运行，淹没对象的设计洪水标准按表2.4所列设计洪水重现期的上限标准选取，如果选取其他标准应进行分析论证。

（3）铁路、公路、电力、电信、水利设施、文物古迹等淹没对象，其设计洪水标准按照《防洪标准》（GB 50201—2014）、行业技术标准的规定确定。《防洪标准》（GB 50201—2014）和行业技术标准无规定的，可根据其服务对象的重要性研究确定设计洪水标准。

设计洪水标准上下限的选择关系到水库淹没范围的大小，为控制淹没影响损失，应对上下限的选择进行分析论证，重点应从工程安全、水库运行方式等因素进行考虑；对部分项目设计洪水标准的确定论证不到位，会影响建设征地处理范围的确定。

2.3.1.1　典型案例分析

双江航电枢纽工程位于重庆市潼南区境内的涪江干流上，上游衔接三星电站，下游衔接潼南梯级电站，其左侧是人工运河——汉江。

1. 水库运行方式

拟定双江航电工程的水库运行方式为：当入库流量小于分级流量2880m³/s时，坝前水位在死水位与正常蓄水位之间做日调节运行；入库流量超过分级流量2880m³/s，枢纽开始停机敞泄冲沙运行；入库流量超过最大通航流量5500m³/s时，库区上下游河段禁航且工程船闸停止通航运行。

2. 淹没对象设计洪水标准

（1）规范相关规定。根据"07范围规范"、《防洪标准》（GB 50201—2014）等相关规定，淹没对象的设计洪水标准，主要根据淹没对象的重要性、水库调节性能及运用方式，在安全、经济和考虑其原有防洪标准的原则下分析确定。

（2）设计洪水标准选择。工程项目建设书阶段，耕（园）地设计洪水标准采用2年一遇，居民点及一般专项采用10年一遇。该阶段补充了5年、20年、100年一遇的洪水回水计算成果，并对回水成果进行分析。

根据建设征地区 1:1000 地形地类图及回水计算成果，以正常蓄水位 249.00m 为例，初步分析库区耕（园）地、农村居民点等主要淹没对象原有防洪标准。

1）双江航电枢纽工程库区涉及的耕地主要集中在回龙坝、曹家坝，选择这两个典型区域进行耕地防洪标准分析，具体情况如下。

回龙坝成片耕地高程分布为 247.20～251.70m，位于 6～7 号断面，当发生 2 年一遇洪水时，6～7 号断面天然水位为 248.99～250.20m，约 90%的耕地将被临时淹没；曹家坝成片耕地高程分布为 248.30～257.10m，位于 7～8 号断面，当发生 2 年一遇洪水时，7～8 号断面天然水位为 250.20～250.78m，约 70%耕地将被临时淹没。通过上述分析可知，工程建设征地范围的耕（园）地原有防洪标准达不到 2 年一遇标准，因此，耕地设计洪水标准按 2 年一遇考虑，详见表 2.7。

2）双江航电枢纽工程库区涉及的居民点、一般专项主要集中在回龙村、曹家村，选择这两个典型区域进行居民点、一般专项防洪标准分析，具体情况如下。

双江航电枢纽工程库区回龙村、曹家村分布有大量居民点，回龙村居民点高程分布为 251.50～256.90m，位于 4～6 号断面，当发生 10 年一遇洪水时，4～6 号断面天然水位为 252.97～254.01m，此处居民区局部将被临时淹没；曹家村居民区高程分布为 255.10～257.80m，位于 7～8 号断面，当发生 10 年一遇洪水时，7～8 号断面天然水位为 254.53～255.48m，部分居民区房屋将被临时淹没。通过上述分析可知，工程建设征地范围的部分居民点原有防洪标准达不到 10 年一遇标准，因此，综合考虑与下游邻近的潼南梯级相关设计洪水标准衔接等因素，同时结合地方政府、项目业主意见，农村居民点及四级公路等一般专项设施设计洪水标准按 10 年一遇考虑。

根据《防洪标准》（GB 50201—2014）相关规定，天然气井按 20 年一遇标准考虑，林地、未利用地按正常蓄水位标准考虑。

不同淹没对象采取的设计洪水标准详见表 2.6。

表 2.6　　　　　　　　　　不同淹没对象采取的设计洪水标准表

序号	淹 没 对 象	洪水标准（频率）/%	重现期/年	备注
1	耕（园）地	50	2	
2	林地、未利用地	正常蓄水位	—	
3	农村居民点	10	10	
4	天然气井	5	20	
5	四级公路、机耕道等一般专项	10	10	

2.3.1.2　小结

淹没处理设计洪水标准的确定是水库淹没区范围界定的一项重点，防洪标准和淹没处理设计洪水标准容易产生混淆，是水库淹没范围界定的难点。淹没处理设计洪水标准的确定关系到水电工程的经济、技术、风险和安全。如果淹没处理设计洪水标准定得过高，就会增加淹没处理实物指标和费用，进而提高水电工程造价；如果淹没处理设计洪水标准定得过低，就增大了土地、居民点、城镇、专业项目等对象淹没的风险，降低各对象的安全。

防洪标准是指防洪保护对象达到防御洪水的水平或能力。一般将实际达到的防洪能力也称为已达到的防洪标准。防洪标准可用设计洪水（包括洪峰流量、洪水总量及洪水过程）或设计水位表示。一般以某一重现期（如 10 年一遇洪水、100 年一遇洪水）的设计洪水为标准，也有以某一实际洪水为标准。在一般情况下，当实际发生的洪水不大于设计防洪标准时，通过防洪系统的正确运用，可保证防护对象的防洪安全。防洪标准的高低，与防洪保护对象的重要性、洪水灾害的严重性及其影响直接有关，并与国民经济的发展水平相联系。国家根据需要与可能，对不同保护对象颁布了不同防洪标准的等级划分。在防洪工程的规划设计中，一般按照规范选定防洪标准，并进行必要的论证。阐明工程选定的防洪标准的经济合理性。对于特殊情况，如洪水泛滥可能造成大量生命财产损失等严重后果时，经过充分论证，可采用高于规范规定的标准。如因投资、工程量等因素的限制一时难以达到规定的防洪标准时，经过论证可以分期达到。

淹没处理设计洪水标准是指水库形成后库区涉及对象受淹承受能力。一般以重现期（如 10 年一遇洪水、100 年一遇洪水）或洪水频率（10%、1%）表示。以中等城市为例，假设确定其淹没处理设计洪水标准为 50 年一遇洪水。通过回水计算，如水库形成后发生 50 年一遇洪水，水库淹没中等城市，那该中等城市就纳入淹没处理范围，作为水电站的安置任务；如水库形成后发生 50 年一遇洪水不影响该城市，发生 50 年以上一遇洪水才影响该中等城市，那该中等城市不纳入淹没处理范围，其受洪水的影响纳入自然灾害处理，不作为水电站的安置任务。

目前依据"07 范围规范"设计的水电项目，对淹没对象设计洪水标准的选择原则上是按照规范所列的洪水重现期的上限标准选取，对选择下限标准的应根据淹没对象的重要性、耐淹程度，结合水库调节性能及运用方式，在安全、经济和考虑其原有防洪标准的原则下综合选择。

2.3.2 浅淹没区垫高防护

根据"07 范围规范"，水库淹没影响区通过垫高措施恢复原用途的土地，应作为临时用地处理。目前浅淹没区垫高防护处理尚未完全统一，项目之间存在差异，可能导致攀比现象。

2.3.2.1 典型案例分析

1. 野坝集中安置点垫高防护

根据移民安置规划，长河坝水电站正常蓄水位为 1690.00m，黄金坪水电站正常蓄水位为 1476.00m，长河坝水电站为紧邻黄金坪水电站上游梯级水电站。野坝位于大渡河右岸，高程在 1468.00~1488.00m 之间，主要位于黄金坪水电站水库淹没区内，现状地类有耕地、园地、林地、农村居民点、交通用地、滩地和未利用地。经现场地质调查发现，场区外正北侧存在泥石流沟、场区内侧存在危岩体等不良地质作用。特别是场外的泥石流沟，在暴雨季节可能形成泥石流洪流。因此，规划在避开危岩崩塌和泥石流影响区的前提下布置移民安置点。

根据野坝的地形地质条件，沿临河岸坡利用 M10 浆砌块石进行护坡，通过对野坝沟右岸设置防洪墙对野坝沟沟水进行拦挡，保护耕地。根据布置，防护堤轴线长为 1200m，防洪墙轴线长为 300m，截水沟长为 1307m。确定该防护工程耕地回填高程取值为 1478.10m。居民点地面高程宜比耕地地面高程适当抬高，确定居民点地面高程为 1478.50m。居民点回填高程为 1478.50m，居民点场地回填均采用长河坝水电站弃渣回填。场地回填最大高度为 18m，平均为 10～12m。

垫高防护后恢复土地 434.63 亩，其中用于集中居民点建房占地 31.9 亩、水利设施占地 5.7 亩、道路占地 6.03 亩、耕地占地 391 亩，均纳入临时用地处理。

2. 双江口的孔龙垫高造地防护工程

双江口水电站正常蓄水位 2500.00m，孔龙垫高造地防护区位于双江口水电站干流足木足河左岸库尾的脚木足乡孔龙村，距脚木足乡 8km，有县级公路横穿场地区，交通方便。根据孔龙垫高造地安置区地形地质条件，拟利用安置区附近河滩地砂卵石土料进行垫高防护，设计填高区高程为 2501.30m，堤顶高程为 2501.80m，沿河侧用 C20 混凝土预制块护坡，采用 M10 浆砌块石挡墙护脚。护坡顶部设 3.5m 宽机耕道，路面结构为砂砾石。经布置，防护堤轴线长 1759.9m，垫高防护后除去护坡顶部道路面积后的净造地面积约为 185 亩。

孔龙垫高造地后采取直接从水库淹没区减扣耕（园）地 185 亩作为临时用地，减少相应生产安置任务。

2.3.2.2 小结

水电工程征（占）地范围广、面积大，可能涉及城镇、人口密集区（点）、连片耕地、重要基础设施、文物古迹、军事设施、宗教设施、风景名胜区、环境保护区等对象。上述对象在建设征地区社会、经济、文化发展中具有重要作用，对社会经济发展和居民生产生活造成影响，各方关注度高。工程建设征地对当地社会、经济发展影响巨大；加之，城镇迁复建涉及对大量人口进行安置，水、电、路、文、教、卫等基础设施和工矿企事业单位恢复重建涉及面广、难度大、矛盾多、费用高。

2.3.3 水库回水末端断面及外包线确定

部分项目对 0.3m 以下部分部纳入建设征地处理范围存在异议。

根据"07 范围规范"，主要要求如下：

（1）水库洪水回水区域，应考虑不同淹没对象设计洪水标准，计算洪水回水水面线。淹没对象的设计洪水标准，应根据淹没对象的重要性、耐淹程度，结合水库调节性能及运用方式，在安全、经济和考虑其原有防洪标准的原则下分析选择。设计洪水回水水面线应根据水库调度运行方式分别计算水库分期洪水回水，应以坝址以上同一频率的分期洪水回水位组成外包线的沿程回水高程确定。水库回水应考虑泥沙淤积的影响。

（2）水库洪水回水末端的设计终点位置，以设计洪水回水水面线与同频率天然洪水水面线差值 0.3m 处的计算断面为水库回水末端断面，水库回水末端断面上游的淹没区域，采用水平延伸至天然河道多年平均流量水面线相交处。

2.3.3.1 典型案例剖析

蒲西集镇位于绰斯甲河左岸，占地面积约 200 亩［包括附居农民耕（园）地］，总人口规模 343 人，其中集镇非农业人口 98 人，附居集镇居住农民 51 户 245 人。G317 线公路从集镇中心穿过，集镇内建筑物地面高程约 2790.84～2800.80m，建构筑物基础高程为 2788.70～2790.47m，部分基础高程低于 2788.00m，现状房屋建筑及基础、堡坎多为干砌石或黄土砌石砌筑，部分居民房屋为吊脚楼形式（底层作为储藏室使用），储藏室屋面高程为 2790.84～2791.53m（图 2.7）。

图 2.7 蒲西乡临河建筑现状图

根据审定的可行性研究报告，正常蓄水位为 2788.00m，回水长度为 2.954km，回水末端断面为 26 号断面以上 34m，蒲西集镇位于绰斯甲水电站水库淹没区 17～20 号断面之间，距坝址约 2.1km。蒲西集镇临河侧建筑现状及电站蓄水后底层储藏室均受到浸没（浸没影响高程为 2791.11m）和洪水淹没影响（回水高程为 2792.09m），规划采取护岸防护工程对蒲西集镇临河库岸进行防护，以提高蒲西集镇库岸稳定安全性，同时采取防潮处理措施减小水位上升对底层储藏室的影响。护岸防护工程采用 M10 浆砌块石挡墙形式，挡墙根据现状建筑情况贴坡布置；根据工程布置规划，工程堤线顺河向长约 449.9m，护岸顶设计高程为 2794.9m，墙高 7.7～8.7m，堤脚临水侧回填大块石并压盖格宾护坦防淘。

蒲西集镇护岸防护工程是处理回水末端断面上游的淹没区域，在通过反复论证后，采取工程防护措施是能确保集镇安全的，同时还能减少了淹没影响损失。

2.3.3.2 小结

水库淹没处理任务是解决建坝后上游水位壅高而造成的淹没影响，该影响与天然洪水的淹没影响是存在差异的，前者是以"以设计洪水回水水面线与同频率天然洪水水面线差值为 0.3m 处的计算断面为水库回水末端断面"。通常情况，在水库回水末端断面上游，凡是低于水库回水高程的对象都列入水库淹没处理；而在水库回水末端断面下游，凡是高于末端断面确定的末端高程的对象都不列入水库淹没处理；理论上讲，水库洪水回水曲线与同频率天然水面线是一对渐近线，这两条曲线应该是永不相交的。为了确定水库淹没范围，需要确定水库洪水回水末端的设计终点位置。"07 范围规范"规定，水库末端断面是唯一的，即设计洪水回水水面线与同频率天然洪水水面线差值为 0.3m 处，该断面若位于两个实测断面之间，则插补出一个计算断面作为末端断面。水库回水末端断面上游的淹没区域，采用水平延伸至天然河道多年平均流量水面线相交处。根据界定的水库回水末端断面，对临近末端断面重要淹没影响对象提出处理方案。

2.3.4　上下游梯级电站用地范围重叠区衔接

根据"07 范围规范"，主要要求如下：

（1）水库淹没区包括水库正常蓄水位以下的区域，水库正常蓄水位以上受水库回水、风浪和船行波、冰塞壅水等临时淹没的区域。

（2）水库正常蓄水位以下的淹没区域，按照正常蓄水位高程，以坝轴线为起始断面。

（3）枢纽工程建设区与水库淹没区重叠部分，按用地时序要求应纳入枢纽工程建设区。

2.3.4.1　典型案例剖析

1. 叶巴滩水电站与上下游梯级水电站水库淹没区的衔接

根据经审定的《金沙江上游叶巴滩水电站建设征地移民安置规划报告》，叶巴滩电站的上游为波罗水电站、下游为拉哇水电站。其中拉哇水电站推荐的正常蓄水位为 2698.00m，目前叶巴滩水电站施工用地范围高程均在 2705.00m 以上，并结合电站开发时序，叶巴滩水电站先于拉哇水电站开发，因此目前叶巴滩水电站与拉哇水电站重叠范围均纳入叶巴滩电站处理。同时，叶巴滩水电站回水至规划波罗水电站坝址以上，根据开发时序叶巴滩水电站先于波罗水电站开发，且预计待叶巴滩水电站蓄水发电时波罗水电站也未开展工程建设，因此将叶巴滩水电站与波罗水电站建设征地重叠区域计入叶巴滩电站建设征地范围。

2. 硬梁包水电站与上下游梯级水电站水库淹没区的衔接

根据经审定的《四川省大渡河硬梁包水电站建设征地移民安置规划报告》，硬梁包水电站上游与泸定水电站相衔接，下游与大岗山水电站相衔接。硬梁包水电站征地影响范围与上游泸定水电站建设征地范围无重叠，与下游大岗山水电站建设征地范围部分区域重叠，本着"先占先处理"的原则，确定重叠部分纳入大岗山水电站。

硬梁包水电站彩虹桥下游渣场占地面积为 323.03 亩，与大岗山水电站水库淹没影响区重叠，重叠部分有 113 亩，涉及大岗山水电站搬迁安置人口 61 人，各类结构房屋 4289.92m^2，零星林木 500 株，耕（园）地 103.58 亩。根据审定的《大岗山水电站可行性研究阶段建设征地移民安置规划报告》，重叠部分的移民计划于 2014 年完成搬迁，而硬梁包水电站用地时间为 2014 年之后，因此，按用地时序分析大岗山水电站将先行占用，重叠部分实物指标由大岗山水电站处理，不纳入硬梁包建设征地处理。

3. 乐安水电站与上下游梯级水电站水库淹没区的衔接

乐安水电站位于新龙水电站上游、林达水电站下游。乐安电站与新龙电站无重叠区，乐安水电站库区与上游林达水电站建设征地范围有重叠区域。根据雅砻江上游梯级电站开发计划、各电站施工总布置初步规划及用地时序，林达水电站先于乐安水电站建设开发，因此，按照先占先用的原则，乐安水电站库区与林达水电站建设征地范围重叠部分计入林达水电站建设征地处理范围。

4. 金川水电站与上游梯级水电站水库淹没区的衔接

金川水电站位于四川省阿坝州金川县境内，正常蓄水位为 2253.00m，水库淹没洪水回水末端断面为 34 号断面。

（1）与上游双江口水电站库区重叠部分。金川水电站水库淹没影响至上游双江口水电站坝轴线，与双江口水库区无重叠部分。

（2）金川水电站库区与上游双江口水电站枢纽工程建设区的套接部分。金川水电站与上游双江口水电站枢纽工程建设区套接部分共 668.07 亩，其中永久占地面积 84.70 亩，临时占地 583.37 亩。

对以上套接部分土地面积、零星树木、房屋及其他附属物，对属于双江口水电站施工永久占地区的，计入双江口水电站实物指标调查成果；对属于双江口水电站的施工临时占地区实物指标，房屋、附属设施及零星树木计入双江口水电站实物指标，土地面积计入金川水电站实物指标调查成果。

2.3.4.2　小结

上下游梯级电站用地范围重叠区的衔接，直接关系到下一步电站移民概算乃至电站经济性，关系到下一步征地及移民安置工作开展时序问题，受到项目法人、地方人民政府及相关方面的高度关注。上下游梯级间用地范围重叠，首先应根据水电站开发时序和具体开发工期，根据重叠范围内上下游梯级的用地时序进行具体分析，应按照先占先用的原则处理。水库淹没区不论经常淹没区还是临时淹没区均作为建设征地处理范围，不再区分经常和临时淹没区。

2.3.5　地质影响区处理

根据"07 范围规范"，主要要求如下：

（1）水库影响区包括因水库蓄水引起的滑坡、塌岸、浸没、岩溶内涝、水库渗漏及其他受水库蓄水影响的区域。

（2）水库影响区按其危害性及影响对象的重要性划分为影响处理区和影响待观区，列入影响处理区的应提出处理方案，列入影响待观区的应在水库运行期进行观测、巡视，根据影响情况进行处理。

（3）水库滑坡、塌岸、浸没、岩溶内涝、水库渗漏等区域通过地质勘察，分析库岸稳定状况，结合地面实物影响程度，按人口、土地和其他影响对象等类别分别划定。

（4）在滑坡区分布有居民点或重要建筑物和设施，滑坡对其危害性大，在满足一定条件的情况下，可认定为滑坡影响处理区。

（5）在塌岸区分布有居民点、耕地、园地或重要建筑物和设施，塌岸对其危害性大，可认定为塌岸影响处理区。

（6）在浸没区分布有居民点、耕地、园地或重要建筑物和设施，浸没对其危害性大，在满足一定条件的情况下，可认定为塌岸影响处理区。

2.3.5.1　典型案例剖析

1. 长河坝水电站地质影响区处理

根据审定的《四川省大渡河长河坝水电站建设征地移民安置规划设计报告》，长河坝水电站水库蓄水后，存在两处因水库蓄水和运行导致的库岸失稳区，其中一处为塌岸区，另一处为滑坡区，根据实地调查了解，长河坝电站水库影响区范围内未涉及人口、房屋及耕地，主要涉及荒草地和少量灌木林地，经有关各方协商一致，暂不征用，待水库蓄水运行后根据实际发生情况再作相应处理。

2. 两河口水电站地质影响区处理

根据审定的《四川省雅砻江两河口水电站建设征地移民安置规划设计报告》，两河口水电站水库蓄水后，存在 43 处地质影响区，主要为塌岸影响区，对影响区内无人口房屋的界定为影响待观区，对影响区内有人口房屋的界定为影响处理区。

3. 叶巴滩水电站地质影响处理

根据审定的《金沙江上游叶巴滩水电站建设征地移民安置规划报告》，叶巴滩水电站水库蓄水后，存在滑坡影响区 12 处，塌岸影响区 8 处，其中滑坡影响区内不涉及人口、房屋全部纳入待观区处理；塌岸影响区有 6 处只涉及林地，另外 2 处涉及少量人口、房屋，塌岸影响区全部纳入影响处理区。

4. 锦屏一级新增滑坡塌岸影响区处理

锦屏一级水电站新增滑坡塌岸影响区处理，对受水库蓄水影响前缘在淹没线以下的塌岸区域、严重库岸变形区域、滑坡区域纳入电站蓄水阶段新增滑坡塌岸影响区研究范围，对塌岸区域、严重库岸变形区域、滑坡区域以及待观区域等进行分类处理，具体原则为：

（1）塌岸及严重库岸变形区域：人口、房屋及附属设施、耕（园）地、零星林木纳入处理对象。

（2）滑坡区域：房屋受损，危及当地居民人身安全的，将人口、房屋及附属设施、零星林木等纳入影响处理对象；耕（园）地处理按照受损情况，从安全角度予以区别处理，对于受损严重、山高坡陡、治理难度大、费用高和极不安全的耕（园）地，纳入影响处理对象。

（3）待观区域：上述区域外的对象暂不纳入调查处理范围，作为待观区域，需加强安全监测。

2.3.5.2　小结

地质影响区界定是在地质专业确定水库蓄水引起滑坡、塌岸、浸没等其他地质影响区的基础上，移民专业根据各受影响对象（主要包括房屋、土地、其他建构筑物设施等）的分布及受影响程度进行分析，确定为处理对象或待观对象。

水库地质影响区在处理区和待观区方面，不同时间、不同项目差异较大，目前对地质影响区已形成较统一的意见。

（1）滑坡区。对滑坡区内涉及人口、房屋和零星树木进行处理，并将相应实物指标作为处理对象，其余的通常列为待观对象。

（2）塌岸区。对塌岸区内涉及人口、房屋、零星树木、耕（园）地和重要专业项目进行处理，并将相应实物指标作为处理对象，其余的通常可列为待观对象。

（3）浸没区。对浸没区内涉及人口、房屋和零星树木进行处理。围内涉及耕（园）地的应分析当地种植模式和种植结构以确定是处理区还是待观区，并将相应实物指标作为处理对象，其余的通常列为待观对象。

虽然在"07 范围规范"中对待观区有明确的规定，移民安置规划设计工作者在操作过程中对待观区及待观对象的把控存在较大的不可操作性，需进一步研究明确处理区及处理对象的处理原则及方式等；同时目前部分已建成的大中型水利水电项目已出现新增地质影响区的情况，由于尚无相关规范明确其处理，需颁布相关处理依据。

2.3.6　减水河段处理

根据"07范围规范"，工程引水导致河段减水，造成生产生活引水困难而必须采取处理措施的影响区域。

减水河段是水电工程引水后造成被引水河段水量减少，可能会造成被引水河段居民生产生活引水困难，因此受到各方高度关注。减水河段处理对象是因工程引水对减水河段造成生产生活引水困难的目标，因此重点是要调查明确减水河段的确对其造成影响。减水河段界定工作，首先需要充分调查河段生产生活现状、种植模式、用水需求情况并进行预测，分析电站建成后对河段的影响程度及范围，提出处理范围及方案。目前涉及减水河段的水电站主要为引水式水电站和混合式水电站，主要采取现场调查了解减水河段居民、企业单位生产生活引水来源及需求量等基本情况，民族地区还对宗教设施影响情况进行调查分析，结合河段所在地方的行业规划综合分析受影响程度，提出处理意见。

2.3.7　远迁、扩迁标准确定

产生远迁、扩迁移民主要因水库蓄水后水库周边失去基本生产、生活条件的居民不能解决生产生活，需纳入移民处理，因此不同项目均根据项目移民生产生活特点分析拟定。随着逐年货币补偿方式的逐步推广，移民搬迁安置可不再受土地资源限制，土地不再是制约移民生产安置的主导因素，因生活原因导致的远迁和扩迁移民势必逐步减少。

2.3.7.1　典型案例剖析

1. 猴子岩水电站的远迁、扩迁标准

根据审定的《四川省大渡河猴子岩水电站建设征地移民安置规划设计报告》，远迁、扩迁移民标准分别如下。

（1）远迁移民。是指根据移民安置方案，需出村安置，且搬迁后距原有线上耕地耕作半径增加3km以上的移民。

（2）扩迁移民。扩迁人口的确定是指根据移民安置任务和安置方案，根据下列情况确定存在扩迁人口的村以及各村的扩迁人口数量。

扩迁人口必须以户为单位界定，满足所在户的户口为所在村民小组的常住户籍，该户在本村范围内拥有住房和承包地。

根据建设征地区实际情况，对于线上剩余10人以下，已不能维持相对完善的社会关系网络的需确定为扩迁人口。

水库蓄水后，线上居民恢复基础设施困难，或投入巨大，在与搬迁进行经济性、合理性比较后，如恢复基础设施明显投入过大，宜确定为扩迁人口。

2. 双江口水电站的远迁、扩迁标准

根据审定的《四川省大渡河双江口水电站建设征地移民安置规划大纲调整报告》，远迁、扩迁移民标准分别如下。

（1）远迁移民。根据双江口电站交通和安置区地形条件，对远迁人口做如下界定：建设征地直接涉及人口和扩迁人口中，需迁出原居住地，搬迁后距原耕作区距离大于 5.0km 以上的集中安置的移民纳入远迁人口界定范围；搬迁安置去向为自主分散安置、本村后靠分散安置的移民不属于远迁移民界定范围，不再开展远迁移民建设征地范围外实物指标调查。

（2）扩迁移民。扩迁人口是指住房在建设征地范围外，主要生产资料（耕地、园地）被征收或大部分被征收，剩余耕（园）地不能维持原有生产生活水平，需离开原居住地异地安置的人口，应从征地范围外经确认的生产安置人口中选择。

2.3.7.2　小结

远迁、扩迁移民界定标准的拟定是关键，直接影响远迁、扩迁移民规模，与移民的利益密切相关，受到各方高度关注。标准过大，对地方政府而言，越利于开展移民搬迁安置工作，反之则不利于操作；对项目法人而言，则移民补偿补助投资将越大，项目经济性越低，投资回报率更差。因此，确定的远迁、扩迁移民界定标准是该项工作的核心。

2.3.8　枢纽工程建设区用地范围确定

根据"07 范围规范"，主要要求如下：

（1）枢纽工程建设区应在综合考虑地质、施工、水工和移民安置等因素的基础上，合理确定施工总布置方案，编制用地规划。

（2）枢纽工程建设区按最终用途确定用地性质，分为临时用地区和永久占地区。将工程建设临时使用，且可以恢复原用途的土地划归临时用地范围；将工程建设永久使用的土地，以及虽属于临时使用但不能恢复原用途的土地划归永久占地范围。

（3）枢纽工程建设区与水库淹没区重叠部分，按用地时序要求应归入枢纽工程建设区。

2.3.8.1　典型案例剖析

1. 新龙水电站预可研枢纽工程建设区

在新龙水电站预可行性研究阶段移民安置规划工作中，施工专业提供的施工用地范围图上有相堆石料场占地面积 135 亩，施工专业认为石料场取料后该场地将破烂不堪，不能恢复原用途，因此纳入工程永久占地区。移民专业认为工程建设应本着节约用地的原则开展规划设计工作，在取料施工过程中不管是石料场还是其他任何料场都应严格执行施工程序，不应因预判不规范的施工方式而将料场划为工程永久占地区，最终施工专业接受建议将该地块调整为施工临时用地。

2. 松多水电站施工总布置方案拟订

松多水电站位于四川省巴塘县巴楚河干流，在施工总布置方案拟订过程中，首先由施工专业根据前期工作成果进行初拟，随后项目部组织施工、地质、水工、移民和环保等专业进行现场查勘，并向地方政府调查了解，通过现场走访发现在初拟的施工范围内存在神山等敏感宗教设施，及时调整了施工布置，减轻了现场工作难度，避免了工作的反复。

3. 猴子岩水电站可研枢纽工程建设区

猴子岩水电站可行性研究阶段移民安置规划，在规划大纲阶段确定对施工临时用地区内涉及的耕（园）地全部复垦为耕地，但临时用地复垦初步设计中因菩提河坝渣场有119.75亩为边坡占地，不能复垦，因此规划报告中按规定将该边坡纳入永久占地区。

2.3.8.2　小结

移民专业介入枢纽工程建设区用地范围的确定工作，尤其是永久、临时用地范围的划定和备用料场是否纳入用地范围的界定工作，能进一步减少建设用地，减轻土地报建任务，提高了电站规划设计的可操作性。

2.3.9　枢纽工程建设区与水库淹没影响区重叠范围处理

根据"07范围规范"：枢纽工程建设区与水库淹没区重叠部分，按用地时序要求应纳入枢纽工程建设区。

目前各梯级水电站枢纽工程建设区和水库淹没影响区重叠部分，均纳入枢纽工程建设区处理。2016年1月，国土资源部、国家发展和改革委、水利部和国家能源局联合发布了《关于加大用地政策支持力度促进大中型水利水电工程建设的意见》（国土资规〔2016〕1号），该意见明确规定："实行水库水面用地差别化政策。水利水电项目用地报批时，水库水面按建设用地办理农用地转用和土地征收审批手续。涉及农用地转用的，不占用土地利用总体规划确定的建设用地规模和年度用地计划指标。"根据该意见，枢纽工程建设区和水库淹没区重叠部分计入枢纽工程建设区不利于推进相关工程建设工作。

2.3.10　其他处理范围的处理

《水电工程建设征地移民安置规划设计规范》（DL/T 5064—2007）及《水电工程建设征地处理范围界定规范》（DL/T 5376—2007），明确水电工程建设征地范围包括水库淹没影响区和枢纽工程建设区。对于上述移民工程建设用地范围提出"移民安置迁建、复建项目用地的范围执行国家和有关省级人民政府，以及相关行业标准的规定"的要求，以及在条文说明中明确"城镇新址、专业项目占地具体特殊性，宜作为其项目本身的建设征地范围考虑"等。

各类移民工程占地范围主要是依据审定的有关项目迁建规划、初步设计等文件中规划的占地红线范围进行确定。其工程占地范围是否纳入水电工程建设征地处理范围，主要有以下两种处理方式。

（1）纳入水电工程建设征地处理范围的，对于工程占地范围内涉及人口、房屋附属设施等实物指标处理，按照移民安置政策执行，土地进行征收，并相应计列移民安置任务。

（2）未纳入水电工程建设征地处理范围的，作为项目本身工程占地范围，对范围内涉及房屋及附属设施等指标进行一次性补偿，土地按国土政策补偿，不计列移民安置任务。

目前，四川省各水电工程项目根据其自身实际情况，已将移民工程建设用地范围中的部分范围纳入水电工程建设征地处理范围。

2.3.10.1　典型案例剖析

在瀑布沟水电站建设征地移民安置工程实施阶段，经省政府批准（川移发〔2005〕94号），将县城迁建新址、集镇迁建新址、等级公路复建占地、永定桥水利工程、工业迁建区和汉源县垃圾处理场占地等移民工程建设区纳入电站建设征地处理范围。以公路复建占地为例，公路复建占地主要是指 G108、S306 以及右岸环湖公路的复建占地，其占地建设征地范围根据审定的《四川大渡河瀑布沟水电站库区公路复建工程 G108 线汉源县唐家至石棉迎政段两阶段初步设计文件》《四川大渡河瀑布沟水电站库区公路复建工程 S306 线汉源县三谷庄至 G108 两阶段初步设计文件》及《瀑布沟水电站淹没区右岸公路复建工程桂贤至永和公路两阶段初步设计》规划的占地红线图进行确定。对于新纳入建设征地范围的公路复建占地区，由于其范围不在"停建令"规定范围内，经省级人民政府批准，该范围实物指标时限定为 2004 年 12 月 31 日。随后根据公路复建占地范围实物指标调查成果，结合库区实际情况，成都院编制了《四川大渡河瀑布沟水电站汉源县道路复建工程建设征地移民安置实施规划设计报告》，对建设征地范围内涉及的移民进行了妥善安置。经统计，瀑布沟水电站建设征地移民工程建设区共涉及生产安置人口 8500 余人，占电站规划生产安置总人口的 9.2%；涉及搬迁安置人口约 5000 人，占电站规划搬迁安置总人口的 4.6%。

同时，在瀑布沟水电站移民安置中，农村移民集中安置点占地未纳入建设征地范围，由于其土地权属未发生改变，安置点占地范围作为调地进行处理，范围内涉及人口指标未界定为移民。

而在溪洛渡水电站移民安置中，等级公路复建占地未纳入处理范围。

2.3.10.2 小结

根据上述案例，目前不同水电站对现行规范未明确规定的移民工程建设区范围，根据实际情况按是否纳入建设征地范围等两种方案进行处理。两种处理方案，主要差异在于对占地范围内的土地指标处理时是采用征收，还是调地置换方式；涉及占地范围内村民是否享受相关移民政策，是否界定为移民人口等。

各项移民工程建设区范围是否纳入水电工程建设征地范围对于建设项目占地范围内村民的后续安置存在较大影响。可根据移民工程占用后土地权属变化情况，即移民工程建设完毕后，土地权属由集体土地转变为国有土地的城镇新址占地，以及县级以上专项公路等其他专项占地纳入建设征地范围，以利于不同电站间界定原则、处理方式的统一。

2.4 技术总结及建议

大中型水利水电工程建设征地范围的确定是为了明确水库淹没影响区、枢纽工程建设区的征收、收回和征用范围，绘制建设征地移民界线，为下一步开展界桩布置设计打下基础。为提高土地利用率，节约用地，少占耕地，减小工程建设和运行管理对周边区域的影响，避让有地质灾害的区域，安全用地，对合理界定建设征地处理范围进行技术总结、提出工作建议是十分必要的。

2.4.1 设计洪水标准

淹没对象的设计洪水标准，应根据淹没对象的重要性、耐淹程度，结合水库调节性能及运用方式，在安全、经济和考虑其原有防洪标准的原则下综合选择。

建议进一步增强分区域设计洪水位标准方面的研究工作。

2.4.2　水库回水末端断面及外包线确定

目前成都院依据"07范围规范"设计的水电项目,对水库回水末端的确定严格执行设计洪水回水水面线与同频率天然洪水水面线差值为0.3m,对水库回水末端断面上游的淹没区域全部按采用水平延伸至天然河道多年平均流量水面线相交处。对末端移民安置主要采取移民搬迁安置和防护两种处理方式,建议进一步研究水库末端断面上游的淹没区域纳入建设处理范围的必要性。

2.4.3　水库影响待观区处理

通常情况下,在影响区范围界定过程中,从安全角度考虑对居民点人口进行搬迁、房屋进行补偿处理;为合理利用土地资源,对实际受到拉裂、错台破坏严重局部区域土地进行处理,对塌岸范围应进行处理,对滑坡区内受影响较小土地和适应变形破坏适应能力较强的设施主要通过待观、保通等方式处理;由于水库蓄水后地下水上升水位高度一定,但浸没区范围分布农作物耕系深度和建筑物基础深度、形式存在较大差异,各对象受浸没影响程度不同。

由于地质影响区界定及处理的复杂性,建议如下:

(1)滑坡区内涉及的重要专业项目(如村民对外出行道路等)也未作为处理对象,从安全和对库区周边居民负责任的角度考虑,建议对滑坡区内涉及的重要专业项目作为处理对象。

(2)地质影响区应进一步分析当水库发生较大规模的滑坡、塌岸时,在重力及推力的作用下,易在水库形成较高的涌浪,涌浪对滑坡、塌岸影响区对岸距离淹没线较近的居民造成一定的影响,预测涌浪范围,并分析处理方式。

2.4.4　新增影响区处理

目前新增影响区主要采取根据影响实际情况结合地质技术现场界定范围,移民设计工作者再对范围内的受影响对象分析确定处理对象,由于尚未颁布相关处理依据,建议应及早提出实施阶段新增影响区处理意见,避免移民生产生活受到不利影响。

2.4.5　备用料场处理

目前部分项目在可研阶段规划了备用料场,并划定相关范围,根据长期的实施工作,实际备用料场的利用率不高甚至未曾使用,以双江口水电站为例,其备用料场并未使用,因此建议备用料场不纳入建设征地处理范围。

第 3 章

基 础 调 查

建设征地移民安置基础调查包括社会经济调查和实物指标调查两部分，依法、全面、准确地进行水电工程建设征地区基础调查是建设征地移民安置规划设计工作的基础依据。

3.1 法律法规及规程规范的相关规定

1984 年水利电力部批准了《水利水电工程水库淹没处理设计规范》（SD 130—1984），这是中国第一部针对水电工程移民安置出台的规范；1986 年水利电力部水利水电规划设计院针对实物指标调查，专门颁布了《水利水电工程水库淹没实物指标调查细则》（1986年）。1991 年和 2006 年国务院分别出台了《大中型水利水电工程建设征地补偿和移民安置条例》（国务院令第 74 号）和《大中型水利水电工程建设征地补偿和移民安置条例》（国务院令第 471 号）。针对这两个条例，原电力工业部和国家发展改革委分别于 1996 年和2007 年颁布了《水电工程水库淹没处理规划设计规范》（DL/T 5064—1996）和《水电工程建设征地移民安置规划设计规范》（DL/T 5064—2007）。

3.1.1 法律法规和规范变化和沿革

3.1.1.1 新老移民安置条例的变化和沿革

1991 年国务院发布了第一部关于水电工程移民安置方面的法规《大中型水利水电工程建设征地补偿和移民安置条例》（国务院令第 74 号），该条例中没有对实物指标调查作具体规定。

针对该条例在执行过程中出现的问题，2006 年，国务院对条例进行了修订，同年出台了《大中型水利水电工程建设征地补偿和移民安置条例》（国务院令第 471 号）。新出台的条例明确了实物调查，由项目主管部门或者项目法人会同工程占地和淹没区所在地的地方人民政府实施；实物调查应当全面准确，调查结果经调查者和被调查者签字认可并公示后，由有关地方人民政府签署意见。

3.1.1.2 相关规范的变化和沿革

1. "96 规范"时期

早在 1984 年原水利电力部以 "〔84〕水电技字第 118 号文"颁发了《水利水电工程水库淹没处理设计规范》（SD 130—1984），该规范为全国水库淹没处理和移民安置工作迈向规范化起了重要作用。随着国家经济体制的改革和老条例的发布，1996 年，原电力工业部水电水利规划设计总院对规范进行了修订，并将规范名称改为《水电工程水库淹没处理规划设计规范》（DL/T 5064—1996）。

2. "07 规范"时期

2006 年，国务院发布了国务院令第 471 号移民条例，为适应新条例的发布，根据水电工程建设征地移民安置规划设计工作需要，水电水利规划设计总院组织对"96 规范"进行了修订，规范名称修改为《水电工程建设征地移民安置规划设计规范》（DL/T 5064—2007）。与此同时，在水电工程建设征地移民安置规划设计的总体设计原则、程序、内容和深度等的修订基础上，针对实物指标调查专门编制《水电工程建设征地实物指标调查规范》（DL/T 5377—2007）（以下简称"07 实调规范"），进一步系统地规范了水电工程实物指标调查工作。与"96 规范"相比，"07 规范"对实物指标就实物指标调查的项目、类别、方法、程序等有关技术标准做了详细规定。

3.1.2　主要依据的法律法规和规程规范

3.1.2.1　"471 号移民条例"

条例明确了实物调查的相关程序及要求："首先实物调查工作开始前，由工程占地和淹没区所在地的省级人民政府发布禁止在工程占地和淹没区新增建设项目和迁入人口的通告，并对实物调查工作作出安排；调查由项目主管部门或者项目法人会同工程占地和淹没区所在地的地方人民政府实施；调查结果要求经调查者和被调查者签字认可，并进行公示，有关地方人民政府要签署意见。"

3.1.2.2　省级人民政府相关规定

国务院令第 471 号移民条例颁布后，云南、四川等省也相继出台了《云南省人民政府关于贯彻落实国务院大中型水利水电工程建设征地补偿和移民安置条例的实施意见》（云政发〔2008〕24 号）、《四川省大中型水利水电工程移民工作条例》、《四川省大中型水利水电工程建设征地补偿和移民安置条例实施办法》（四川省政府令第 268 号）等相关文件，对实物指标调查工作也做了相应规定。

1. 云南省

《云南省人民政府关于贯彻落实国务院大中型水利水电工程建设征地补偿和移民安置条例的实施意见》（云政发〔2008〕24 号）规定："实物调查工作开始前，省人民政府发布通告，禁止在工程占地和淹没区新增建设项目和迁入人口，并对实物调查工作作出安排。申请封库令需附经省移民主管部门审查的《实物指标调查工作细则》。移民安置规划阶段，对实物指标调查成果进行复核和分解时，由设计单位牵头，在项目法人单位参与下，县（市、区）人民政府应按照经批准的移民安置规划大纲，组织相关部门和工程占地区涉及的有关乡（镇）、村民委员会和村民小组，将集体、个人财产细化、分解到农村集体经济组织和移民户，填写移民手册，并取得其签字认可，经县（市、区）人民政府审核后，向群众公示。"

安置工作开始前，县（市、区）人民政府应依据审批的移民安置规划和实物指标分解细化成果，制定具体补偿方案，以村组为单位将征收的土地数量、土地种类和实物调查结果、补偿范围、补偿标准和金额以及安置方案等向群众公布。群众有异议的，县（市、区）人民政府应当会同项目法人单位、设计单位及时复核，调查结果有误的应予改正。

2. 四川省

（1）《四川省大中型水利水电工程移民工作条例》。《四川省大中型水利水电工程移民工作条例》对实物指标调查工作的组织程序、各方职责、成果公示及确认进行了规定："停建通告发布后，项目法人或者项目主管部门应当会同工程占地和淹没区的县（市、区）人民政府开展实物调查工作。规划设计单位受项目法人或者项目主管部门委托参与实物调查工作，并在调查工作完成后编制调查汇总成果。调查者和权属人应当在实物调查结果文件上签字确认。县（市、区）人民政府应当在工程占地和淹没区的企事业单位、社区、农村集体经济组织的显著位置公示实物调查结果。公示期限不得少于七天。市（州）人民政府移民管理机构、县（市、区）人民政府、项目法人或者项目主管部门、规划设计单位等参与实物调查的各方应当在调查汇总成果文件上签章确认，作为确定工程建设征地移民安置任务的依据。"

（2）四川省政府令第268号。《四川省大中型水利水电工程建设征地补偿和移民安置条例实施办法》（四川省政府令第268号）对实物指标调查的程序，各级政府、项目法人、规划设计单位等各方职责都做出了明确而详细的规定。

实施办法规定："项目法人或项目主管部门在申请发布停建通告前，应会同当地人民政府组织规划设计单位编制实物调查细则及工作方案，经市、县人民政府出具书面意见，由市、县移民管理机构逐级上报省扶贫移民局确认。停建通告发布后，项目法人依据批准的实物调查细则及工作方案，会同县级人民政府、设计单位等组成调查组，开展实物调查工作。实物调查成果应由调查者和权属人签字认可并公示；参与实物调查各方应对实物调查汇总成果签署意见，并报市（州）、县（市、区）人民政府确认；县级移民管理机构还应依据实物调查成果负责分户建档建卡。"

实施办法对各级政府、项目法人、规划设计单位等各方职责的规定主要如下。

1）省扶贫移民局。主要负责组织审查、确认实物调查细则及工作方案。

2）市（州）人民政府。对实物调查细则及工作方案出具书面意见，并确认实物调查成果。

3）市（州）移民管理机构。上报实物调查细则及工作方案。

4）县级人民政府。参与建设征地实物调查细则及工作方案编制工作。协调项目法人开展建设征地实物调查工作，在移民签字认可后，对实物调查成果进行确认并公示。

5）县级移民管理机构。向市级移民管理机构上报实物调查细则及工作方案。

6）项目法人。组织编制实物调查细则和工作方案，会同地方人民政府开展建设征地实物调查工作，在移民签字认可后，对实物调查成果进行确认。

7）规划设计单位。根据委托编制实物调查细则及工作方案，参与实物调查。

3.1.2.3　规程规范

相对于"96规范"，"07实调规范"对实物指标调查的项目、类别、方法、程序等有关技术标准做了详细规定。与"96规范"相比，"07实调规范"主要修改包括以下内容。

1. 对实物指标调查内容的分类进行了调整

"96规范"中水库淹没实物指标调查的内容分为农村、集镇、城镇和专业项目四部分。"07实调规范"中将集镇和城镇合并为城市集镇一类，共分为农村、城市集镇、专业项目三部分归类调查。

2. "07实调规范"对实物指标调查组织程序和调查成果的确认提出了具体的要求

"96规范"对实物指标调查组织程序没有作具体规定，"07实调规范"规定："可行性研究报告阶段实物指标调查工作开始前，应由项目法人向工程占地和淹没区所在地的省级人民政府提出实物指标调查申请，省级人民政府同意后，由其发布建设征地实物指标调查通告，并对实物指标调查工作作出安排。对于建设征地迁移线外影响扩迁对象，应在落实移民搬迁户并经县级以上人民政府确认后，再开展调查工作。"

对于调查成果的确认，"96规范"规定"各项淹没影响的实物指标应切实可靠，并取得当地政府和有关主管部门的认可"，未要求被调查者确认。在瀑布沟水电站实物指标复核过程中，为确保实物指标复核成果的准确性，保障移民、地方政府等相关各方的知情权、监督权，在全国范围内首创三榜公示复核程序以规范复核工作，即对所有移民户和单位的实物指标分三榜进行公示复核。实物指标按农村、县城和集镇三个部分进行公示，农村部分实物指标以乡为单位分期分批进行，公示到户，县城以街道为单位分期分批进行，集镇一次进行，公示到户和单位。由第一榜公示—申请复核—复核、第二榜公示—申请复核—复核、第三榜公示五个步骤组成。

（1）第一榜公示本区域内所有移民户和单位的实物指标。对实物指标有异议者，应由户主或单位法人于7日内提出复核申请，申请内容包括申请人、复核内容及申请时间，复核申请交各乡政府、街道办事处指定负责人归类汇总，造册登记后交县移民局。县移民局初步审核其复核必要性之后，组织联合工作组进行复核，复核成果由移民户主、调查记录员、乡政府代表、县政府代表、成都院代表现场签字认可。

（2）第一榜复核汇总完成后，公示第二榜，第二榜公示经第一次复核的移民户和单位的实物指标，对实物指标仍有异议者，应于7日内再次提出复核申请，程序同第一榜。

（3）第二榜复核汇总完成后，公示第三榜，第三榜公示经第二次复核的移民户和单位的实物指标。

实物指标一经复核，不论增加或减少，均按复核成果登记建卡，并由联合工作组各方和户主签字认可，作为补偿依据。若户主拒绝签字，联合工作组各方签字依然有效。

公示复核程序在全国属首创，加强了实物指标调查工作中移民全面参与监督的力度，目前该方式已在四川省其他项目中全面采用。"07实调规范"中也吸收了瀑布沟电站的做法，规定"实物指标调查成果应经调查者和被调查者签字，并按有关规定公示后，由有关地方人民政府签署意见"，不但要求被调查者确认，而且要求进行公示并由地方人民政府签署意见，保障了被调查者的知情权。

3. "07实调规范"提高了调查精度要求

"07实调规范"对可行性研究阶段人口房屋及耕（园）地的调查精度的要求更高，由

"96 规范"的±5％提高到±3％，详见表 3.1。

表 3.1　　　　"96 规范"和"07 实调规范"实物指标调查精度对比表　　　　　 ％

项　目	预可行性研究		可　行　性　研　究	
	"96 规范"	"07 实调规范"	"96 规范"	"07 实调规范"
人口	±10	±10	±5	±3
房屋	±10	±10	±5	±3
主要专业项目		±10		±3
耕（园）地	±10	±10	±5	±3
林地、牧草地	±10	±15	±10	±5

4. "07 实调规范"细化了各项实物指标的分类及调查办法

"96 规范"对实物指标的分类及调查办法仅作了笼统的规定，"07 实调规范"对农村及城集镇部分的人口、房屋、土地、零星林木等；还对专业项目的企事业单位、交通运输设施、水利水电设施、电力设施等的分类及调查方法都作了具体而详细的规定。

比如"07 实调规范"对房屋的分类按结构分为钢筋混凝土结构、混合结构（砖混结构）、砖（石）木结构、土木结构、木（竹）结构、窑洞和其他结构 7 类，房屋面积计算钢筋混凝土结构、混合结构（砖混结构）等标准结构的房屋建筑面积的计算按《房地产测量规范》（GB/T 17986—2000）执行；农村房屋中的砖木结构、土木结构、木（竹）结构、窑洞和其他结构等非标准房屋建筑面积，可结合当地居民的居住习惯和使用的特点制定相应的层高系数规定，并给出了参照系数；对于公路调查要求调查路段名称、长度、起止地点、线路等级、占地面积、每公里原造价、隶属关系（国道、省道、县乡，或单位专用道）、建设时间、路基和路面最低与最高高程、路（桥）面宽度、路面材料、交通流量、涉及桥涵座数、宽度、长度、结构、荷载标准，公路和桥梁防洪标准。公路道班的占地面积、人数、房屋、附属建筑物、零星树木和其他建（构）筑物类别、结构、数量等。

5. "07 实调规范"提高了调查深度

"07 实调规范"相对于"96 规范"提高了调查深度。"96 规范"对于可行性研究阶段土地调查的规定"对于土地应使用 1/5000～1/2000 比例尺地形图，据以调查确定各村民组的耕地、园地和其他使用的土地；各类林地和牧草地，按林相图和地形图，现场查清权属，分别量算实有面积；其他未利用土地也应基本查清"；"07 实调规范"的要求为："土地面积利用不小于 1/2000 实测的土地利用现状地形图或同等精度的航片、卫片等解译成果，在国土、林业等部门的参与下实地调查地类界线和行政分界，根据订正的图纸以集体经济组织或土地使用部门为单位量图计算各类土地面积；必要时，对于农村承包的耕地、园地和林地，以集体经济组织的调查面积为控制，由县级人民政府负责将指标分解到户。调查成果经集体经济组织或使用部门、村民委员会、乡（镇）人民政府和县级政府主管部门逐级签字（盖章）认可"。"07 实调规范"相对于"96 规范"中对土地调查使用地形图调查，调整为以实测地形图或航片、卫片为基础，实地调查，同时规定必要时可对农村承包的耕地、园地和林地将指标分解到户。

3.2　工作程序及方法

3.2.1　社会经济调查

社会经济调查是针对水利水电工程建设征地影响区域范围内人们从事社会活动和经济活动时产生和需要的信息进行系统搜集的调查，这种调查有助于准确的分析建设征地对区域内社会经济的影响程度，有助于确定移民安置标准、安置方式和补偿补助标准，确保移民搬迁后生产生活水平不降低，甚至有所提高。

社会经济调查主要包括社会经济现状调查、发展规划调查和自然资源调查。

3.2.1.1　各阶段社会经济调查工作程序

　　1. 预可研或项目建议书阶段

水电工程预可行性研究或水利工程项目建议书阶段社会经济调查工作一般与实物指标调查工作结合开展，该项工作由项目法人委托的工程主体设计单位技术负责，市（州）、县人民政府参与。设计单位应制定调查工作方案，在听取县级人民政府的意见后调查成果作为论证工程开发方案和规模的依据。

　　2. 可行性研究阶段

大中型水利水电工程可行性研究阶段社会经济调查工作由项目法人会同建设征地区涉及的县级人民政府组织实施，由项目法人委托的设计单位技术负责，在有关各方的参与下共同进行。主体设计单位应将社会经济调查的范围、对象、方式、应完成的成果和成果确认方式编入《实物指标调查细则及工作方案》，并征求县、市两级人民政府意见后，由县级移民管理机构逐级上报至省扶贫移民局，省扶贫移民局组织审查并确认《实物指标调查细则及工作方案》。

调查过程中对收集的政府统计类资料应取得资料统计或发布部门的确认，调查问卷应取得被调查人或被调查单位的签章确认。

3.2.1.2　社会经济调查方法

社会经济调查的方法一般包括抽样调查、典型调查、重点调查和普查等，具体调查方式主要采用收集政府各部门社会经济经资料和对调查对象发放调查问卷等方式。

　　1. 调查项目

（1）社会经济类。

1）受建设征地影响区域近年的统计年鉴、农村经济统计报表。

2）区域内近期主要农副产品、建材、人工等物价资料。

3）区域内产业结构统计资料。

4）建设征地处理范围涉及乡（镇）农村住户家庭结构、收入构成等典型调查统计表。具体调查项目包括：①调查移民家庭成员从业情况，主要经济收入来源，年生活支出等情况；②种植业调查，包括家庭承包耕地数量、种植粮食作物用地面积、种植经济作物用地面积，年粮食产量、经济作物产量，种植业投入成本，收入情况；③养殖业调查，包括家庭主要养殖畜种，年产销情况，养殖业投入成本，收入情况；④第二、三产业调查，包括家庭成员中拥有的谋生技能、生产设备和生产场所，在外独立从事运输、建筑、办厂、开店、销售、修理等从业人员的经营成本，年缴税收、年收入等情况；⑤其他收入调查，包括副业收入、劳务收入等。

（2）自然资源类。主要包括工程所在区域土地资源、生物资源、矿产资源等相关资料。

（3）发展规划类。区域内社会经济发展规划（五年规划）、农业区划、土地利用总体规划、水利规划及其他产业发展规划，地区经济发展远景规划等。

2. 调查方法

对于社会规划、发展、统计类的资料可从建设征地涉及的各门收取，必要时可对收取的资料进行复核。对于需通过问卷调查的资料，应真实地反映移民不同群体间的实际面貌，样本调查要尽量反映移民家庭上、中、下等各个层次水平的生活和收入状况。大中型水库可根据移民人口数量确定采取抽样调查或全面调查的方式。移民家庭样本调查要实地直接向被调查户户主调查，不能用他人代替被调查户。第二、三产业要调查从业人员、已从业时间，并调查其规模、年收入以及营业执照、纳税证明等资料。

3.2.1.3 社会经济调查重点难点

社会经济调查中建设征地区社会经济现状调查关系到移民安置标准、安置方式和补偿补助标准的分析确定。经济现状调查资料是否准确，直接关系到移民安置标准、安置方式和补偿补助标准的制定是否合理。从目前社会经济调查情况来看，收集的相关统计资料或多或少都存在数据失真，不能准确反映建设征地区社会经济实际情况的问题，直接影响到移民安置规划设计工作的开展。在社会经济调查过程中，不能简单直接引用收集的数据，需要根据实际情况进行复核修正。

3.2.2 实物指标调查

3.2.2.1 各阶段实物指标调查工作程序

实物指标调查的主要内容包括建设征地处理范围内的人口、土地、建筑物、构筑物、其他附着物、矿产资源、文物古迹、具有社会人文性和民族习俗性的建筑场所等的数量、质量、权属和其他属性指标。其中大中型水电工程实物指标调查的阶段划分为：预可行性研究阶段、可行性研究阶段、移民安置实施阶段；大型水利水电工程实物指标调查的阶段划分为：项目建议书阶段、可行性研究阶段、初步设计阶段、技施设计阶段。

1. 预可行性研究或项目建议书阶段

水电工程预可行性研究或水利工程项目建议书阶段实物指标调查工作由项目法人组织，市（州）、县人民政府参与，项目法人委托的工程主体设计单位技术负责，由设计单位提出调查技术要求，由项目主管部门或者项目法人向省级移民主管部门或者地方人民政府提出开展实物指标调查申请。经同意后，设计单位负责组织开展实物指标调查工作。地方人民政府及有关部门参与和配合实物指标调查工作。实物指标调查成果在听取县级人民政府的意见后，作为论证工程开发方案和规模的依据。

2. 可行性研究阶段

大中型水利水电工程可行性研究阶段实物指标调查工作由项目法人会同建设征地区涉及的县级人民政府组织实施，由项目法人委托的设计单位技术负责，在有关各方的参与下共同进行。主体设计单位应编制项目《实物指标调查细则及工作方案》，并征求县、市两级人民政府意见后，由县级移民管理机构逐级上报至省扶贫移民局，省扶贫移民局组织审查并确认《实物指标调查细则及工作方案》。

项目法人申请并由省人民政府下达"停建通告"后，应由项目法人委托专业单位测设建设征地移民界线界桩标志。县级人民政府应组织各方参与的实物指标调查工作组，并对参与调查人员进行政策技术培训和安全教育。必要时可由市（州）政府牵头成立实物指标调查领导小组。

调查过程中应对主要实物指标进行影像记录。调查成果应由调查人和被调查人现场签字确认，专业项目应由权属单位盖章确认。实物指标现场调查完成后，及时开展调查成果公示及复核。实物指标现场调查完成后，应对调查成果进行抽样检查，确保调查成果符合精度要求。实物指标调查成果经公示复核完成后，市（州）移民主管部门、县级人民政府、县移民主管部门、项目法人、设计单位应对实物指标调查汇总成果签署意见。

建设征地迁移线外影响扩迁对象，应在落实移民安置方案后再开展调查工作。

3. 移民安置实施或技施设计阶段

移民安置实施或技施设计阶段应严格按照审批的移民安置规划大纲和移民安置规划报告确定的建设征地范围和实物指标成果执行。建设征地范围内实物指标不再复核。建设征地范围发生变化应按照移民主管部门颁布的相关变更的要求执行。

3.2.2.2 各阶段实物指标调查方法

实物指标调查范围包括水库淹没影响区、枢纽工程建设区以及建设征地居民迁移界线外受建设征地影响的扩迁人口及其房屋、附属建筑物、零星树木等。实物指标调查前，应编制实物指标调查细则，调查细则应对调查项目和内容、调查方法、计量标准、调查精度、组织形式、进度计划、成果汇总、成果公示和确认等做出要求。调查细则经省级人民政府确认后作为调查工作的指导性文件。实物指标调查分农村、城镇、专业项目三部分归类调查和汇总成果。

1. 农村部分

农村调查的内容包括人口、房屋及附属建筑物、装修、土地、零星树木、农村小型专项设施、农副业设施、文化宗教设施、个体工商户、行政事业单位及其他。

（1）搬迁人口调查。人口调查前应由县级人民政府对建设征地区范围内的户籍进行清理、规范，调查时以清理、规范后的户籍信息（户口簿、身份证、结婚证、出生证以及县人民政府及有关部门出示的书面裁定意见）为基础，根据各项目经审批的《实物指标调查细则》中搬迁人口登记条件以户为单位登记，落实到人，并按户籍划分为农业人口和非农业人口。

搬迁人口登记应满足下列条件之一：①有户籍且在迁出地有住所的人口以及该户超计划出生的人口；②户口临时转出的义务兵、大中专学生、合同工、劳教劳改人员。

登记内容包括：户号、户主姓名、户口所在地、家庭成员姓名、身份证号码、与户主关系、性别、民族、文化程度、从业状况、是否农业人口、是否劳动力、有无住房、有无耕（园）地、信仰教派、供奉寺庙等。调查表由户主、实物指标调查参与各方现场签字。

预可行性研究阶段根据现有的统计资料进行调查统计人口数量，必要时进行局部和全部实地核实。可行性研究阶段对建设征地居民迁移线内和线外扩迁的农业人口逐户逐项全面调查统计，非农业人口逐单位（集体户）、逐户、逐项调查统计。

（2）房屋调查。房屋的调查包括各式结构的房屋建筑面积的调查，各项目房屋结构分类依据经审批的《实物指标调查细则》中确定的建筑结构进行分类，并对房屋功能进行登记。房屋按功能分为居住房屋、商用房屋、公用房屋和公共宗教房屋。

对于淹没区的房屋，依据房屋底层地面高程进行判别，若房屋基础受淹没影响，并对房屋构成安全隐患的，应研究处理；位于建设征地居民迁移线内的村庄居民点，应全面调查，逐户丈量统计；位于建设征地居民迁移线以外、因移民搬迁后无法管护和使用的房屋及附属建筑，在落实移民搬迁对象和调查项目后，逐户调查；宅基地面积可根据房屋产权证或土地使用权证逐户调查统计，房屋产权证或土地使用权证与现状不符的或无相关证件的，应实地调查。

各项目房屋建筑面积计算方法和计量单位应以《房产测量规范　第 1 单元：房产测量规定》（GB/T 17986.1—2000）等相关规范为基础，结合各项目实际情况在《实物指标调查细则》中予以明确。一般建设征地区房屋按结构分为钢筋混凝土结构、混合结构（砖混结构）、砖木结构、石木结构、土木结构、木结构、窑洞和其他结构，特殊结构房屋根据实际情况确定分类。房屋建筑面积的计算一般以平方米（m^2）为单位计量。

调查人员逐单位、逐户、逐幢对房屋进行丈量计算和清点，注明所在高程和控制高程，并现场登记。调查完成后，调查表需由权属人（相关主管部门）及参与各方现场签字认可。

在预可行性研究阶段房屋调查可选择具有代表性的居民点作为典型样本，逐户调查，计算人均指标，典型调查的样本数不低于总数的 20%。可行性研究阶段应按照结构类别、用途（功能）、权属和计算标准，逐单位、逐户全面调查统计。

（3）附属设施调查。调查人员实地逐单位、逐户对其附属设施的数量、结构进行丈量计算和清点，现场登记。各项附属设计的分类、结构、计量单位应结合各项目实际情况在《实物指标调查细则》中予以明确。一般附属设施主要包括炉灶、晒场（地坪）、厕（粪）坑、晒台、围墙、门楼、水池、水井、水柜、地窖、沼气池、坟墓等，按结构、材料、规格等分类。

（4）装修调查。房屋装修一般包括地面装修、墙面装修、吊顶装修、柱装修、门窗装修、壁柜、灯饰装修等。地面装修可分为彩釉地砖、强化木地板、实木地板、普通木地板等；墙面装修分为雕刻彩绘墙面、墙纸、仿瓷墙面、乳胶漆墙面、装饰木板墙面、内墙瓷砖等；吊顶装修分为木质吊顶、石膏板吊顶、木望板等；柱的装修分为雕刻漆绘柱、雕刻柱、漆绘柱、装饰柱等；门窗装修分为雕刻漆绘门窗、雕刻门窗、漆绘门窗、铝合金门窗、铁质门窗等，壁柜装修分为雕花彩绘木质柜、彩绘木质柜、雕花木质柜、简易刻绘木质柜等；灯饰装修包括组灯、筒灯、射灯、吸顶灯等。

目前装修调查方法主要包括按材料、结构丈量登记和按装修情况分等级登记两种方法。

按材料、结构丈量登记是指针对各装修部位按其主要材料、工艺按确定的计量单位逐项丈量登记的调查方法。调查时根据不同的调查对象按相应的计量单位量算。

按装修情况分等级登记是指按各装修部分有无装修或装修程度、数量对房屋的装修按不同的等级综合评价、登记的调查方法。一般分为精装修、普通装修、局部装修和无装修几类，也可按一类装修、二类装修、三类装修或无装修分类。对于有装修的房屋，其装修面积以间为单位，按照该间房屋的建筑面积计量。

调查人员实地逐单位、逐户、逐幢对房屋装修进行丈量计算和清点，并现场登记。调查完成后，调查表需由权属人（相关主管部门）及参与各方现场签字认可。

在预可行性研究阶段房屋装修调查可选择具有代表性的居民点作为典型样本，逐户调查，计算人均指标，典型调查的样本数不低于总数的20％。可行性研究阶段应逐单位、逐户全面调查统计。

（5）零星树木调查。零星树木是指林地园地以外的零星分散生长的树木。按用途分为果树、经济树、用材树、景观树四大类，必要时对于各类树木按品种进行细分，调查时一般将各类零星树木进一步分为特大树、丰产树、成树和幼树，也可按特大树、大树、中树、小树和幼树进行统计，其计量单位为棵（株）、棚（丛、笼）等。

因树种不同，各类零星树木的生长和结果特性不同，因此，不同树种的各个时期的生长指标有所差别。幼树一般指从栽植到结果期的幼龄树木；成树一般指开始结果到丰产期的中龄树木；丰产树一般指进入丰产期的中龄以上树木；特大树一般指指属丰产期，但产量远大于丰产树的树木。

零星树木调查时由调查各方调查现场，采用全部实测的调查方法，分片、逐地块、逐户进行，调查完成后，调查表需由权属人（相关主管部门）及参与调查的联合工作组各方现场签字认可。

预可行性研究阶段可采用典型调查推算，亦可用类比分析推算。可行性研究阶段采用逐户统计的调查方法。

（6）土地调查。土地所有权属分为国有土地和集体所有土地两类。根据《土地利用现状分类》（GB/T 21010）土地分为12个一级地类，56个二级地类；对于林地，需按林种的性质进一步归为生态公益林地和商品林地两大类共五个林种。

土地面积采用水平投影面积，以标准亩或公顷计。

由国土勘测定界单位和林业调查单位在建设征地涉各县及乡（镇）、国土、林业部门、村组干部配合下，按照"07实调规范"《土地利用现状分类》（GB/T 21010）和《森林资源规划设计调查主要技术规定》（林资发〔2003〕61号）的规定，对建设征地区土地进行勘测定界。

预可行性研究阶段土地面积利用不小于1/10000地形图或同等精度的航片、卫片等解译成果，结合现场典型调查后，进行量图计算。耕地、园地以村民委员会为单位进行统计，林地、牧草地、其他农用地和未利用地可按县、乡为单位统计。建设用地可通过典型调查和分析估算确定。对耕地应收集资料或抽样调查分析，统计亩与标准亩的换算系数，并最终提出分村民委员会耕地、园地明细表和各类土地面积统计表和逐级汇总表。

可行性研究阶段土地面积利用实测的不小于1/2000的土地利用现状地形图或同等精度的航片、卫片等解译成果，在国土、林业等部门的参与下实地调查地类界线和行政分界，根据调查修正的图纸以集体经济组织或土地使用部门为单位量图计算各类土地面积；必要时，对于农村承包的耕地、园地和林地，以集体经济组织的调查面积为控制，由县级人民政府负责将指标分解到户。耕地调查中应区分出基本农田和非基本农田，区分出耕地中25°以上坡耕地。对耕地应典型调查习惯亩与标准亩之间的换算关系。调查成果经集体经济组织或土地使用部门、村民委员会、乡（镇）人民政府和县级政府主管部门逐级签字（盖章）认可，并最终提出分集体经济组织或使用者为单位的各类土地面积明细表和逐级汇总表。

（7）农村小型专项设施调查。包括集体和个人所有的抽水站、蓄水池（生产用）、渠道、防洪堤、小水电及配套的输变电设施等。主要调查登记受征地影响的设施的名称、所在地、隶属关系、规模、投产（建成）年月、房屋面积、附属设施、占地面积、发电机的装机容量、设备台数，可搬迁、不可搬迁设施的名称、数量、投资等。

预可行性研究阶段可通过当地有关部门收集现有资料，必要时，对主要项目进行实地调查核实。

可行性研究阶段在有关部门提供的现有各工程设计、竣工验收、统计等资料的基础上，实地逐项核实；无资料的实地调查。成果由权属人和调查者签字（盖章）认可。

（8）农副业设施与文化宗教设施调查。包括集体和个人所有的水磨房、小砖瓦窑、木材厂、石灰窑等设施。主要调查登记受征地影响的设施的名称、所在地、隶属关系、规模、投产年月、房屋面积、附属设施、占地面积、设备台数，可搬迁、不可搬迁设施的名称、数量、投资等。调查时应现场调查其现状和受征地影响的情况。调查完成后，调查表需由权属人（相关主管部门）及参与调查的联合工作组各方现场签字认可。

文化宗教设施包括祠堂、经堂、神堂、寺院、宗教活动点及其他宗教设施等。主要调查登记受征地影响的宗教设施的名称、所在地、修建时间、行政管辖关系、规模、房屋面积、附属设施、占地面积，可搬迁、不可搬迁设施的名称、数量、投资，以及教派、服务范围、僧侣人数、日常开支来源、管理部门批复建寺（或宗教活动点）的相关手续等。调查时从宗教管理部门收集资料，现场调查登记其受征地影响的情况。必要时，邀请有资质的单位进行评估。

（9）个体工商户调查。调查内容包括名称、所在地点、规模、占地面积、从业人数、各类房屋及附属建筑物、年产值、年利润、税金总额、月工资总额，从事行业，主要产品种类、年产量、主要设备等情况。

预可行性研究阶段可通过当地有关部门调查了解，必要时实地调查。

可行性研究阶段应实地逐户逐项调查，权属人和调查者签字认可。

（10）其他实物对象调查。行政事业单位调查内容为村民委员会、村民组、分散在农村的文教卫等设施受征地影响的设施的名称、所在地、隶属关系、规模、从业人员、房屋面积、附属设施、占地面积，可搬迁、不可搬迁设施的名称、数量、服务范围等。

移民搬迁物资典型调查一般选择中等水平农户，进行可搬动物资（生产农具、生活用具、生活物资）数量调查，不便搬运或搬运不经济物资（如易损坏）的数量和价值调查等。

其他需要调查的项目，根据各工程的具体情况，可按照当地政府和有关部门的规定进行调查。

2. 城镇调查

（1）调查内容。城市是指县级以上（含县级）人民政府驻地的城镇。集镇是指县级政府驻地以下的建制镇、乡级人民政府驻地或经县级人民政府确认由集市发展而成的作为农村一定区域经济、文化和生活服务中心的非建制镇。城镇建成区是指能综合享受城镇基础设施（给排水、供电、交通、文、教、卫）及功能（政治、文化、经济功能）的区域。对于建制集镇，按国家批复的规划范围并结合现状情况分析确定；对于非建制集镇，按附近村庄综合享受集镇基础设施及功能程度，会同地方政府及相关部门现场分析确定。

城镇调查内容主要包括基本情况、规模、市政基础设施、公共建筑、对外交通和防洪设施调查。基本情况调查包括城镇的性质和功能、规模、市政基础设施、公共建筑设施、对外交通、防洪和其他等。性质和功能包括市域、镇域、党政机构、城镇在区域政治、经济、社会中的地位和作用。规模包括等级、建成区用地规模（包括各类用地）、发展规划用地规模（包括近期、远期规划）、人口规模（包括通勤人口、流动人口）等。

市政基础设施包括市区供水、排水及污水处理、道路和公共交通、供电、电信、燃气、热力、广播电视工程、园林绿化、环卫设施等。调查项目主要有功能、能力、容量、规模、等级、数量、服务对象和服务区域等。

公共建筑设施包括行政管理设施、文化教育科研设施、医疗卫生设施、文娱体育设施、公益设施、消防设施、抗震设施、防洪设施等。调查项目主要有功能、容量、规模、数量、服务对象和服务区域等。

对外交通包括铁路、公路、航空、航运等情况，离主干道的距离，交通方式、连接道路（港口、码头、航道）的等级、规模等。

防洪包括防洪标准（现状、规划）、防洪设施、历史洪水淹没损失等情况。

（2）调查方法。城镇调查方法与农村部分基本一致。

3. 专业项目调查

（1）机关企事业单位。受建设征地影响的企事业单位的调查应区分受淹没与不受淹没两部分进行。受淹没部分要分高程调查淹没影响数量和质量指标，不受淹没部分收集有关项目的统计总数，了解其概况。

调查内容包括调查企业名称、所有制性质、所在地点、隶属关系、建厂时间、分布高程，职工人数、构成，占地面积、房屋结构和建筑面积，交通、供水、供电、通信设施，主要原材料来源、用量，产品名称、质量标准、年产量，年总产值、年工资总额、年材料成本、年利润、年税金，主要设备的名称、数量等。

预可行性研究报告阶段调查可向企事业单位和有关部门收集相关资料，必要时现场初步调查了解。可行性研究报告阶段可向企事业单位和有关部门收集有关设计、竣工资料，统计报表等，并会同相关部门现场逐项调查、核实，企业法人或单位和调查者签字（盖章）认可。

（2）交通运输设施。交通运输设施调查包括铁路、公路设施、水运设施等。预可行性研究报告阶段可向有关部门收集项目相关资料，必要时现场调查了解。可行性研究报告阶段可向有关部门收集规划、设计、竣工等相关资料，并会同主管部门现场全面逐项调查、核实，调查成果由该项目权属人（管理单位）和调查者签字（盖章）认可。

（3）水利水电设施。水利水电设施包括水电站、水库、提水站、水文站、闸坝、渠道、防洪堤等及其配套设施。按规模分为大、中、小型三类。调查内容主要包括名称、地点及位置、主管部门、建成年月，工程特性、工程规模、效益，主要建筑物（构筑物）名称、数量、布置、形式、结构、规格、占地面积、分布高程，防洪标准，受益区情况，管理机构，主要设备的规格及数量等。

预可行性研究报告阶段可向有关部门收集相关资料，必要时现场调查了解。可行性研究报告阶段可向有关部门收集设计、竣工等相关资料，并会同主管部门现场全面逐项调查、核实，调查成果由该项目权属人（管理单位）和调查者签字（盖章）认可。

（4）电力设施。电力设施包括10kV以上输电线路和变电设施（变电站、供电所等），线路按电压等级进行划分，变电站按规模分为大、中、小型，同时按电压等级进行划分。调查内容主要包括输电线路、变（供）电设施的名称、地点、线路起讫地点及长度、高程分布情况、电压等级、输送容量、导线型号和截面积、主管部门、建成年月，供电范围，建筑物结构和建筑面积，构筑物名称、结构及数量，主要设备的规格、数量，运行管理机构等。

预可行性研究报告阶段可向有关部门收集相关资料，必要时现场调查了解。可行性研究报告阶段可向有关部门收集设计、竣工等相关资料，并会同主管部门现场全面逐项调查、核实，调查成果由该项目权属人和调查者签字（盖章）认可。

（5）电信设施。电信设施主要包括线路和设施、设备等，按通信方式分为有线通信和无线通信两类。线路调查内容主要包括线路名称、权属、等级、起讫地点、建成年月、每杆对数、杆质、线质及线径、架空（埋设）电缆、光缆的型号、长度与容量、占地面积等。设施包括无线通信基站、信号塔等，调查内容包括名称、权属、等级、规模、地点、建设年月、结构类型、数量（工程量）、占地面积等。设备调查的项目主要有名称、型号、容量、数量等。

预可行性研究报告阶段可向有关部门收集相关资料，必要时现场调查了解。可行性研究报告阶段可收集设计、竣工、固定资产账簿等资料，并现场全面逐项调查、核实，调查成果由该项目权属人和调查者签字（盖章）认可。

（6）广播电视设施。广播电视设施调查主要包括线路，接收站、转播站等，按传送方式分为有线和无线两类。调查内容为名称、权属，线路名称、长度、起讫地点、杆质、线材及线径、架空（埋设）电缆的型号、长度与容量，主要设备名称、规格及数量、占地面积等。

预可行性研究报告阶段可向有关部门收集相关资料，必要时现场调查了解。可行性研究报告阶段可收集统计、设计、竣工等相关资料，会同主管部门现场全面逐项调查、核实，调查成果由该项目权属人（管理单位）和调查者签字（盖章）认可。

（7）文物古迹调查。文物古迹调查分为地上文物调查和地下文物调查。地上文物主要包括名称、所在位置、地名、文物年代、建筑形式、结构、规模、数量、价值、占地面积、地面高程、保护级别等。

地下文物主要包括名称、所在位置、地名、文物年代、埋藏深度、面积、规模、保护级别等。

预可行性研究报告阶段可向文物管理部门收集相关资料。可行性研究报告阶段一般由项目业主或主体设计单位委托有资质的文物调查部门调查，调查成果得到文物主管部门签章认可。

（8）压覆矿产调查。压覆矿产调查主要包括名称、所在地理位置、矿藏种类、品位、储量、厂址及作业点地面高程、矿藏埋藏深度及矿层分布高程，开采计划和开采程度，厂址及作业点地面高程，开采设施和相应投资，以及建设征地对矿藏开采的影响等。

预可行性研究报告阶段可向有关部门收集相关资料。可行性研究报告阶段一般由项目业主或主体设计单位委托有资质的矿产调查部门调查，或请地质矿产部门提供建设征地范围矿产资源资料，由工程设计单位进行调查，调查成果由矿产主管部门签章认可。无矿产资源或不影响矿产资源的，应由矿产资源主管部门提供证明。

（9）其他专业项目。其他专业项目主要调查的内容有项目名称（编号）、权属、类别、等级（规格）、规模、数量、地点、分布高程、占地面积、建成年月、投资等。

预可行性研究报告阶段可向有关部门收集有关资料，必要时应到现场调查了解。可行性研究报告阶段应收集相关资料，并进行现场调查，对于军事单位可不进行现场调查。调查成果由权属人（管理部门）和调查者签字（盖章）认可。

3.2.3 实物指标调查的重点难点

3.2.3.1 搬迁人口调查

在搬迁人口调查过程中经常会遇到部分不属于原移民户的村民，为获得移民身份谎称是从移民户中分出，要求对其人口进行调查登记；或是建设征地只影响其附属房屋，不影响其主住房，要求对其人口进行调查登记的。调查过程中，在这两种情况下对移民人口的认定较为困难，影响实物指标调查进度。

3.2.3.2 建设征地范围外实物指标调查

根据移民条例及规程规范的要求，实物指标调查工作包括远迁人口及扩迁人口个人所有的建设征地范围外的房屋、附属设施及零星林木的调查。但在建设征地范围外实物指标调查过程中，受利益驱使，存在部分移民户现场指认调查实物指标实际为线外非移民户实物指标的情况，调查过程中远（扩）迁移民线外实物指标权属认定存在一定困难。

3.2.3.3 抢建、抢栽实物指标认定

由于实物指标数量直接关系到补偿费用的多少，受利益驱使，在停建通告下达前后，库区往往会出现突击建房、抢栽抢种零星树木的情况，而按照停建通告的规定，在停建通告下达后新增的指标均不予补偿。在实物指标调查过程，对相关指标的建设或栽种时间的认定较为困难，影响实物指标调查进度。同时，对抢建、抢栽实物指标处理的恰当与否，直接关系到移民安置工作的开展，甚至可能成为影响社会稳定的风险源。

3.3 工作中遇到的典型困境及案例剖析

3.3.1 抢建、抢栽处理

3.3.1.1 基本情况

目前，抢建房屋与正常房屋采用区别处理的方式主要集中在某流域的L、Y及M水电站，但处理的原则及方式略有不同。L水电站将抢建房屋统一划分为门窗不全结构房屋，纳入移民安置规划；Y及M水电站将抢建房屋按照结构进行划分另表登记，不纳入移民安置规划。

3.3.1.2 处理方式

1. L水电站

L水电站封库令下达前后，在建设征地范围内出现大量证件齐全、基本无法居住的片石木结构房屋，且移民及地方政府强烈要求将此类房屋纳入实物指标调查范畴，由于各方对此类房屋处理方式分歧较大，实物指标调查工作多次停滞。同时由于项目业主积极推动L水电站建设工作，要求实物指标调查工作必须如期完成，为确保实物指标调查工作按计划推进，经项目业主、地方政府、设计院共同对抢建房屋处理进行了多次沟通，结合库区抢建房屋基本情况，对此类房屋按"藏式片石木结构门窗不全"的名称进行登记，且作为单独的一种房屋结构测算补偿补助单价，相应补偿补助费用纳入移民安置概算。

由于L水电站处于项目业主全力推进项目建设、实物指标调查不工作不得停滞的大背景下，因此将这部分房屋纳入了实物指标调查范围，并在后期予以了相应的补偿。但这部分房屋质量、建筑工艺差异极大，较好的房屋采用的建筑材料、工艺与移民正常居住的房屋一致，而质量较差的房屋甚至不具备使用条件（此类房屋为多数）。在选择典型房屋测算补偿补助单价时，对高、中、低档房屋都选择了典型，测算出的补偿单价介于中、低档之间。但受进度控制的要求，为如期完成移民安置规划大纲编制，经项目业主、地方政府、设计院商议后进入移民安置补偿投资的补偿单价有所提高（补偿单价为479元/m²，投资为7802.80万元），部分抢建房屋的移民因此获得较高的补偿补助费用。

L水电站抢建房屋纳入移民安置规划的处理方式，地方政府及村民接受度较高、前期协调阻力不大，在推动项目开发方面有积极意义，但是，抢建房纳入移民安置规划后，按照正常房屋开展补偿单价测算工作，补偿单价相对较高，其他间接费相应增加。

2. Y水电站

在L水电站抢建房处理经验的基础上，为了杜绝本流域其他项目效仿，在实物指标调查前，经过与地方政府的充分沟通，就处理方式达成了共识，即抢建房屋按结构分为土石木Ⅰ类、土石木Ⅱ类、砖石木Ⅰ类、砖石木Ⅱ、杂房及未建成墙体进行登记，补偿补助单价分别为土石木Ⅰ类208元/m²、土石木Ⅱ类158元/m²、砖石木Ⅰ类218元/m²、砖石木Ⅱ类168元/m²、杂房70元/m²、未建成墙体36元/m²。相应指标不纳入移民实物指标调查范围。

2013年6—8月，针对抢建房屋进行单独调查，由联合工作组逐栋进行排查，在完成抢建房屋调查并进行补偿后再开展正常的实物指标调查工作。经统计，Y水电站涉及正常房屋总面积为 17.54 万 m^2，抢建屋总面积为 4.17 万 m^2，补助费用约为 800 万元。

由于在实物指标调查前，抢建房屋调查已完成，因此在实物指标调查时，房屋调查工作较为顺利。同时补助费用较 L 水电站大幅降低，有效地控制了建设征地区村民在 Y 水电站库区继续抢建房屋行为。

3. M 水电站

由于上游 L 水电站抢建房屋处理让部分村民获得了较大的利益，在 M 水电站"停建通告"（2015 年 5 月 29 日）下达的前后，库区内抢建之风盛行，从种类上来看，甚至出现了砖混结构房屋及大量抢建附属设施和宗教设施；同时，受 L 水电站零星树木补偿单价的影响，库区内抢栽树木现象较为严重。

2015 年 5—7 月，由项目业主牵头，成都院、林地调查单位等单位共同参与，就 M 水电站"抢修、抢栽"问题进行了多次沟通，期间就可能遇到的问题进行了梳理，针对问题逐一应对，并形成了"新旧房屋分表登记、抢建房屋不入规划、抢栽树木变通处理"的工作思路，实物指标调查启动前，项目业主牵头积极与地方政府进行对接，明确处理原则与方法。

（1）抢建房屋。根据现场走访、摸底及抽样等情况，按照结构进行划分（具体分为：砖混结构、石木结构、砖木结构、土石木结构、杂房等），对层高要进行特别说明，参照正规房屋的调查方法进行调查。

（2）抢栽树木。根据抢栽树木的原始地类分以下几种情况。

1）耕地范围内。耕地范围内抢栽树木，达到或超过合理株数的均调查为园地，不能进行零星树木调查。由土地勘测定界单位进行实测，并分解到户。

2）林地范围内。林地范围应严格以"确权颁证"图斑为依据，由林地调查单位落实林地范围，严格按照林地规范进行调查，林地范围内不能进行零星树木调查。由林地调查单位按照相关规定进行调查。

3）荒地、河滩等。荒地、河滩等非林地范围内抢栽的树木，均按照灌木林地进行调查。由林地勘界单位参照林地调查方法开展调查，按照最小集体经济组织登记，不分解到户。

最终，M 水电站实物指标调查工作圆满完成。经统计，M 水电站涉及正常房屋 3.74 万 m^2，抢建房屋 7.24 万 m^2，零星树木 3297 株。从移民安置角度出发，较好地控制了投资规模。

Y、M 水电站抢建房未纳入移民安置规划，前期需要与地方政府进行大量协调沟通工作，在项目推进方面相对滞后，但是，由于抢建房不纳入移民安置规划，投资规模可控。操作层面上，Y 水电站是"先抢建房，后正常房"，M 水电站是"先正常房，后抢建房"，两种方式仅存在先后顺序差异，本质是不交叉进行，便于各方进行监督。

3.3.1.3 经验教训

（1）实物指标调查过程中遇到"抢修、抢栽"是一个普遍现象，处理得恰当与否直接关系到移民调查和搬迁安置工作能否正常进行，甚至可能成为影响社会稳定的风险源。故在实物指标调查开始前需要对项目建设征地范围内的"抢修、抢栽"现象进行评估，会同项目业主开展必要的前期摸排、抽样等现场工作，准确掌握现场情况，提出处理建议，为项目业主提供决策依据。

（2）抢建房屋处理不纳入移民安置规划，从控制投资方面来看是有积极意义的，该方式需要前期与地方政府的积极沟通，可能对项目的整体进度有影响，但在Y、M水电站处理经验的基础上，对项目进度的影响有限。

（3）对抢栽树木的处理，采取变通处理的方式将协调难度大大降低，该处理方式需项目业主、林勘单位的积极支持。

3.3.2 园地套种多种树种时的调查方法

3.3.2.1 基本情况

实物指标调查过程中，遇到园地内套种多种经济作的现象是普遍存的，各项目处理大致可以分成两类，其一，按照规格（丰、成、幼等）、树种比例进行调查；其二，结合各类园地补偿补助标准，按"就高原则"确定园地地类。

3.3.2.2 处理方式

1. 硬梁包

硬梁包水电站在《雅砻江硬梁包水电站可行性研究阶段实物指标调查细则》中规定："对于园地套种多种树种时园地的类别按照各林木树种的比例进行分类确认；级别的确认同样按各级别树种比例进行确认。"

2. 溪洛渡

溪洛渡水电站土地调查过程中存在园地套种现象，如：同一地块种植花椒、砂仁、枇杷、桃子等作物。针对该情况，调查过程中联合调查组首先根据地块树木种植密度、郁闭度判定是否达到园地标准，再根据园地内主要树种确定该园地地类；若套种树种数量、郁闭度基本相当，则结合各类园地补偿补助标准，按"就高原则"确定园地地类。

3.3.2.3 经验教训

（1）硬梁包水电站处理方式，尊重了客观、实事求是的原则，调查结果真实反映了建设征地区的实际情况，有利于控制投资；但就比例划分认定是一个博弈的过程，严格坚持原则的代价是加大解释宣传、延长工作周期等。

（2）溪洛渡水电站处理方式，将利益适当向移民群众倾斜，调查过程中得到移民群众的支持、理解，利于调查工作的顺利推进，避免因结合种植树木比例再对园地面积按不同地类进行分解过程中的矛盾。但该方式需要项目业主增加投资，所以调查工作策划过程中，需征得项目业主的支持。

3.3.3 人口调查中分户情况的处理

3.3.3.1 基本情况

L水电站实物指标调查时，部分农村人口在封库令下达前为获得土地使用证以便抢建房屋，将户籍从原移民户中分出，分户后该户户籍仍在建设征地涉及的村组，由于抢建房屋未建完或不具备居住条件，分户的人口一直和原移民户居住在一起。在实物指标调查时地方政府和村民要求将此类人口与原户人口一并作为移民人口登记。

3.3.3.2　处理方式

经联合工作组各方协商，认为这部分分户人口户籍在建设征地涉及的村组，其居住的主要住房也在建设征地范围内，符合移民人口登记条件，可纳入移民人口登记范围。但在处理过程中，部分不属于原移民户的村民为获得移民身份，谎称是从移民户中分出。针对上述情况，在 L 级水电站实物指标外业调查工作完成后，再次对移民人口进行了清理，为鉴别上述情况，在实物指标调查时制定了五条纳入移民人口登记的条件：①登记的人口应符合审定的《雅砻江 L 水电站可研阶段实物指标调查细则及登记工作方案》（简称《调查细则》）中移民人口登记条件；②登记的人口户籍应为实物指标调查前后从已纳入移民人口登记的移民户中分出；③登记的人口户籍从"封库令"下达至今应一直在 L 水电站建设征地涉及的村组；④分户后该户应与原移民户一直居住在 L 水电站建设征地范围内的主住房中，且在建设征地范围外无其他居住房屋；⑤补充登记的人口应符合以上全部四条，不符合其中任何一条的人口均不能纳入登记范围。

按上述五条登记条件区分后，L 水电站移民人口清理工作得以顺利开展。

3.3.3.3　经验教训

分户问题，主要原因是村民为了达到某种目的（L 水电站：依据"一户一宅基"的原则，希望抢建房按正常房屋处理），因此，要坚持《调查细则》人口登记原则，针对具体问题，提出处理方案，并积极与地方政府沟通，以期达成共识，推动项目进展。

3.3.4　企业事业单位调查

3.3.4.1　基本情况

长河坝水电站因库区 S211 公路抬高复建为隧道、桥梁，导致水库蓄水后部分矿山对外交通难以恢复或代价较大，因料场范围调整直接占用矿区，导致部分矿产无法继续开采。由此导致矿山企业投入大量资金挖掘的众多巷道将失去利用价值，以及井巷内资产设备功能将缺失、利用度将降低的问题。经实施各方协商，并获得矿山企业主同意，对涉及矿山采取闭矿处理。补偿费用根据调查指标进行测试确定。

3.3.4.2　处理方案

1. 井巷工程

矿山井巷工程分主巷道和采矿工作面（采矿后形成的坑道）。考虑主巷道作用主要为提供矿石开采条件和运输通道，其价值因矿山剩余储量未能完全体现，因此予以调查。采矿工作面投入的资金作为生产成本已体现在企业成品价值中，因此不予调查。

井巷工程量的调查按矿洞或矿区分别进行登记，根据实际情况矿洞截面更接近于椭圆形，工作组在调查时分矿洞或矿区记列了相关参数：长度 L（m）、长轴 a（m）、短轴 b（m），相应计算井巷工程量 V（m³）所采用的公式为 $V = \pi ab/4 \cdot L$。

2. 资产设备

资产设备等实物包括建构筑物、基础设施、机械设备等。其中，建构筑物、基础设施按《大渡河长河坝水电站可研阶段实物指标调查细则》确定方法调查；机械设备调查主要登记设备名称、规格型号、主要技术参数、购置日期、启用日期等。

3.3.4.3　经验教训

井巷工程按截面积、长度进行调查，确定工程量后再根据《冶金矿山井巷工程预算定额》，结合开采期间的价格水平等准确计算出矿山企业的投入，以便为制定补偿费用提供充分依据。对资产设备的调查满足"重置成本法"资产评估要求，相关指标可方便计算补偿费用。从实施情况看，矿山企业对井巷、资产设备的调查，投入成本的计算方法，结算结果均表示认可。

3.3.5　装修调查

3.3.5.1　基本情况

由于各项目地域环境、文化环境的差异，导致项目间装修项目的处理差异也较大。目前，装修项目处理主要分为藏式装修与汉式装修两类，分别对应的处理方法是分部位、结构量化与归并分等级量化。

3.3.5.2　处理方案

1. 溪洛渡水电站

溪洛渡水电站建设征地在房屋装修调查过程中，房屋装修以间为单位进行调查，装修面积按照该间房屋的建筑面积计算。房屋装修等级根据天花板、地面、厨卫、灯饰、墙面、门窗等装修处理情况分一、二、三级调查、登记。天花板、地面、厨卫、灯饰、墙面、门窗等至少5项以上装修处理的为精装修（一级）；天花板、地面、厨卫、灯饰、墙面、门窗等至少3项以上装修处理的为普通装修（普通装修）；其他为局部装修（三级）。

上述方式适合装修用材、工艺差异不大的汉式房屋装修调查，调查方式简单、易懂，调查工作量小，调查过程中调查尺度易于掌握、控制，易于调查工作的推进，也可以减少后期相关补偿补助单价测算工作量。

2. 两河口、孟底沟、牙根二级水电站

房屋装修分地面、墙面、吊顶、柱、门窗、壁柜等装修部位，分材料进行调查登记，并丈量尺寸，经堂装修单独调查登记，并丈量尺寸。

（1）地面装修。根据初步调查情况，可将房屋地面装修分为藏式木地板、彩釉地砖、木地板、实木地板、水泥地面等分类，并丈量面积进行登记。

（2）墙面装修。房屋墙面装修分为外墙装修和内墙装修，其中外墙装修包括水泥砂浆抹灰、防水涂料及外墙瓷砖等；内墙装修包括藏式雕刻彩绘墙面、彩绘墙面、木板墙面（隔墙）、彩绘木板墙面（隔墙）、乳胶漆墙面、内墙瓷砖等，按其面积调查。

（3）墙面装修。房屋吊顶装修分为木望板、塑料扣板、铝塑扣板、木质吊顶、石膏板吊顶等类型。

（4）柱装修。柱装修分为雕刻彩绘柱、雕刻柱、彩绘柱、装饰柱等，按其根数调查。

（5）门窗装修。门窗装修分为雕刻彩绘门窗、雕刻门窗、彩绘门窗、铝合金门窗、彩绘铝合金门窗、塑钢门窗等，按其扇数调查。

（6）壁柜装修。壁柜装修分为雕刻彩绘木质壁柜、彩绘木质壁柜、木质壁柜，丈量体积进行登记。

上述方式适合装修用材、工艺差异较大的藏式房屋装修调查，可以较为公平地体现个体的差异，仅增加部分现场工作量，但可以减少后期协调难度，并有效控制投资。

3.3.5.3　经验教训

装修项目处理方案的拟订，前期抽样、摸排工作较为重要，通过编制项目实物指标调查细则将库区的实际情况真实反映，为顺利推进移民安置相关工作奠定了基础。

3.3.6　建设征地范围外实物指标调查

3.3.6.1　基本情况

由于各项目的实施时间跨度长，故线外实物指标调查结合项目的实际情况，采用不同的方式进行，主要有两种方式：①按照规程规范，在移民安置大纲审定后，根据规划方案确定的远迁、扩迁人口及相关实物指标开展调查；②规划阶段采取估算的方式计列远迁、扩迁人口相应投资，在实施阶段开展线外实物指标调查。

3.3.6.2　处理方案

1. 溪洛渡水电站

可行性研究阶段，溪洛渡水电站建设征地范围外实物指标按库区人均标准估算，未开展具体调查工作。实施阶段根据相关政策文件要求，建设征地范围外实物指标补偿对象为扩（远）迁移民线外房屋、附属设施、零星林木。

实物指标调查过程中经各方协商，建设征地范围内、范围外实物指标调查工作分段开展，即首先对建设征地区范围内实物指标进行调查，待扩（远）迁移民身份确定后，再按建设征地范围内实指调查组织、方法对扩（远）迁移民户建设征地范围外人口、房屋、附属设施、零星林木指标类型、数量进行调查。

2. 猴子岩水电站

在移民安置大纲完成审定后，联合工作组对扩迁、远迁移民线外实物指标进行了调查。调查对象为包括建设征地范围外的房屋、附属设施、零星林木等实物指标，以及远迁移民在建设征地范围外本村（组）行政区域之内属于远迁移民个人所有的实物指标。调查成果纳入规划报告。

3.3.6.3　经验教训

大型水利水电工程建设征地往往涉及多个县级行政区、范围广、线外实物指标调查战线长，部分区域交通不便，同时考虑到实施阶段移民意愿变化、规划方案调整等因素，实施阶段开展线外调查，调查的对象（远迁、扩迁人口）更为精确，工作量小，工作周期短；但因移民安置方案确定后，移民安置相关补偿补助政策已明确，受利益驱使，存在部分移民户现场指认调查实物指标实际为线外非移民户实物指标的情况，调查过程中远（扩）迁移民线外实物指标权属认定存在一定困难，调查前应做好宣传、解释工作，调查指标权属认定过程中应充分依靠乡、村、组干部和移民代表力量。

3.3.7　社会经济调查中遇到的典型问题

3.3.7.1　基本情况

移民安置规划设计过程中，地方人民政府提供大量基础数据作为规划依据，主观将建设征地涉及部分村民小组总人口、土地总面积进行了调整，提供用于计算生产安置人口基础资料与建设征地涉及村民小组实际情况存在一定差异，导致规划过程中计算生产安置人口数量偏大。

3.3.7.2　处理方案

X 水电站水库淹没影响区生产安置人口计算过程中，地方政府为解决移民安置过程中存在的部分特殊问题，主观将建设征地涉及部分村民小组总人口、土地总面积进行了调整，提供用于计算生产安置人口基础资料与建设征地涉及村民小组实际情况存在一定差异，导致规划过程中计算生产安置人口数量偏大；同时，水库蓄水及运行过程中，对部分新增影响区土地进行调查后发现部分村民实际耕（园）地面积较原地方提供生产安置人口计算采用基础数据差异较大，且两阶段数据（生产安置人口计算采用面积、实际调查面积）存在差异原因无法说明，导致新增影响区生产安置人口计算、界定困难。

3.3.7.3　经验教训

根据地方人民政府提供基础数据开展移民安置规划设计工作时，应结合其他有关数据和建设征地区实际情况对地方提供的基础数据进行内业复核、佐证，必要时需组织相关人员现场对基础数据进行复核，以确保规划设计采用数据的准确性。

3.4　创新总结

3.4.1　调查方法和技术手段

实物指标调查从最早的采取估算到土地、房屋采用皮尺丈量，到现在利用全站仪、RTK、GPS、GIS、平板电脑等新技术，对实物指标数据采集、影像资料收集等工作实现了信息化、数字化，实物指标调查成果直接形成数据库，大大方便了实物指标的汇总统计及移民安置规划补偿费用的测算。调查方法和技术手段随着时间的变化和技术的进步不断创新，下一步建议加强无人机、信息化在实物指标调查中的应用，提高实物指标调查工作的效率。

3.4.2　少数民族地区房屋调查

近年来，部分流域水电开发不断向上游挺进，向少数民族地区开发，该地区民族、宗教、文化较汉族区域差异大。在房屋结构调查方面，传统调查方法中的土木结构、石木结构、砖混结构、砖木结构等房屋结构分类办法与少数民族地区实际情况不符。少数民族地区房屋调查需结合不同地区和不同民族的房屋特点，因地制宜地划分房屋结构。如两河口水电站，地处甘孜州少数民族聚集区腹地，在前期实物指标调查中，对具有鲜明的民族、区域特点的房屋主体结构进行了细化，细分为 11 类：藏式片石木结构、藏式条石木结构、藏式木结构、一类庄房、二类庄房、呷比、土木结构、土石木结构、砖混结构、砖木结构以及杂房等。

3.4.3　装修调查

随着社会经济的发展和人民群众生活水平的提高，电站建设征地涉及的房屋进行了装修的情况越来越普遍。为保障移民群众的合法利益，在瀑布沟水电站实物指标复核的过程中首次提出了移民房屋装修分等定级的概念，将房屋装修分为 A、B、C 三个等级，为房屋装修分类提供了方法及样板，该方法在大渡河流域项目以及四川省的其他项目实物指标调查过程中得到全面推广，并为"07 实调规范"纳入装修调查奠定了理论基础和实践支撑。

在水电开发进入少数民族地区后，将房屋装修分为 A、B、C 三个等级的调查方法，已不适用于具有民族特色的房屋装修调查，需要对装修调查方法进一步细化。如双江口水电站在实物指标调查过程中对室内装修装饰进行进一步细化分等定级，分为地面装修、墙面装修、天棚装修、门窗装修、灯饰装修五类；同时根据藏族地方装修项目特色进行细分，房屋地面装修分为彩釉地砖、强化木地板、实木地板、藏式木地板 4 种；房屋墙面装修分为藏式雕花彩绘墙面、墙纸、仿瓷墙面、乳胶漆墙面、装饰木板墙面、内墙瓷砖、外墙瓷砖、外墙防水涂料等类型；房屋天棚装修分为木质吊顶、石膏板吊顶、木望板等类型；房屋门窗装修分为门套、窗套、藏式彩绘雕花木门窗、铝合金门窗、塑钢门窗等类型；灯饰装修分为组灯、筒灯、射灯、吸顶灯等类型。双江口水电站装修调查的细化分类有助于准确、真实地反映库区淹没损失状况，保障移民的切身利益，确保移民工作顺利推进。双江口水电站在实物指标细化分类积累的经验可为其他少数民族地区水电站建设借鉴学习。

3.4.4 宗教设施调查

在水电开发进入少数民族聚集区后，建设征地涉及的宗教设施越来越多，包括寺庙、白塔、嘛呢堆、洞科（转经房）、煨桑台、经幡、擦擦、嘛呢杆、经堂等。对宗教设施的调查关系到后续宗教设施的处理方案的制订及补偿费用的测算。宗教设施的处理敏感复杂，关系到民族地区的稳定，怎么开展宗教设施的调查是少数民族地区实物指标调查工作的重点、难点。成都院通过双江口和两河口两个少数民族聚集区腹地电站宗教设施的调查，总结出宗教设施的调查原则和方法。

双江口水电站涉及寺庙 8 座，大白塔 60 座，藏经楼 1 座，以及嘛呢堆、洞科（转经房）、经幡、藏经楼等。依据"能搬则搬、重建还原、不重不漏"的原则对各项宗教设施进行调查，其中对寺庙按照藏式片石木结构、藏式条石木结构、藏式木结构等结构进行调查；对白塔、洞科（转经房）、煨桑台、经堂等不可搬迁设施，测量构筑物尺寸及装修装饰部位的材质及工程量，为后续相关费用测算提供依据，对具有文物价值的壁画、唐卡等，由专业考古单位纳入文物古迹的调查范围。

3.4.5 公示复核程序

在瀑布沟水电站实施规划阶段之前，实物指标调查工作由设计单位会同地方政府开展，调查成果未由权属人签字确认，也不需进行公示。为确保实物指标复核成果的准确性，保障移民、地方政府等相关各方的知情权、监督权，瀑布沟水电站在全国范围内首创三榜公示复核程序，规范复核工作的组织。即对所有移民户和单位的实物指标分三榜进行公示复核。实物指标按农村、县城和集镇三个部分进行公示，农村部分实物指标以乡为单位分期分批进行，公示到户，县城以街道为单位分期分批进行，集镇一次进行，公示到户和单位。由第一榜公示—申请复核—复核、第二榜公示—申请复核—复核、第三榜公示几个步骤组成。公示复核程序在全国属首创，加强了实物指标调查工作中移民全面参与监督的力度，该方式在四川省其他项目中全面采用，也为"471号移民条例"纳入公示复核程序提供理论及实践基础。

3.4.6 线外指标调查

"96规范"对移民远迁后线外剩余资源没有纳入补偿范围。在瀑布沟水实物指标复核的过程中，针对移民群众反映其远迁后，线外剩余资源无法管护的实际情况，设计单位与地方政府及相关主管部门研究，从以人为本的角度出发，将远迁移民个人线外资源调查和补偿纳入瀑布沟封闭试点政策，有效保障了移民群众的自身利益。远迁移民个人线外资源调查在瀑布沟电站取得了较好的效果，得到了广大移民群众的支持。"471号移民条例"吸收了瀑布沟的成功经验，将移民远迁后，在水库周边淹没线以上属于移民个人所有的零星树木、房屋纳入调查。

第4章

移民安置的任务、目标和标准

4.1 移民安置任务

根据我国现行的水电工程建设征地移民安置规划设计规程规范，当前水电工程建设征地移民安置的主要任务包括农村移民、城镇迁建、专业项目处理等三大方面的内容。在不同的历史发展时期，水电工程建设征地移民安置任务在内涵、确定方法以及深度要求上均有所差异：从计划经济时期、改革开放至今，在任务内容、计算方法及计算深度上得到了不断明确和完善。

4.1.1 法律法规及规程规范的相关规定

1. 1984 年前

计划经济时期，我国在水电工程建设征地移民安置任务的确定方面未有明确的法律、法规及规范规定。以 1954 年的狮子滩水库移民安置为例，对移民安置采取边教育边补偿、边补偿边教育的办法，结合移民房屋及田地淹没影响情况，将移民区分为迁移户、迁迁并户、后靠户、调补户等四类型，以此确定移民安置任务；1966 年的百丈崖水电站，建设征地涉及的土地及移民安置数量，通过"屋放高程点和土地的实施地放线测量，居民区逐队逐户登记统计"的方式确定多民安置任务。

2. 1984—1991 年

1984 年出台的《水利水电工程水库淹没处理设计规范》（SD 130—1984）提出"水库淹没处理设计的主要任务是合理确定水库范围，查明淹没对象实物数据……编制水库移民安置和规划，农村移民安置规划应包括移民安置地点及方式的选择、恢复和发展生产的措施、新居民点的布设等内容"。该规范重点从规划处理的角度提出了一定的规划设计要求，对移民安置任务如何确定、技术方法及相关的设计深度无具体的细分要求。

《国务院办公厅转发水利电力部关于抓紧处理水库移民问题报告的通知》（国办发〔1986〕56 号）从重视水库移民问题、明确移民工作方针、解决移民资金及加强领导等方面提出了要求，未对移民安置任务的确定作出具体的要求。

《中华人民共和国土地管理法》（1987 年实施）中第二十八条提出"需安置的农业人口数，按照被征用的耕地数量除以征地前被征地单位平均每人占有耕地的数量计算"，提出了需安置的农业人口概念和计算方法。

3. 1991—2006 年

（1）《大中型水利水电工程建设征地补偿和移民安置条例》（国务院令第 74 号）。1991 年实施的《大中型水利水电工程建设征地补偿和移民安置条例》提出"土地补偿费和安置补助费，由被征地单位用于恢复和发展生产、安排因土地被征用而造成的多余劳动力的就业和不能就业人员的生活补助；因兴建水利水电工程征地造成的多余劳动力，由当地人民政府组织有关单位，通过发展农副业生产和举办乡（镇）村企业等途径进行安置"。该条例提出了水电工程建设征地移民、征地造成多余劳动力和不能就业人员的概念；对搬迁安置移民，提出了按照移民安置规划必须搬迁的移民不得借故拖延搬迁和拒迁。

（2）《中华人民共和国水法》（2002 年修订）。《中华人民共和国水法》（2002 年修订）对移民安置提出了具体的要求："国家对水电工程建设移民实行开发性移民的方针，按照前期补偿、补助与后期扶持相结合的原则，妥善安排移民的生产和生活，保护移民的合法权益"。该法律沿用了 1991 年实施的《大中型水利水电工程建设征地补偿和移民安置条例》（国务院令第 74 号）中关于水电工程移民的概念。

（3）《中华人民共和国土地管理法》（2004 年修正）。《中华人民共和国土地管理法》（2004 年修正）第四十七条提出："征收耕地的补偿费用包括土地补偿费、安置补助费以及地上附着物和青苗的补偿费。征收耕地的土地补偿费，为该耕地被征收前三年平均年产值的六至十倍。征收耕地的安置补助费，按照需要安置的农业人口数计算。需要安置的农业人口数，按照被征收的耕地数量除以征地前被征收单位平均每人占有耕地的数量计算。"该规定基本沿用了 1987 年实施的《中华人民共和国土地管理法》中需安置的农业人口概念和计算方法。

（4）"96 规范"。

1）农村移民。《水电工程水库淹没处理规划设计规范》（DL/T 5064—1996）提出"生产安置人口应以其主要收入来源受淹没影响的程度为基础研究确定。以耕地为主要生活来源者，应按照被征用的耕地数量除以征地前被征地单位平均每人占有耕地的数量计算；移民搬迁人口应在淹没调查数的基础上，计及淹地不淹房影响人口中必须动迁的人口和其他原因必须搬迁的人口；对搬迁人口和生产安置人口均宜计及规划水平年自然增长的人口。人口自然增长率应根据国家和地方的计划生育政策和当地实际的人口增加情况综合分析确定"。该规范提出了生产安置人口、移民搬迁人口的概念及确定方法。

2）城镇迁建。根据"96 规范"的相关规定，对于受淹的城镇和集镇的处理应视受淹程度和其腹地的变化状况综合研究确定。

3）专业项目。根据"96 规范"的相关规定，安置任务包括需要复建工矿企业，受淹的铁路、公路、航运、电力、电信、广播电视，受淹的县级以上单位管理的水电站、水轮泵站、电灌站、水库、灌溉干渠、水文站，受淹没影响的文物古迹，有开采价值的重要矿产，库周交通等。

4. 2006—2017 年

（1）《中华人民共和国水法》（2016 年修正）。《中华人民共和国水法》（2016 年修正）中第二十九条规定"国家对水工程建设移民实行开发性移民的方针，按照前期补偿、补助与后期扶持相结合的原则，妥善安排移民的生产和生活，保护移民的合法权益。移民安置应当与工程建设同步进行"，只对移民安置提出了原则性的要求，未就移民安置任务如何计算提出的具体方法及要求。

（2）"471号移民条例"。2006年实施的《大中型水利水电工程建设征地补偿和移民安置条例》（国务院令第471号）第十二条："移民安置规划应当对农村移民安置、城镇迁建、工矿企业迁建、专项设施迁建或者复建、防护工程建设、水库水域开发利用、水库移民后期扶持措施、征地补偿和移民安置资金概（估）算等作出安排。对淹没线以上受影响范围内因水库蓄水造成的居民生产、生活困难问题，应当纳入移民安置规划"。该条例对移民安置规划涉及的任务类别、扩大区受影响居民的处理提出了要求，未对移民安置任务如何计算提出具体的要求。

（3）"07条例规范"。

1）农村移民。《水电工程建设征地移民安置规划设计规范》（DL/T 5064—2007）提出"生产安置人口指水电工程土地征收线内因原有土地资源丧失，或其他原因造成土地征收线外原有土地资源不能使用，需重新配置土地资源或解决生存出路的农村移民安置人口；搬迁安置人口指水电工程居民迁移线内因原有居住房屋拆迁，或居民迁移线外因生产安置或其他原因造成原有房屋不方便居住，需重新建房或解决居住条件的农村移民安置人口。搬迁安置人口应在实物指标基础上，结合移民生产安置方案确定"。规范明确规定"对以耕（园）地为主要收入来源者，按建设征地处理范围涉及计算单元的耕（园）地面积除以该计算单元征地前平均每人占有的耕（园）地数量计算，必要时还需考虑征地处理范围内与征地处理范围外土地质量级差因素。生产安置人口的确定，应以设计基准年的资料为计算基础，按计算单元考虑自然增长人口计算至规划设计水平年；搬迁安置人口包括居住在居民迁移线内的人口以及居民迁移线外因建设征地影响需要搬迁的扩迁人口"。该规范进一步完善了生产安置人口的概念，并提出了搬迁安置人口的概念以及生产安置人口、搬迁安置人口的具体计算方法。

2）城镇迁建。"07总规范"提出"受建设征地影响的城镇，应根据其受影响程度，建设征地后其经济腹地的变化状况，交通网络，行政区划的调整情况，分别采取防护、迁建或撤销建制等方式进行处理"。《水电工程移民安置城镇迁建规划设计规范》（DL/T 5380—2007）（以下简称"07城镇规范"）提出"城市集镇迁建规划设计的主要任务是依据水电工程建设征地补偿政策，按照移民安置规划设计阶段的要求，进行城市集镇新址选择及其建设用地范围内的用地布局、场地平整、基础设施、移民搬迁安置和城市集镇功能恢复的规划设计，计算相应的迁建补偿费用，编制移民安置规划水平年的迁建规划设计文件"。上述两个规范分别提出水电工程建设征地涉及城集镇的处理原则和城市集镇迁建规划设计的主要任务。

3）专业项目处理。"07总规范"提出"专业项目处理是对受建设征地影响的铁路、公路、水运、电力、电信、广播电视、水利水电设施及企业、事业单位、文物古迹、矿产资源、其他项目等进行复建和补偿，其处理规划设计技术标准和指标，应执行其他国家相关专业项目规划设计的规范和规程的技术规定；对移民安置需新增设的专业项目，应结合原有专业项目和移民安置区专业项目现状水平，按照有利生产、方便生活、经济合理、满足移民安置需要的原则，合理确定其建设标准和规模"。

根据《水电工程移民专业项目规划设计规范》（DL/T 5379—2007）（以下简称"07 专项规范"）的相关要求，专业项目处理的任务主要是依据国家有关政策规定，结合农村移民安置规划、城镇迁建规划，对水电、水利工程建设征地影响和移民安置新增的专业项目提出处理方式、确定规模和标准、开展规划设计的相关工作。

（4）各省土地管理法实施办法。通过梳理总结水电工程涉及移民数量较多的四川省、云南省及西藏自治区，各省、自治区的相关规定有一定的差异。《四川省〈中华人民共和国土地管理法〉实施办法》（2012 年修订）规定需要安置的农业人口数，按照被征用的耕地数量除以征地前被征用单位平均每人占有耕地的数量计算。《四川省土地管理法实施办法》对生产安置移民数量的计算方法提出了具体的要求；《云南省土地管理实施办法》第三十条因国家建设征用土地造成多余劳动力的安置，按《中华人民共和国土地管理法》第三十一条的规定办理。需要由农业人口转为非农业人口的，由省人民政府制定具体办法；《西藏自治区实施〈中华人民共和国土地管理法〉办法》未对因土地征收需要安置移民的数量确定进行相应的规定及要求。

4.1.2 工作重难点及主要工作方法

水电工程建设征地安置任务的确定包括生产安置人口计算、搬迁安置人口计算，集镇迁建及专业项目处理。在不同的时期安置任务确定的工作重点及主要工作方法均有一定的差异。结合现阶段水电工程建设征地移民安置任务确定的主要内容，现对生产安置人口计算过程中如何确定计算单元居民收入主要来源、生产安置人口计算基础资料收集、土地质量级差确定的主要工作方法进行重点介绍。

1. 如何确定计算单元居民主要收入来源

生产安置人口应以其主要农业收入来源受水电工程建设征地影响的程度为依据计算确定。对建设征地涉及的当地居民的主要农业收入构成比例分析是开展建设征地生产安置人口计算的重要依据。

农业主要收入来源包括种植业、林业、牧业等，其在收入构成中占比不同。在计算生产安置人口时，最常用的是将农村土地分为耕地、园地、牧草地（牧区），其中耕地与园地属于种植业生产范围。畜牧业与种植业有着较大区别，主要体现在对土地的要求和单位面积产出水平上有着较大的差别。对于种植业与畜牧业并存（半牧区），牲畜以牧草地上草料为食，且两者收入均占其全部收入来源比重较大的地区，由于耕地及牧草地均为其收入的重要来源，且一般其淹没比重不同，因此在计算生产安置人口时，不能单纯按淹没的耕地或牧草地计算生产安置人口，否则计算出的生产安置人口将会与实际所需生产安置人口存在较大差异。

以半牧区生产安置人口计算为例：开展生产安置人口计算时，需要将半牧区（种植业和牧业）的牧业收入中分为两部分，第一部分为依靠牧场（草地）养殖的牲畜收入；第二部分为依靠耕地上种植的农作物秸秆养殖的牲畜，这部分收入从本质上讲应归为种植业收入。因此，对于牧业收入应当根据喂养牲畜的方式进行区分，将第二种情况的牧业收入划入种植业收入中进行计算。半牧区生产安置人口计算由于要统一考虑种植业收入及牧业收入，因此要对种植业及牧业收入的关系进行换算（将牧草地换算成一定数量的耕地），换算所得的耕（园）地数量与建设征地涉及的耕（园）地数量一并计算生产安置人口更符合实际情况。

2. 生产安置人口计算基础资料收集

生产安置人口计算涉及以下几个方面的因素：建设征地范围内的耕（园）地面积、生产安置人口计算单元的农业人口数、计算单元建设征地范围外的耕（园）地面积、征地处理范围内与征地处理范围外土地质量级差。

建设征地范围内的耕（园）地数量以实物调查为准；生产安置计算单元的农业人口数、建设征地范围外的耕（园）地面积一般采取地方政府提供或实地调查的方式获得。由于实地调查工作量大，容易引起矛盾［调查后耕（园）地不补偿］，实际工作中一般采取的方法是由地方政府提供基础资料。移民安置实施主体是地方政府，出于移民利益诉求等多方面的原因或基础资料本身精度的问题，地方政府提供的生产安置人口计算基础资料可能与计算单元的实际情况存在较大差异，导致生产安置人口计算成果存在失真的可能性。这就需要在设计输入资料的收集、生产安置人口计算的过程中对基本资料进行必要的修正。修正工作可以从以下几个方面展开：

（1）现场了解建设征地区基本情况。在水电工程建设征地实物指标调查过程中，可通过现场了解的方式收集生产安置人口计算单元的部分基本情况。通过现场了解的形式，可以基本明确建设征地范围涉及计算单元全部或大部分的居住人口（全淹或基本全淹村民小组），而地方政府提供的计算单元的农业人口数远大于实物指标调查的农业人口，说明由地方政府提供的设计输入资料存在较大的失真，需要进行修正。

（2）多方面、多渠道收集基础资料。生产安置人口计算基础资料的收集是多渠道的。除了可通过现场了解生产安置人口计算单元的基本情况外，为确保收集的资料真实性，可通过以下几种渠道收集相关资料：①地方政府直接提供计算单元的农业人口数、计算单元建设征地范围外的土地数量；②通过统计部门收集农村经济组织年度报表（该报表反映农村集体经济组织的人口、土地及收入等基本情况）；③通过户籍管理或民政部门收集计算单元的户籍人口的基本情况；④通过国土部门收集建设征地涉及乡镇的全国土地调查成果，也可以通过农业、林业等部门收集计算单元土地构成等基本情况。通过以上几种渠道收集基本资料，为开展设计输入资料的合理性分析提供依据。

（3）开展资料的合理性分析。在现场调查、收集资料的基础上，计算生产安置人口前，需要开展基础资料的合理性分析。如多渠道收集的计算单元的农业人口数、线外耕（园）地数量是否差异过大，若差异过大则需要与地方政府开展核实及修正工作。

3. 土地质量级差确定

1984 年前的计划经济时期，生产安置任务的确定不考虑土地质量级差因素；"84 规范""96 规范"执行时期，虽然未有明确的规定，但在实际操作过程中已有所考虑。"07总规范"规定了生产安置人口计算方法，强调生产安置人口应以其主要收入来源受水电工程建设征地影响的程度为基础计算，规定了以耕（园）地、牧区草地、林区林地、养殖水面或经济林地为主要收入来源生产安置人口计算方法；强调了以耕地为主要农业收入来源来确定生产安置人口，必要时在考虑土地质量、剩余资源的基础上进行计算，这主要是由于淹没的耕地大多数质量较高，而剩余的耕地多为坡耕地，质量较差，不考虑耕地质量问题，如按单位人均指标进行计算，后靠安置的移民生产水平将会降低。

由于大部分水电工程主要分布于高山峡谷地区，淹没影响涉及的耕（园）地较淹没线上的耕（园）地质量较高，因此对土地质量差异较大的，在生产安置任务计算过程中，需引入土地质量系数进行修正。土地质量修正系数可通过计算确定。土地质量修正系数可用 m_1 表示，计算公式如下：

$$m_1 = \frac{(S_{y1}a_1 + S_{y2}a_2 + \cdots + S_{yi}a_i)/S_y}{(S_{z1}a_1 + S_{z2}a_2 + \cdots + S_{zi}a_i)/S_z}$$

式中：m_1 为土地质量修正系数；S_{yi} 为某种地类的影响面积；S_{zi} 为某种地类的总面积；a_i 为某种地类的质量系数，即某地类平均单产值与标准亩产值的比值。

4.1.3　工作中遇到的主要问题及典型案例剖析

1. 生产安置人口计算单元如何确定

根据"07农村规范"的设计深度要求，水电工程预可行性研究阶段明确要求以村民委员会为计算单元计算生产安置人口；可行性研究阶段以农村集体经济组织为计算单元计算生产安置人口；移民安置实施阶段必要时对生产安置人口进行复核。

规范在设计深度上要求在可行性研究阶段以集体经济组织（或村民小组）为单元计算生产安置人口，但在具体的操作过程中，由于工程建设征地情况的差异，单纯的以集体经济组织（或村民小组）为单位计算生产安置人口，并不能完全反映建设征地区确切需要安置的生产安置人口，并可能会对下一步生产安置人口的界定产生很大的影响。以加查水电站建设征地涉及的安绕镇达堆村为例，该村某户耕（园）地面积为 11.14 亩，另一户耕（园）地面积为 0.15 亩，两户相差 10.99 亩。以户为计算单元和以村（最小行政单位）为单位计算的人均耕（园）地面积差异较大。采用现行规范规定开展生产安置人口计算，无法准确反映需要生产安置的人数，造成生产安置人口界定工作中矛盾多，工作难度大。加查水电站建设征地生产安置人口计算若以村（最小行政单位）为计算单元，计算生产安置人口 307 人。根据西藏移民安置政策及移民意愿，加查水电站建设征地涉及生产安置均采取自行农业安置方式，搬迁安置人口均采取后靠安置方式。由于建设征地涉及部分农户的耕（园）地差异较大，以村为单元计算的生产安置人口未能真实反映该单元确切需要落实的生产安置人口，需要以户为计算单元计算生产安置人口，并对以村为计算单元生产安置人口计算成果进行复核、修正（最后修正成果为 262 人）。根据建设征地实际情况，生产安置人口复核、修正的原则包括：

（1）征收耕（园）地涉及居民户的耕（园）地被全部征收，复核该户生产安置人口，该户农业人口全部计为生产安置人口。

（2）根据征收耕（园）地及居民户人均耕（园）地面积，以及永久征地范围外耕（园）地面积，复核该户生产安置人口。

（3）征收耕（园）地较少的居民户，计算生产安置人口未达到 1 人，根据征收耕（园）地的情况，多户组合对接生产安置人口指标。

（4）集体经济组织所有的耕（园）地，但未承包到户，其耕（园）地不参与生产安置人口计算。加查水电站生产安置人口以村为计算单元计算，并以户为计算单元对其进行复核、修正。详见表4.1。

表4.1 　　　　加查水电站建设征地生产安置人口计算修正汇总表 　　　　单位：人

乡（镇）	村	计算生产安置人口		修正生产安置人口	
		基准年	规划水平年	基准年	规划水平年
安绕	索朗	27	27	12	12
安绕	嘎堆	30	30	31	31
安绕	嘎吉	31	31	26	26
安绕	嘎麦	38	39	25	25
安绕	扎雪	16	16	39	40
安绕	仲巴	3	3	2	2
安绕	桑东	24	24	23	23
安绕	达堆	93	94	78	79
枢纽工程建设区合计		262	264	236	238
拉绥	滚追巴	6	6	9	9
拉绥	岗巴	17	17		
拉绥	玛罗	20	20	15	15
淹没区合计		43	43	24	24
总计		305	307	260	262

通过以上案例，当建设征地村民小组户均耕（园）地面积以及受建设征地影响程度差异很大时，应同时开展以组为单位、以户为单位的生产安置人口计算分析工作，必要时以户为单位计算、修正生产安置人口计算成果。

2. 因无后靠建房条件需要解决生产安置的人口如何确定

根据"07农村规范"的有关要求，生产安置人口指标是通过计算确定的。然而在部分项目实际的操作过程中，通过计算的生安置人口无法完全满足移民安置的需要。以溪洛渡水电站四川库区为例，由于建设征地范围涉及少数村组淹没线外区域多为崩塌堆积体，后边坡陡且冲沟发育，水、电、路等基础设施不易解决，无后靠安置条件，部分未界定为生产安置人口的搬迁安置人口无法进行后靠安置，需要远迁并解决生产安置的问题。为解决上述问题，有关各方通过现场实地了解各村民小组线外资源、线外后靠安置条件（是否存在后边坡陡、崩塌堆积体、冲沟发育，水、电、路等基础设施不易解决等现象），在此基础上，各方同意增加少量的生产安置指标以解决此部分移民远迁后的生产安置问题。因此，在确定因无后靠建房条件需要进行生产安置的人口时，需要对淹没线外地形、地质及基础设施等条件进行综合分析。

3. 生产安置任务确定遇到的新问题

（1）关于采取逐年补偿后生产安置人口计算的必要性。逐年补偿以选择逐年补偿安置方式的移民户被征收的耕（园）地为基础，以被征收耕（园）地的土地补偿费和安置补助费为生产安置资金来源，对被征收的耕（园）地面积按年产值逐年给予移民现金补偿。逐年补偿标准的耕（园）地年产值按审定的或省级土地主管部门公布的统一年产值确定。由于实施逐年补偿后，移民补偿直接挂钩的是被征收耕（园）地的多少，与生产安置人口的数量没有直接的关系。以逐年补偿安置为主的两河口水电站为例，计算生产安置人口的实质性意义在于以下两个方面：一是从现行规范的角度满足规划的需要；二是满足地方政府开展后扶移民人口的统计与落实的需要。因此，随着移民安置方式的实践和创新，政策、规范调整存在着一定的滞后性，需要根据移民安置的实际需要出发，斟酌采取逐年货币补偿安置方式后计算生产安置人口的必要性，必要时适时调整相关的政策、规范。

（2）建设征地涉及城郊区人均耕（园）地特别少的区域是否需要计算生产安置人口。根据"07农村规范"的设计深度要求，水电工程预可行性研究阶段明确要求以村民委员会为计算单元计算生产安置人口；可行性研究阶段以农村集体经济组织为计算单元计算生产安置人口。针对建设征地涉及城郊区人均耕（园）地面积特别少的区域，当地居民收入的主要来源不是以耕（园）地为主，而是以第二、三产业收入为主，若以耕（园）地数量计算生产安置人口，一方面会使计算的生产安置人口数量远远大于实际需要进行生产安置的人口数量，不符合建设征地区的实际情况；另一方面由于生产安置费用远大于征地补偿费及安置补助费，根据规范要求需要计列生产安置措施费，由此会造成移民资金的浪费。因此，对建设征地涉及城郊区人均耕（园）地特别少的区域，建议可不计算生产安置人口，将征地补偿费及安置补助费直接兑付给集体经济组织，由集体经济组织拟订分配方案；或者采用土地置换的方式处理。

4. 搬迁安置人口界定的主要问题

"07农村规范"规定搬迁安置人口包括居民搬迁线范围内的人口和居民搬迁线范围外影响的扩迁人口。对居民迁移线范围内的搬迁安置人口数量，一般以人口实物指标调查为基础进行界定确定。对居民搬迁移线范围外影响的扩迁人口的界定，是搬迁安置人口任务确定的重点和难点。现从以下几个方面阐述扩迁人口界定中遇到的问题。

（1）因生产安置的原因需要扩迁人口的界定。"07农村规范"规定了因生产安置的原因需要扩迁的人口计算方法。受土地资源的限制，且当计算的生产安置人口数大于居民移迁移线内的农业人口数时，扩迁人口数量为计算的生产安置人口数减去居民迁移线内的农业人口数。以溪洛渡水电站金阳县对坪镇对坪村新营组为例，该组人均耕（园）地面积为0.55亩，计算的生产安置人口为333人，淹没影响区搬迁的农业人口数为135人。由于该村民小组人均耕（园）地面积较少，且居民迁移线外无可开垦改造的荒地，无法调整足够的耕（园）地满足线外生产安置人口的生产安置，结合移民的意愿，该村民小组生产安置移民均选择自行农业安置的安置方式，因此，需要对线外的198人生产安置人口进行扩迁以解决其生产安置。

（2）基础设施不易恢复需要扩迁的人口界定。根据规范对扩迁人口的规定，对涉及其他原因（基础设施不易恢复）造成原有住房不方便居住而重新建房或解决居住条件需要搬迁的人口可界定为扩迁人口。此部分人口界定的重要原则是综合分析比较扩迁和恢复居住条件（水、电、路等）的经济指标。以猴子岩水电站为例，由于猴子岩水电站建设征地的影响，需要解决康定市孔玉乡莫玉村色古村民约65人的对外交通问题，若考虑恢复交通条件的方案，修改通村道路的工程投资约为5000万元。若不考虑工程措施，将此部分村民界定为扩迁移民，移民安置的相关投资约为1000万元。在综合考虑经济指标的情况下，最终采取了将此部分村民界定为扩迁移民的处理方案。

4.1.4　技术总结和建议

1. 技术方法是一个逐步完善、深化的过程

通过对相关法律法规及规范的梳理，移民安置任务确定方法经历了一个从无到有、从有到逐步深化和完善的过程：1984 年前，相关的法律、规范未对移民安置任务作出具体的要求和规定；"84 规范"提出了移民安置任务的主要内容及总体要求；《中华人民共和国土地管理法》（1987 年实施），初步提出了生产安置任务的计算方法；"96 规范"不仅提出了生产安置人口的计算方法，还提出了搬迁安置人口的计算方法，同时也提出了搬迁安置移民应包括扩迁移民的要求；"07 农村规范"在生产安置人口计算、搬迁安置人口计算方法进行了较全面的细化，从计算单元、土地质量级差等方面提出了生产安置人口计算需要考虑的因素。

2. 完善生产安置人口计算方法的建议

"07 农村规范"中，农村移民生产安置方式主要包括农业安置、复合安置、第二产业和第三产业安置、社会保障安置、投亲靠友安置（可能依赖土地）、自谋出路安置、自谋职业安置等。上述安置方式对应的生产安置人口以其主要农业收入来源受水电工程建设征地影响的程度为依据计算确定。近年来，逐年货币补偿安置、土地置换等一些新的农村移民生产安置方式在水电工程移民安置工作中实施或提出，这些新的安置方式不再对应到生产安置人口而是对应到征占农用地面积。因此，在后续的相关规范修订及操作过程中，建议生产安置任务根据集体经济组织受建设征地影响的农用地数量，以集体经济组织为单元，采取生产安置人口数量、征占用农用地数量分析确定。以征占用农用地确定生产安置任务的，建议以实物指标调查成果为基础确定补偿土地地类和数量，或按质量相当的原则确定所需生产安置任务的数量。

4.2　移民安置规划目标

移民安置规划目标的确定是移民安置规划的关键环节之一，是进行移民安置区选择和移民环境容量分析计算的基础，科学合理地制定移民安置规划目标，对移民安置的顺利进行和移民生产生活水平的恢复、提高具有重要的意义。

4.2.1　法律法规及规程规范的相关规定

1. 1984 年前

计划经济时期，我国在水利、水电工程建设征地移民安置规划目标的拟定方面未有明确的法律、法规及规范规定。

2. 1984—1991 年

1984 年出台的"84 规范"第一章总则中明确"移民安置是水库淹没处理工作的核心，直接关系到群众的切身利益，必须认真制定切实可行的移民安置规划，妥善安排移民的生产和生活，做到不降低移民原来正常年景实际的经济收入水平，并能逐步

有所改善"，首次从规范的角度提出了移民安置规划目标，即移民安置做到不降低原来正常年景实际的经济收入水平，并能逐步有所改善。从"84 规范"可以看出，更多的是强调经济收入水平，暂未提及生活目标，同时也强调了对经济收入水平是逐步有所改善，但并未规定规划目标的具体内容、拟定方式方法等。这一时期国家其他法律、法规及规范规定中亦尚未提及移民安置规划目标的有关内容。

3. 1991—2006 年

1991 年国家出台的"74 号移民条例"，第四条第二款明确了"移民安置与库区建设、资源开发、水土保持、经济发展相结合，逐步使移民生活达到或者超过原有水平"。

在此基础上，1996 年出台的"96 规范"第 1 章总则中明确"通过采取前期补偿、补助与后期生产扶持的办法，妥善安置移民的生产、生活，逐步使移民的生活达到或者超过原有水平"，可以看出，"96 规范"根据"74 号移民条例"在"84 规范"的基础上，明确逐步使移民的生活达到或者超过原有水平，不仅仅是经济收入水平，而且是生活水平，包含了生产和搬迁的概念。同时在第 5.2.2 条中明确"移民安置规划的目标值，应本着不降低原有生活水平的原则，通过前期补偿补助和后期生产扶持，结合安置区的资源情况及其开发条件和社会经济发展计划，具体分析拟定"，首次提出了移民安置规划的目标值这个概念，及其拟定原则、要求和方法。

4. 2006—2017 年

2006 年，国家出台"471 号移民条例"中第三条提出："国家实行开发性移民方针，采取前期补偿、补助与后期扶持相结合的办法，使移民生活达到或者超过原有水平。"与"74 号移民条例"一脉相承，延续了安置目标的总体要求，即使移民生活达到或者超过原有水平。

2007 年出台了"07 农村规范"，第 8.2.3 条中提出："移民安置规划目标和安置标准应本着达到或超过原有生产生活水平的原则，以移民生产生活现状为基础，结合安置区的资源情况、开发条件和社会经济发展规划，以集体经济组织为单位选取具有代表性样本具体分析拟定，并预测到规划水平年。农村移民生产安置土地资源的配置标准，应结合移民安置方式以移民安置区农村集体经济组织或村民委员会为单位分析确定。规划目标包括人均纯收入、居住环境条件等社会经济目标，对移民生产生活直接影响的目标值应细化和分解，深入调查分析，结合安置区经济发展规划合理确定。"条文说明 8.2.3 中提出："人均纯收入是反映移民原有生活水平的经济量化指标，一般采用作为规划目标。"第 5.1.1 条提出："规划目标应以区域（建设征地区和移民安置区）内设计基准年的经济社会现状为基础，考虑国民经济发展规划，预测至规划设计水平年分析制定。"第 5.3.1 条提出："规划目标应本着移民安置后使其生活水平达到或超过原有水平的原则，根据移民原有生活水平及收入构成，结合安置区的资源情况及其开发条件和社会经济发展规划，具体分析拟定"。"07 农村规范"在"96 规范"的基础上，详细诠释了移民安置规划目标的内涵，并要求移民安置规划目标要以集体经济组织为单位选取具有代表性样本具体分析拟定，并预测到规划水平年，同时明确了规划目标的具体指标和内容。

4.2.2 工作重难点及主要工作方法

移民安置规划目标主要是指受电站建设征地影响的农村移民安置后在规划设计水平年

其生活水平能够恢复达到的总体水平，一般选取代表收入水平的人均纯收入或人均可支配收入指标作为规划目标的指标。

根据水电工程移民安置规划设计工作实践经验，移民安置规划目标拟定的技术重难点主要有以下五个方面：一是指标体系的确定；二是人均纯收入或人均可支配收入的确定；三是基础资料采集及合理性分析；四是确定目标分析单元；五是分析确定增长指数。

1. 指标体系的确定

"07总规范"中，首次提出了移民安置规划目标的指标体系，在"84规范"和"96规范"中仅仅明确了移民安置规划目标的总体要求，并未规定具体目标。"07总规范"中提出了"规划目标包括人均纯收入、居住环境条件等社会经济目标，对移民生产生活直接影响的目标值应细化和分解，深入调查分析，结合安置区经济发展规划合理确定。"人均纯收入在规范条文说明中明确了人均纯收入是反映移民原有生活水平的经济量化指标，一般采用作为规划目标，但对居住环境的指标并未给出具体的指标，因此在拟定具体的规划目标指标体系时，就需要结合建设征地区和移民安置区的实际情况，建立能够反映移民生活和居住环境的指标体系，确保通过规划的定安置标准能够使移民生活水平达到或超过原有水平，这是规划目标的一个重点。

2. 人均纯收入的确定

规划目标拟定的一个重要指标就是人均纯收入或人均可支配收入。其分析方法，一般情况下，一是直接采用县级政府认可的社会经济发展规划（如县级国民经济和社会发展规划）所明确的目标值作为规划目标值；二是以基准年的数据作为计算基数，采用相应的增长指数推算至规划水平年，确定规划目标值；三是根据农村经济组织年度报表或现场调查资料所确定的收入构成，以基准年的各类收入作为计算基数，采用各自对应的增长指数分别推算至规划水平年后进行加总，确定规划目标值；四是以建设征地影响的主要收入（如种植业收入）为计算基数，采用其对应增长指数推算至规划水平年，再根据该类收入占比反算出人均纯收入或人均可支配收入，作为规划目标值。

3. 基础资料采集及合理性分析

移民安置规划目标拟定的首要工作便是基础资料的采集及其合理性分析。

（1）明确基础资料采集的内容和清单。由于电站建设征地主要影响的是河谷地带耕（园）地、林地、草地等，对农村移民种植业、牧业收入影响较大，所采用的指标体系主要是人均纯收入、种植业收入、人均粮食占有量等，因此采集的基础资料主要为当地连续三年的农业经济统计年报、农经报表、国民经济和社会发展统计年报表、国民经济统计年报以及当期的国民经济和社会发展规划等资料，在一些特殊情况下可能还需要进一步调查了解当地后备资源以及野生资源分布情况，对移民户收入构成情况进行抽样调查。农业经济统计年报、农村经济组织年度报表、国民经济和社会发展统计年报表、国民经济统计年报等资料内容中包括当地各村（组）人均纯收入、收入构成情况，国民经济和社会发展规划中往往直接明确了本地区的人口和收入增长率以及人均纯收入目标。

（2）在基础资料采集前应确定合理的采集方法。上述基础资料的采集主要是与当地统计部门、各有关行业主管部门以及乡（镇）政府进行沟通对接，由上述单位直接提供。收集到上述基础资料后，通过运用相关统计分析方法，对基础资料中相关数据的客观合理性进行初步分析判断，往往会发现基础数据可能存在一些问题，一是部分基础资料数据可能与实际情况不符，存在一定偏差，如双江口水电站建设征地区农经报表所反映出的移民收入构成与库区实际情况不符，内容失真；二是由于不同部门间所采用的统计口径和统计方法不同，导致不同部门间的基础资料数据可能不吻合甚至相互矛盾，如县统计局数据与乡（镇）政府所提供的农经报表数据常常不能对应一致；三是连续三年的农经报表数据可能在某一年份出现较大幅度的波动，造成计算出的增长率失真。针对上述情况，通常采取现场抽样调查复核、县政府或相关部门书面确认数据及来源、调查了解数据波动原因进行修正等手段和方法，确保数据与库区实际情况相符。

（3）对收集和采集的基础数据应进行合理性分析。首先需要对采集的资料去伪存真，往往农经报表所填报的数据，受填报者的素质、统计口径、自然灾害等影响，与实际情况偏差较大，由此计算出的种植业或牧业收入水平等与实际情况不符。通常情况下，首先对不同部门间的基础数据进行对照分析后，并结合对库区基本情况的了解和掌握进行初步的对比分析判断，必要时通过讨论会形式与地方政府以及相关行业部门进行研究讨论，判断各项基础数据是否合理，是否真实反映了建设征地区移民真实情况。

（4）针对基础资料存在偏差时应进行合理修正。对收入水平和收入构成与库区实际情况存在较大偏差的，一般可选取库区典型户开展抽样调查的方式，对库区移民的收入情况进行修正。典型户选择通常要能体现库区移民中上收入水平，对高山峡谷库区还应分别选取河谷和高半山移民样本户，确保现场抽查数据具有普遍性和代表性。

4. 确定目标分析单元

通常情况下，规划目标分析单元一般是根据建设征地行政区域的收入构成情况确定。规划目标的分析单元往往可能直接影响到移民的切身利益，如安置标准的确定等，一般可以建设征地涉及市（州）、县（区）、村组为单元。当建设征地区涉及的村组、县（区）在社会经济发展、收入构成等方面均较为接近，或库区只涉及一个县（区）时，一般情况下规划目标以库区为分析单元；当库区涉及多个市（州）、县（区），不同市（州）和县（区）在社会经济发展、收入构成等方面存在一定差异时，一般情况下规划目标需分市（州）或县（区）拟定；亦可能出现建设征地涉及一个县（区），但涉及各乡镇或村组由于所处位置的不同，如河谷和高半山、紧邻城区或紧邻农村都可能造成不同乡镇或村组在收入构成方面可能有较大差异，在这种特殊情况下，可以乡镇或村组为单元分析确定规划目标。

5. 分析确定增长指数

收入水平增长指数，即增长率的合理分析确定，是拟定移民安置规划目标的一个关键要素。主要包括人均纯收入增长率和种植业收入增长率等，目前，收入增长率的分析确定主要采用两类方法：一是根据修正后的前三年农经报表，结合库区典型调查资料，分别计算各年度的人均纯收入以及各分项收入增长率，采用算术平均计算出前三年的平均增长率作为采用值；二是直接采用国民经济和社会发展规划中所明确的收入增长率。

通常情况下，国民经济和社会发展规划所明确的增长率是政府对整个区域的社会经济发展的规划，而电站建设征地区的社会经济发展状况与整个区域或县域的发展可能存在一定差异，比如在高山峡谷地带，社会经济发展相对于区域发展水平可能较为落后，而地处平原丘陵地区的库区社会经济，可能又较区域发展水平高，因此单纯直接采用国民经济和社会发展规划所明确的增长率，既可能导致预测的规划目标值偏大、目标难以实现、拟定的安置标准和方案不可行，也可能导致预测的规划目标偏小，从而对移民的安置标准及生产生活水平的恢复和提高带来影响。

因此，上述两类方法常常需相互佐证，当计算出的增长率与国民经济和社会发展规划中所明确的收入增长率差异较大时，通常以基准年的人均纯收入作为计算基数，按两种方案确定的增长率推算至规划水平年后，与发展规划中所预测的规划目标值进行对比，较为接近的则认为该增长率较合理。

4.2.3　工作中遇到的主要问题及典型案例剖析

1. 基础数据可能部分失真

S水电站根据调查建设征地区各村2004—2006年建设征地区国民经济统计年报资料，两县各村2006年移民总收入为2609元，其中耕（园）地（包括种植业和干果业）收入占总收入比重为16.32%。

对上述移民收入及构成，经多次与两县政府讨论，均认为农经报表反映的移民收入构成失真，不能作为计算移民收入的依据，同时当地群众也反映上述统计报表在收入构成方面没有真实反映建设征地区实际情况。为了能较真实反映建设征地区移民实际收入和收入构成，成都院会同马尔康、金川两县（市）政府移民办、农经统计人员在各乡镇干部和村干部的配合下，开展了建设征地区农户（河谷区）和淹没线外农户（高半山）纯收入构成抽样调查，共在库区7个乡镇24个村选取收入水平代表中上、中等、中下的典型移民户共56户，其中马尔康44户，金川12户。选取的典型户均是乡、村干部推荐，在双江口库区具有广泛代表意义。

经对调查成果进行汇总分析，2007年建设征地区移民户（河谷区）农民人均纯收入2929元，其中：种植业收入占35.69%，干果收入占12.81%，牧业收入占11.52%，野生资源收入占10.59%，第二、三产业及转移性收入占29.39%。淹没线外农户（高半山）人均纯收入为2824元，其中：种植业收入占14.35%，干果收入占5.23%，牧业收入占36.67%，野生资源收入占19.13%，其他收入占24.62%。由此得出结论：统计报表在总收入方面基本真实反映了建设征地区实际情况，但由于居住地域所依赖资源不同，河谷区与高半山区在收入构成方面统计报告与实际调查成果差异较大。详见表4.2。

表4.2　　　　　　　　　　　收入构成对比表　　　　　　　　　　%

序号	项目	统计报表	建设征地区农户抽样调查	淹没线外农户抽样调查
1	种植业	14.09	35.69	14.35
2	干果	2.23	12.81	5.23
3	牧业	24.94	11.52	36.67
4	野生资源	58.74	10.59	19.13
5	其他		29.39	24.62

经与两县（市）农经统计部门技术人员、典型户移民交流，结合抽样调查结果分析，

统计报表与实际抽样调查收入构成差别主要原因如下。

（1）建设征地区涉及各村农业人口总共 8232 人，其中 3999 人居住在海拔 2500m 以下，属于淹没范围，而剩余 4233 人居住在淹没线以上高半山区域。经调查了解，河谷区域和高半山区域农户家庭经营方式有较大差异，河谷区域耕（园）地基本属于水浇地和基本农田，产量较高，因此农户主要以种植耕（园）地为主，牧业主要以养殖少量猪和奶牛，产品多为自食，并且采集少量野生资源；而高半山区域因耕（园）地质量差，农户主要以牧业为主，养殖较多的黄牛、奶牛、牦牛和山羊，牧业收入较高；同时因居住在高山，采集野生资源较便利，采集业收入较高。

而农经报表反映的是建设征地涉及各村河谷及高半山农户平均收入构成，因此以农经报表统计结果来代表库区河谷农户收入构成显然不合适。

（2）农经统计中粮食价格均按自食价格计算，如马尔康市统计过程中粮食价格均按 1.2 元/kg 计算，因此种植业收入偏低。

（3）自食部分粮食未全部纳入统计范围，因此种植业收入偏低。

（4）经济果木产出统计不全。如水果、核桃、花椒等，因产量不均，且每年分批出售，同时部分农户担心税务等问题，未全部统计上报。

（5）按农经统计口径，采集药材、菌类应计入其他农业项目，但经实际调查，两县均把虫草等药材和菌类收入计入了第三产业中的其他收入，因此第二、三产业收入构成偏高。

（6）耕地内套种的其他副作物，如元根、白瓜及青饲料等，农户大多用来喂养牲畜，未纳入耕地收入，而是归入了牧业收入，导致种植业收入偏低，而牧业收入偏高。

通过对农经报表数据进行整理分析，并与县乡干部进行沟通交流，了解到农经报表数据中收入构成可能与建设征地区实际情况不符，如直接采用农经报表数据测算规划目标值可能与实际情况存在较大偏差。在此情况下，双江口水电站采用典型调查的方法，合理选取具有广泛代表的典型户，对移民收入及构成情况进行了分析。经典型调查分析，统计报表在总收入方面基本真实反映了建设征地区实际情况，但由于居住地域所依赖资源不同，农经报表所反映的收入构成情况与实际情况有较大差异，为确保测算出的规划目标值客观、真实、合理，通常采取典型调查结果，对农经报表中的收入构成进行合理修正。

2. 规划目标拟定单元的问题

按照"07 农村规范"，移民安置规划目标的拟定，应以移民生产生活现状为基础，结合安置区的资源情况、开发条件和社会经济发展规划，以集体经济组织为单位选取具有代表性样本具体分析拟定，并预测到规划水平年，也就是要求以集体经济组织为单位拟定，但在实际规划过程中，由于资料等原因，通常以县为单位确定规划目标，与规范要求存在一定的差异。全库统一、分县拟定规划目标和以集体经济组织为单元拟定规划目标各有利弊，具体采用哪种方法需要结合建设征地区和移民安置情况、资料情况及地方政府意见等综合考虑后确定。

老木孔建设征地主要涉及市中区车子镇、九峰镇、牟子镇和大佛街道办，五通桥区冠英镇、竹根镇和牛华镇。根据农村经济收益分配统计表分析，建设征地涉及市中区农业

（种植业）收入占总收入的12.34％，建设征地涉及五通桥区农业（种植业）收入占总收入比重为38.53％，由此可见，两区种植业收入占总收入比重差异较大。详见表4.3。

表4.3　　　　　　　　　　　　　　　2009 年农民收入构成情况表

年份	项　目	市　中　区		五　通　桥　区	
		所占比例/％	纯收入/元	所占比例/％	纯收入/元
2009	种植业	12.34	697	38.53	2138
	牧业	8.84	500	24.58	1364
	渔业	3.15	178	2.10	117
	第二、三产业	70.23	3970	34.22	1899
	其他	5.45	308	0.57	32
	纯收入合计	100	5653	100	5550

通过现场调查了解，老木孔建设征地区地处岷江两岸冲积平原，土地较肥沃，因此建设征地五通桥区冠英镇种植业较为发达，种植业所占比重较大；而车子镇、九峰镇、牟子镇和大佛街道办处于乐山市中心城区规划范围，经济水平较发达，区位优势明显，农民外出务工和经商较多，因此种植业收入比例较低，第二、三产业所占比重较大。

由于两区收入构成差异较大，如不分区作为规划目标分析单元，采用库区平均的方式预测的规划目标值可能均不符合两区的实际情况，对五通桥区而言，是降低了其种植业收入目标，对市中区而言，可能拉高了其种植业收入目标。因此，为确保规划目标的合理性，老木孔分别以市中区和五通桥区作为规划目标分析单元，其中市中区以移民总纯收入不低于11738元，种植业收入不低于1239元；五通桥区以移民总纯收入不低于10415元，种植业收入不低于3502元作为规划目标值。

4.2.4　技术总结和建议

1. 规划目标的内涵不断升华

通过分四个阶段梳理移民安置规划目标的发展脉络，可以看出移民安置规划目标从无到有，从简单的不降低经济收入水平到不降低原有生活水平，再到达到或超过原有生产生活水平，内涵不断在扩充和升华，同时也在逐步建立相应的指标体系，并不断完善，以期能够真正意义上指导安置标准和安置规划，最终实现达到或超过移民原有生产生活水平。

2. 通过实地典型调查，对基础数据进行合理修正

通过对接地方政府及相关行业主管部门所收集到的基础资料受多方面因素影响，往往或多或少都存在数据失真等问题，同时在一些偏远地区能够收集到的基础资料非常有限。在此情况下，需要开展实地典型调查，对基础数据去伪求真，但是现场调查数据也受老百姓主观愿望和意识影响较大，有可能故意隐瞒或夸大某些数据，因此实地典型调查数据也并非完全可靠。因此，在对基础资料进行合理性分析时需综合考虑两方面的数据并结合区域规划综合分析确定。

3. 结合库区收入构成实际情况，合理确定规划目标分析单元

水电工程建设征地范围往往较广，可能涉及多个市（州）、县（区），由于自然环境、区位条件等因素影响，各市（州）、县（区）在社会经济发展、收入构成等方面可能存在较大的差异，甚至不同的乡镇或村组由于所处位置的不同，如河谷和高半山、紧邻城区或紧邻农村都可能造成不同乡镇或村组在收入构成方面、特别是种植业收入方面出现较大差异。而规划目标分析单元往往直接影响到安置标准的确定，涉及移民的切身利益。因此，应根据基础数据分析结果结合区域实际情况，合理确定规划目标的分析单元，特殊情况下可以乡镇或村组为单元分析确定规划目标。

4.3　移民安置标准

移民安置标准是一个广义的概念，不仅涉及农村移民安置方面的生产安置标准、搬迁安置标准、临时用地复垦标准，也包含城镇迁建方面的用地标准，供水、供电、交通、通信、环境卫生等设施建设标准，还有专业项目处理方面的交通、电力、水利水电、通信、广播电视、企事业单位等项目复（改）建建设标准。移民安置标准的确定是移民安置规划的重要环节之一，关系移民、地方政府、业主各方利益。生产安置标准的确定是进行移民安置区选择和移民环境容量分析计算的基础，搬迁安置标准、专业项目复（改）建标准的拟定是确定工程建设规模、计算工程投资的重要依据，科学合理地制定移民安置标准，对移民安置和专业项目复（改）建的顺利进行、移民生产生活水平和专业项目功能的恢复、工程费用的控制具有重要的意义。

4.3.1　法律法规及规程规范的相关规定

4.3.1.1　1984 年前

计划经济时期，我国在水电工程建设征地移民安置标准的确定方面未有明确的法律、法规及规范规定。在早期移民安置工作中，如狮子滩水电站、桐街子水电站移民安置标准确定过程中，初拟将农村移民生产安置土地配置标准按照与受淹地人均耕（园）地面积一致的原则确定。其后，综合地方政府、移民群众等各方意见，经过设计单位的讨论和论证，将农村移民安置标准确定为与安置地保持一致。

4.3.1.2　1984—1991 年

1986 年出台的《中华人民共和国土地管理法》第三十八条规定"农村居民建住宅，应当使用原有的宅基地和村内空闲地。使用耕地的，经乡级人民政府审核后，报县级人民政府批准；使用原有的宅基地、村内空闲地和其他土地的，由乡级人民政府批准。农村居民建住宅使用土地，不得超过省、自治区、直辖市规定的标准。出卖、出租住房后再申请宅基地的，不予批准"，该条对农村移民安置过程中宅基地的标准进行了总体规定。各省、自治区出台的《中华人民共和国土地管理法》实施办法对宅基地的标准作出具体规定。

1984 年出台的《水利水电工程水库淹没处理设计规范》（SD 130—1984）第 4 章第 4.0.7 条中明确"工矿企业的迁建，应根据原有的规模和标准，提出迁建规划，迁建时应

利用原有设备和旧料，紧缩工期，减少损失"，第 4.0.8 条中明确"受淹铁路、公路、电力、电信、广播线路及管道等专项的处理：需恢复、改建的，应根据原有线路状况和等级结合水库淹没或影响的具体情况，进行技术经济比较，选择合理的改建方案；除按原有的等级和标准进行改建外，还应考虑原有设备和旧料的利用"，首次从规范的角度针对工矿企业和专业项目提出了"标准"这一说法。从"84 规范"可以看出，更多的是强调工矿企业和专业项目按原标准进行迁（复）建，对农村移民安置、城镇迁建安置标准没有提及。

这一时期国家其他法律、法规及规范规定中尚未提及移民安置标准的有关内容。

4.3.1.3 1991—2006 年

1991 年出台的《大中型水利水电工程建设征地补偿和移民安置条例》（国务院令第 74 号）第十六条规定"因兴建水利水电工程需要迁移的城镇，应当按照有关规定审批。按原规模和标准新建城镇的投资，列入水利水电工程概算；按国家规定批准新建城镇扩大规模和提高标准的，其增加的投资，由地方人民政府自行解决。因兴建水利水电工程需要迁移的企业事业单位，其新建用房和有关设施按原规模和标准建设的投资，列入水利水电工程概算；因扩大规模和提高标准需要增加的投资，由有关单位自行解决"。

1996 年出台的《水电工程淹没处理规划设计规范》（DL/T 5064—1996）第 5 章第 5.2.7 条中明确"农村居民点的用地规模，应根据原有用地面积，参照国家和省、自治区、直辖市有关规定合理确定"，第 5.2.6 条中明确"对移民居民点的供水、供电、交通和文件、教育、卫生等设施，原则上按照原有的水平和当地的具体条件，经济合理地配置"，第 5.3.2 条中明确"城镇和集镇的迁建，应本着原规模标准的原则，明确淹没处理方案……"；第 6 章第 6.0.1 条中明确"需要复建的工矿企业，可以结合技术改造和产业结构调整进行统筹规划和复建。按原规模、原标准复建所需要的投资列为水电工程补偿投资；扩大规模、提高标准需要增加的投资，由有关单位自行解决"，第 6.0.2 条中明确"受淹的铁路、公路、航运、电力、电信、广播等设施需复建的，应按原规模、原标准或者恢复原功能的原则，提出经济合理的复建方案。复建所需投资列为水电工程补偿投资；扩大规模、提高标准需要增加的投资，由有关单位自行解决……"。

这一时期国家其他法律、法规及规范主要是在强调农村移民安置、城镇迁建、专业项目复建要按"原标准"考虑确定。

4.3.1.4 2006—2017 年

2006 年后，随着"471 号移民条例"和"07 系列规范"的出台，条例提出了"移民安置标准"这一概念，规范明确确定移民安置标准的相关内容。

1. 法律法规

2006 年出台的"471 号移民条例"第八条规定"移民安置规划大纲应当主要包括移民安置的任务、去向、标准和农村移民生产安置方式以及移民生活水平评价和搬迁后生活水平预测、水库移民后期扶持政策、淹没线以上受影响范围的划定原则、移民安置规划编制原则等内容"，第二十四条规定"工矿企业和交通、电力、电信、广播电视等专项设施以及中小学的迁建或者复建，应当按照其原规模、原标准或者恢复原功能的原则补偿"，第三十四条规定"城镇迁建、工矿企业迁建、专项设施迁建或者复建补偿费，由移民区县级以上地方人民政府交给当地人民政府或者有关单位。因扩大规模、提高标准增加的费用，由有关地方人民政府或者有关单位自行解决"。"471号移民条例"首次提出了"移民安置标准"这一概念，另外对城镇迁建、工矿企业迁建、专项设施迁建延续了"74号移民条例"关于"原标准"的相关规定。

各省、自治区的土地管理法实施办法对农村移民安置的宅基地标准做出相关规定，如《四川省〈中华人民共和国土地管理法〉实施办法》（2012年修正本）第五十二条规定："农村村民一户只能拥有一处不超过规定标准面积的宅基地。宅基地面积标准为每人20至30平方米；3人以下的户按3人计算，4人的户按4人计算，5人以上的户按5人计算。其中，民族自治地方农村村民的宅基地面积标准可以适当增加，具体标准由民族自治州或自治县人民政府制定。扩建住宅所占的土地面积应当连同原宅基地面积一并计算。新建住宅全部使用农用地以外的土地的，用地面积可以适当增加，增加部分每户最多不得超过30平方米"。

《云南省土地管理条例》（2014年修正）第三十三条规定："农村村民一户只能拥有一处宅基地，用地面积按照以下标准执行：（一）城市规划区内，人均占地不得超过20平方米，一户最多不得超过100平方米；（二）城市规划区外，人均占地不得超过30平方米，一户最多不得超过150平方米。人均耕地较少地区的农村村民宅基地面积，在上述标准内从严控制；山区、半山区、边疆少数民族地区的农村村民宅基地标准，可以适当放宽。具体执行标准，由州、市人民政府、地区行政公署根据实际情况制定，报省人民政府批准。"

《西藏自治区实施〈中华人民共和国土地管理法〉办法》（1999年通过）规定："农村村民一户只能拥有一处宅基地。农村村民建住宅，应当符合乡（镇）土地利用总体规划，结合旧村改造，充分利用原有的宅基地、村内空闲地，严格控制占用耕地。"宅基地用地的具体标准和办法由自治区人民政府作出规定。根据《西藏自治区农村村民住宅用地管理规定（暂行）》（藏政发〔2001〕118号）的规定，每户宅基地的标准为 $300 \sim 500 m^2$。

2. 规程规范

2007年出台"07系列规范"对农村移民安置、城镇迁建、专业处理的安置标准确定做出详细规定。移民规范对水电工程移民安置中一些特有的安置标准（如生产安置标准）做出规定，另外明确在移民安置标准的确定过程中需要遵循国家相关法律法规、相关行业规程规范。

（1）农村移民安置。"07农村规范"中第5.3.2条规定："生产安置标准拟定应根据拟定的规划目标，结合安置区的生产资料、资源条件，合理确定"。第5.3.3条关于搬迁安置标准的规定有：①建设用地标准应按照《中华人民共和国土地管理法》、《镇规划标准》（GB 50188—2007）的要求，结合各地区的相关法规和政策规定，在满足移民生活需要的前提下，本着节约用地的原则，合理拟定；②安置区基础设施建设标准包括安置区给排水系统，供电系统，交通系统，文、教、卫、宗教系统，广播、电视、通信系统及能源建设系统的建设标准，应根据各地区的相关规定及安置区的发展水平分别拟定；关于人均生活用电标准的规定有：……农村取值宜为 $200kW \cdot h/(人 \cdot a)$，每日用电时间为 $4h/人$，用电同时率为0.9。

在农村移民安置标准确定的过程中应执行其他行业规范的相应标准。如农村移民用水定额标准应执行《村镇供水工程设计规范》（SL 687—2014），该规范规定："居民最高日生活用水定额按照不同的分区、有无水龙头入户等条件确定，以气候和地域分区为三区的最高日居民生活用水定额为例，有洗涤池、卫生条件较齐全的，用水定额为 90～130L/(人·d)；饲养畜禽最高日用水定额规定为：羊 5～10L/(只·d)，育成牛 50～60L/(头·d)"。土地开发整理或临时用地复垦应执行国土行业相关规程规范，如《四川省土地开发整理工程建设标准》中第 5.3.2 条规定："耕作层厚度不低于 25cm，基本无砾石，有机质含量不低于 15.0g/kg 或保持耕地原有有机质含量，pH 值在 5.0～8.5 之间或保持耕地原有 pH 值。"

（2）城镇。

1）用地标准。"07 总规范"和"07 城镇规范"中对迁建城镇的用地规模做了规定：新址规划水平年的建设用地规模由移民安置规划确定的规划水平年新址人口规模和新址人均用地标准确定。

《镇规划标准》（GB 50188—2007）中对人均建设用地指标的规定为：新建镇区的规划人均建设用地指标应按 80～100m²/人确定；当建设用地处现行国家标准《建筑气候区划标准》（GB 50178）的 Ⅰ、Ⅶ 建筑气候区时，可按 100～120m²/人确定。

《城市用地分类与规划建设用地标准》（GBJ 137—1990）中第 4.1.1 条具体规定了规划人均建设用地指标，见表 4.4。

表 4.4 规划人均用地指标分类

指标级别	用地指标/(m²/人)	指标级别	用地指标/(m²/人)
Ⅰ	60.1～75.0	Ⅲ	90.1～105.0
Ⅱ	75.1～90.0	Ⅳ	105.1～120.0

2）道路交通标准。"07 城镇规范"中对道路标准做了规定：新址道路红线宽度一般应按照原址宽度或新址规模取值。根据城市道路交通规划设计的有关规定，当城市原址市区干路红线宽度达不到 25m 时，新址市区干路宽度采用 25m；当原址市区支路宽度达不到 12m 时，新址市区支路采用 12m。当集镇原址镇区的道路宽度达不到新址应设道路级别的宽度时，根据《镇规划标准》（GB 50188—2007）新址镇区主干路采用 24m，干路采用 16m，支路采用 10m。

《镇规划标准》（GB 50188—2007）中对镇区道路规划技术指标做出了详细的规定，见表 4.5。

表 4.5 镇区道路规划技术指标

规划技术指标	道路级别			
	主干路	干路	支路	巷路
计算行车速度/(km/h)	40	30	20	—
道路红线宽度/m	24～36	16～24	10～14	—
车行道宽度/m	14～24	10～14	6～7	3.5
每侧人行道宽度/m	4～6	3～5	0～3	0
道路间距/m	≥500	250～500	120～300	60～150

3) 给排水标准。"07 城镇规范"中对给排水标准做了规定：新址给水标准一般按照原址标准取值。污水排放应符合《污水综合排放标准》（GB 8978）相关规定。

《镇规划标准》（GB 50188—2007）中对人均综合用水量指标的规定见表 4.6。

表 4.6 人均综合用水量指标 单位：L/(人·d)

建筑气候区划	镇 区	镇区外
Ⅲ、Ⅳ、Ⅴ区	150～350	120～260
Ⅰ、Ⅱ区	120～250	100～200
Ⅵ、Ⅶ区	100～200	70～160

4) 电力电信标准。"07 城镇规范"中对人均生活用电量标准规定为：城市居民生活用电一般取 600kW·h/(人·a)，集镇居民取 400kW·h/(人·a)；对电力、电信、广播电视标准做了规定：根据城镇原址的用电水平，预测新址居民生活用电的标准；电信、广播电视线路敷设方式宜与原址一致，线路设计标准应符合国家电信、广播电视行业有关设计规范的规定。

《镇规划标准》（GB 50188—2007）对变电所规划用地标准、电网电压等级标准、电力线路输送功率、输送距离及线路走廊宽度标准进行了明确规定。

5) 防灾标准。《镇规划标准》（GB 50188—2007）中对防灾减灾规划主要从消防、防洪、抗震防灾、防风减灾标准方面做了规定。如规定了防火间距、消防车通道距离、就地避洪安全设施的安全超高、疏散场地面积等标准。同时执行《建筑设计防火规范》（GB 50016）、《城市消防站建设标准》（JB 152—2011）、《防洪标准》（GB 50201）、《城市防洪工程设计规范》（CJJ 50）、《蓄滞洪区建筑工程技术规范》（GB 50181）、《中国地震动参数区划图》（GB 18306）、《建设抗震设计规范》（GB 50011）、《建设结构荷载规范》（GB 50009）规定的相关标准。

6) 环境标准。《镇规划标准》（GB 50188—2007）中对环境标准主要从生产污染防治、环境卫生、环境绿化和景观标准方面做了规定。如规定了生活垃圾日产量、垃圾箱服务半径、环卫站占地面积等标准。同时对空气环境质量、地表水、地下水、土壤环境质量所需执行的国家标准进行了明确。

（3）专业项目。

1) 交通运输工程。"07 总规范"中第 4.2.2 条对交通运输工程的建设规模与标准的选用做了如下规定。

移民安置规划需要新建通往迁建城镇的公路时，其新建公路等级的选用应根据原规模、原标准、恢复原功能的原则，结合公路功能、路网规划、交通量、移民安置规划情况、迁建地所在地区的综合运输体系等经论证后采用，城市宜选用双车道四级公路，集镇宜采用单车道四级公路。

农村移民居民点、生产开发区等需新建道路、码头时，对于生产开发区一般选用机耕道，对农村移民居民点，其道路、码头的规模与标准应符合现行规范规定，对于邻近水库的城镇新址，有条件设置码头时应按规定合理确定规模与标准，采用标准不宜低于现状标准。具体标准详见表 4.7、表 4.8。

表 4.7 农村移民居民点道路、码头规模与标准表

人口数量 Q/人	$Q>1000$	$300<Q\leqslant1000$	$100\leqslant Q\leqslant300$	$Q<100$
道路规模与标准	四级公路	汽车便道	机耕道	人行道
坡码头宽度/m	4.5~6.5	4.5	3.5	1.0~2.0

注 Q 为规划水平年的城镇人口数量，下同。

表 4.8 城镇码头规模与标准表

人口数量 Q/人	$Q<1000$	$1000\leqslant Q\leqslant3000$	$Q>3000$
坡码头宽度/m	4.5~7.0	7.0~10.0	10.0~15.0

当客货码头与迁建城镇、大型农村移民居民点之间需修连接道路时，其道路等级宜采用单车道四级公路。高程在设计高水位加 1.0m 以下的路基、路面应具有足够的强度、稳定性和耐久性。

低等级公路及乡村道路，在交通容许有限中断时，可以修成漫水桥或过水路面。

《公路工程技术标准》（JTG B01—2014）对等级公路的速度、纵坡、建筑界限、车道宽度、视距、桥涵设计洪水频率标准等方面做了规定。如第 3.5.1 条"各级公路设计速度应符合表 4.9 的规定"。设计速度的选用应根据公路的功能与技术等级，结合地形、工程经济、预期的运行速度和沿线土地利用性质等因素综合论证确定，并应符合表 4.9 规定。

表 4.9 设 计 速 度

公路等级	高速公路			一级公路			二级公路		三级公路		四级公路	
设计速度/(km/h)	120	100	80	100	80	60	80	60	40	30	30	20

2）供水工程。"07 专项规范"中第 5.2.1 条对供水工程的标准做了规定：新建供水工程供水规模根据设计用水量确定。城市（含县城）用水定额，按《室外给水设计规范》（GB 50013—2006）规定选用，集镇（含建制镇）及农村用水定额按《村镇供水工程技术规范》SL 310 选用。确定用水规模时，应综合考虑搬迁前现状用水量，搬迁新址的用水条件、水源条件，及周边类似工程的供水情况等。

复建或改造的供水工程供水规模按"原规模、原标准、原功能"的原则确定。用水定额不宜低于该地区用水定额下限值。

《室外给水设计规范》（GB 50013—2006）第 4.0.3 条规定：居民生活用水定额和综合生活用水定额应根据当地国民经济和社会发展、水资源充沛程度、用水习惯，在现有用水定额基础上，结合城市总体规划和给水专业规划，本着节约用水的原则，综合分析确定，当缺乏实际用水资料情况下，可按表 4.10 和表 4.11 选用。

表 4.10　　　　　　　　　居 民 生 活 用 水 定 额　　　　单位：L/(人·d)

城市规模	特 大 城 市		大 城 市		中、小 城 市	
分区 用水情况	最高日	平均日	最高日	平均日	最高日	平均日
一	180～270	140～210	160～250	120～190	140～230	100～170
二	140～200	110～160	120～180	90～140	100～160	70～120
三	140～180	110～150	120～160	90～130	100～140	70～110

表 4.11　　　　　　　　　综 合 生 活 用 水 定 额　　　　单位：L/(人·d)

城市规模	特 大 城 市		大 城 市		中、小 城 市	
分区 用水情况	最高日	平均日	最高日	平均日	最高日	平均日
一	260～410	210～340	240～390	190～310	220～370	170～280
二	190～280	150～240	170～260	130～210	150～240	110～180
三	170～270	140～230	150～250	120～200	130～230	100～170

　　3）灌溉工程。"07专项规范"中第5.2.2条对灌溉工程做了规定：新建的灌溉工程设计规模按移民生产安置规划需灌溉的耕（园）地面积确定；复建或改造的灌溉工程设计规模按原设计规模。灌溉设计保证率，干旱地区取75%，半干旱、半湿润地区或水资源不稳定地区取80%。湿润地区或水资源丰富地区取85%。灌溉工程的其他设计标准按《灌溉与排水工程设计标准》（GB 50288）执行。第5.2.3条对小水电站工程做了规定：需要复建的小水电站按原装机规模进行复建；需要改造的小水电站应根据水利动能计算的装机容量确定装机规模进行建设。小型水电站工程的其他设计标准应按《小型水力发电站设计规范》（GB 50071）执行。

　　4）防护工程。"07专项规范"中第6.2.2条对防护工程做了如下规定。

　　防护对象的防洪设计标准应根据工程等级、洪灾类型（河洪、山洪、内涝）分别确定。

　　河洪防洪标准应根据并按照《防洪标准》（GB 50201）和表4.12确定，且不应低于水库淹没处理的设计洪水标准；对受淹没影响的已建防护工程加固改造的河洪防洪标准应与该工程现有防洪标准相衔接。

表 4.12　　　　　　　不同淹没对象的河洪防洪标准表

防 护 对 象	洪水标准（重现期）/年	
	淹没处理标准	工程防护防洪标准
耕地、园地	2～5	5
农村居民点、一般城镇和一般工矿区	10～20	20

　　山洪防洪标准应按防护对象的性质和重要性进行选择，重要城市、重要工矿区可采用10～20年一遇洪水，其他防护对象可采用5～10年一遇洪水。

　　排涝标准应按防护对象的性质和重要性进行选择，村镇、农田可采用5～10年一遇暴雨；重要的城镇及大中型工业企业等防护对象，可适当提高标准。暴雨历时和排涝时间应根据防护对象可能承受淹没的状况分析确定，可采用1天暴雨1～3天排除。

防浸（没）标准，应根据水文地质条件，水库运用方式和防护对象的耐浸能力，综合分析确定不同防护对象容许地下水位的临界深度值。

城镇、居民点防护区泥石流防治标准应根据防护区人口规模进行选择。

5）电力工程。"07专项规范"中第7.2.1条～7.2.4条对电力工程设计标准做了规定：移民安置区内用电负荷的预测宜采用用电指标法，规划的用电指标可根据实物指标调查时的实际情况，适当考虑当地负荷的发展需求，综合确定。工业用电指标，在现状的基础上分析确定供电条件等综合确定，取值范围一般为200～600 kW·h/(人·a)。

建设征地影响的35kV及以上变电所宜按原有电压等级复建，因移民安置使原变电所供电区域内用电负荷发生改变、供电距离超出其经济输送距离，原有的电压等级和规模不能满足移民安置规划需求时，可根据实际情况进行适当调整，并采取新增、合并、提高电压等级等方式，变电所的电压等级的确定应满足电力网各级电压的经济输送容量和输送距离的要求。35kV及以上变电所主变压器容量可根据该变电所供电范围内用电负荷情况（负荷性质、用电容量）和供电需求确定，移民生活用电按规划用电指标计算，非移民可按现有用电标准计算。变电所所址选择、所区布置、电气及土建部分设计应符合《35kV～110kV变电站设计规范》（GB 50059）的有关规定。

建设征地影响的输配电线路宜按原有电压等级复建，因移民安置规划使原线路的电压等级和线径不能满足线路设计的规范要求时，可根据具体情况进行调整，必要时可提高1个电压等级。架空线路的设计应根据《66kV及以下架空电力线路设计规范》（GB 50061）、《110～500kV架空送电线路设计技术规程》（DL/T 5092）的要求，并结合城镇和移民居民点迁建新址及当地的地形条件综合确定。

10kV供电变电所容量的选择应根据该供电区域内居民生活用电、乡镇企业和农业用电的负荷确定，移民按规划用电指标计算，非移民可按现有用电标准计算。

6）电信、广播电视工程。"07专项规范"中第8.2.1条～8.2.6条对电信、广播电视工程设计标准做了规定：固定通信网络交换系统的规划容量可根据原有电话普及率，按规划水平年交换系统服务范围内的规划人口规模计算。固定通信网络传输系统宜采用原有传输方式组网。通信光缆的芯数与敷设方式宜采用原有标准。移动通信网络应以网络的原有状况、技术水平为基础进行规划设计，移动通信网络的总体结构宜保持不变，基站的数量和规模宜采用原有标准。广播电视网络应在维持原有的广播电视网络总体结构及机房现有主要设施配置的基础上进行规划设计。线路的敷设宜采用原有方式。电信机房、移动基站和广播电视发射台场地的选择，应符合相关行业规范的要求，场地的选址须与城镇和农村居民点迁建规划协调一致。

7）企事业单位。"07专项规范"中第9.2.1条～9.2.2条对企事业单位迁建设计标准做了规定：企业事业单位迁建是指企业事业单位按原规模原标准重新选址建设，恢复原有生产工艺，生产原有产品。工业企业的迁建新址应符合《工业企业总平面设计规范》（GB 50187）的有关要求，独立迁建的企业事业单位除应符合行业规范的有关要求外，还应符合以下要求：一般企业事业单位的建设高程应不低于20年一遇洪水回水线，大型工矿企业的主要车间的建设高程应不低于 50 年一遇洪水回水线。

4.3.2 工作重难点及主要工作方法

1. 生产安置标准的确定

目前，成都院设计的项目主要采用的移民生产安置方式为农业安置、复合安置、投亲靠友、自谋职业、养老保障安置，在毛尔盖水电站、两河口水电站也试点采用了逐年货币补偿安置。生产安置标准是指农村移民恢复因土地损失而影响的生产能力所需生产资料的配置标准或获得主要收入来源的市场资源配置标准，应在保障基本生产条件下，根据安置区的资源量合理确定。

农业安置标准需要使农村移民安置后，移民拥有与移民安置区居民基本相当的土地等农业生产资料。因此，农业安置标准确定主要是根据确定的规划目标和安置地的农业安置环境容量，综合确定为移民配置的耕（园）地面积。如溪洛渡水电站四川库区西昌、德昌安置点集中农业安置标准为水田 1.0 亩/人，云南库区化稔安置点集中农业安置标准为水田 1.0 亩/人或旱地 2.0 亩/人；瀑布沟水电站根据安置地环境容量，确定汉源县、石棉县、甘洛县三个安置地不同区域共 9 个农业生产安置标准。同时，还有直接以征收移民户原有耕（园）地面积为标准，配置与其被征收耕（园）地面积相同的耕（园）地解决生产出路，如两河口水电站为移民配置了与其被征收耕（园）地面积相同的耕（园）地进行生产安置。

自行安置标准的确定主要是根据规划目标和当地的实际情况而确定的。在具体确定的过程中，有以下几种模式：①直接依据集体经济组织人均规划安置标准土地的"两费"为标准的，如猴子岩水电站选择投亲靠友、自谋职业安置方式的移民，其费用标准是根据土地配置标准计算出的土地补偿费和安置补助费。②以文件形式对农业安置方式的标准进行具体规定的，如溪洛渡水电站四川库区后靠农业安置、自行农业安置、自谋职业安置、投亲靠友等自行安置方式标准是按照《凉山州人民政府办公室关于印发金沙江溪洛渡水电站（凉山库区）农村移民安置实施意见的通知》（凉府办发〔2010〕25 号）和《关于凉山州移民局〈关于请求审批溪洛渡水电站库区移民生产安置土地费用标准的请示〉的批复》（川扶贫移民规安〔2010〕303 号）相关规定，确定为 4.3 万元/人。③以移民户被征收耕（园）地"两费"为标准发放给移民的，如两河口水电选择自行安置的移民，其标准即是根据移民户被征收耕（园）地的土地补偿费和安置补助费确定的。

养老保障安置方式的移民通过每月发放养老金的方式解决生活问题。2014 年 1 月以前，四川省的养老保障的养老金标准是根据《川发改能源〔2008〕722 号》文规定确定，养老金标准为 190 元/（人·月）；2014 年 1 月至 2016 年 1 月，养老保障的养老金标准是根据"川扶贫移民发〔2013〕439 号"文件的相关规定确定，养老金标准为 310 元/（人·月）；2016 年 1 月以后，养老保障的养老金标准是根据"川扶贫移民发〔2016〕129 号"文件的相关规定确定，养老金标准为 360 元/（人·月）。养老金标准随着物价的变化进行动态调整。

逐年货币补偿主要在四川省的两河口、毛尔盖水电站进行试点，双江口水电站也将采用该种生产安置方式。从试点的情况来看，逐年货币补偿安置方式的安置标准是依据四川省国土资源厅公布的统一年产值，按照征收耕（园）地面积进行逐年补偿。

（1）生产安置标准确定的单元。目前，成都院设计的项目均为大中型水利水电工程，这些项目建设征地涉及的土地面积较大，往往涉及多个村、多个乡（镇）、多个县甚至是跨市（州）、跨省（自治区）。因此，在生产安置标准确定的过程中，其单元的选择对于生产安置标准有着重要的影响。从成都院设计的项目来看，生产安置标准的确定单元主要为全库区一个单元、分村或者分乡为单位两种方式。以两河口水电站试点采用的逐年货币补偿安置方式为例，两河口水电站涉及4个县，若按照各乡确定其逐年货币补偿的耕地年产值，则根据当时四川省关于耕地年产值的相关政策，耕地年产值最高的为1580元、最低的为990元，两河口水电站最终统一采用了1580元作为全库区的耕地年产值，即全库区采用一个单元。

瀑布沟水电站对于有土安置的生产安置标准，根据安置地的环境容量和移民原有耕（园）地面积等按不同的安置区域、不同的安置方式分别确定，其中汉源县半高山区域集中安置人均耕地≥1.0亩、分插安置人均耕地≥0.8亩，河谷地带和基础设施较好区域集中安置人均耕地0.4～0.55亩、分插安置人均耕地0.4亩；石棉县白马集中安置区，白马堰以上区域安置人均耕地为1.2亩/人，白马堰以下区域安置人均耕地为1亩/人；美罗乡调剂耕地分插安置人均耕地为≥0.8亩/人；甘洛县集中安置人均耕地1亩，分插安置人均耕地0.8亩。同时，由于行政区域大小的不同使得不同大小单元内的生产安置标准也有较大差别，同一乡内不同村移民的耕（园）地面积有较大差别，同一县内不同乡移民的平均耕（园）地面积也有较大差别。以西藏自治区加查水电站为例，其涉及的嘎堆村人均耕（园）地面积为1.96亩、嘎麦村为2.71亩、扎雪村为0.87亩。可以看出，根据不同的单元确定的生产安置标准有较大的差异。成都院在规划设计的过程中，主要根据项目的实际情况、安置地的后备资源状况和移民原有耕（园）地面积情况来划分确定生产安置标准的单元。

（2）不同生产安置方式标准不平衡。目前，成都院设计的项目主要采用的移民生产安置方式为农业安置、复合安置、投亲靠友、自谋职业、养老保障安置，在毛尔盖水电站、两河口水电站也试点采用了逐年货币补偿安置。由于各种安置方式为移民提供的安置途径不同，各种安置方式的标准也不尽一致。在同一集体经济组织或者同一工程项目中，必将采用不止一种的生产安置方式对移民进行生产安置，但如何平衡各种生产安置方式的安置标准、减少各安置方式标准之间的差异，是目前移民安置规划设计中遇到的典型困境。

目前，成都院设计的项目为移民提供的安置途径各不同，各种安置方式的标准也不尽一致。

以大渡河黄金坪水电站为例，黄金坪水电站农业安置集中安置区人均配置耕（园）地为1.2亩，其中耕地为0.4亩，园地为0.8亩，由于集中安置区需要造地，根据计算农业安置集中安置区的费用达9.55万元/人；分散农业安置的，以野坝分散安置点位为例，其标准为0.96亩/人，所需费用为2.72万元/人；养老保障安置的，全库区为统一标准，平均费用为4.45万元/人；投亲靠友、自谋职业和自谋出路的安置标准全库区相同，为2.86万元/人。可以看出，在同一集体经济组织，不同生产安置方式的安置标准存在很大的差距。

根据对典型水电项目的统计（表4.13），各种安置方式人均安置费用为：农业安置方式人均安置费用平均为3.60万元/人；逐年补偿安置方式人均生产安置费用为2.24万元/人；养老保障安置方式人均安置费用平均为2.58万元/人；其他安置方式（投亲靠友、自谋职业、自谋出路）人均安置费用平均为2.47万元/人。从平均水平来看，农业安置人均费用要略高于其他安置人均费用，农业安置人均安置费用较逐年补偿、养老保障和其他安置方式分别高1.36万元、1.02万元和1.13万元，分别是逐年补偿、养老保障和其他安置方式的1.61倍、1.40倍和1.46倍。但不同的项目情况有所不同，其安置标准也相差较大。

表4.13 各生产安置方式的安置标准

项 目	人均生产安置费用/（万元/人）			
	农业安置	逐年补偿	养老保障	其 他 安 置
瀑布沟	3.68		2.36	1.60
溪洛渡（云南）	3.23			3.14
锦屏一级	3.32			3.32
两河口	3.08	2.24		2.58
向家坝（四川）	3.46		3.00	2.89
猴子岩	6.30		4.56	2.56
黄金坪	9.55		4.45	2.86
长河坝	2.76		3.75	1.83
合计（或平均值）	3.60	2.24	2.58	2.47

为使各种安置方式的安置标准基本一致和平衡，经过长期研究后，在实施过程中，可采用以下几种方式解决目前存在的问题。一是要使各种安置方式的安置标准相对平衡和一致，有法律依据、符合政策规定，二是要使各种安置方式的安置标准相对平衡和一致，能够满足移民群众的要求、能够顺利的执行。

1）自2015年以来，国家加强了土地确权到户［特别是耕（园）地］的工作，进行了土地确权颁证，真正把土地落实到户，稳定了农民土地的承包权。该项工作的开展为移民各生产安置方式的安置标准相互平衡提供了一种思路，即在土地确权明晰的情况下，可以探索涉及的耕（园）地为每户生产安置的基准，按照影响的耕（园）地面积对其进行生产安置。

2）根据土地集体所有的实际情况，各种安置方式的安置标准按照集体经济组织人均耕（园）地面积及安置地的环境容量具体确定，农业安置的土地配置标准确定后，自行安置方式的安置标准即依据该集体经济组织选择农业安置配置耕（园）地的土地"两费"确定。从而，使各种安置方式的安置标准基本平衡。

以两河口水电站为例，两河口水电站生产安置方式包括逐年货币补偿安置、农业安置、自主安置。其中，两河口水电站建设征地共征收耕（园）地5228.58亩，根据移民意愿调查成果可纳入逐年补偿计算的耕（园）地面积为4781.14亩［占征收耕（园）地面积的91.44%]；自主安置对应耕（园）地408.48亩［占征收耕（园）地面积的7.81%]；农业安置需调剂土地38.96亩［占征收耕（园）地面积的0.75%]。各安置方式的安置标准如下。

逐年补偿安置标准：以实物指标调查到户的耕（园）地为逐年补偿的面积，补偿标准依据四川省国土资源厅公布的该区域的年产值确定。但是不同省份对于逐年货币补偿的标准有较大区别，以溪洛渡水电涉及的云南省和四川省为例，云南省逐年货币补偿安置是以生产安置人口为补偿对象，根据工程征收土地的情况，以人为单位明确逐年货币补偿的补偿费用，即通常所说"对人不对地"；而四川省逐年货币补偿安置是根据被征收土地的面积和地类据实补偿，确定每亩土地的补偿费用，即通常所说"对地不对人"。

自主安置：以实物指标调查到户的耕（园）地面积和四川省国土资源厅公布的该区域的年产值为基础，将土地补偿费和安置补助费一次性补偿给移民。

农业安置：以实物指标调查到户的耕（园）地面积为标准，为其配置相同面积和质量的耕（园）地面积。

从根本上来说，两河口水电站移民生产安置是以影响的承包到户的耕（园）地为基准，与土地成果经营权挂钩，各种生产安置方式均是以恢复其实物指标调查确定的承包到户的耕（园）地面积。这较为充分地体现了"公平、公正"的原则，实现了"影响多少、恢复多少"的思路，既符合我国现行法律法规，也能够满足移民自身的要求，实现了各种生产安置方式的安置标准基本平衡统一。

2. 搬迁安置标准的确定

目前，成都院设计的项目在农村移民搬迁安置标准方面已经构建了较为完善的体系。这个完善体系的构建经历了漫长的过程，也是同社会经济发展和移民生产生活需要相适应的过程。在探索期（1991—2006）及以前的项目规划设计中，搬迁安置标准体系主要是以解决移民最基本的生活需要为目的，主要包括供水、道路和供电。2006年以后，随着社会经济的不断发展和国家对于农村建设、乡村振兴的要求逐步提出，搬迁安置标准的体系在供水、道路和供电的基础上增加了通信、排水、消防、公共服务设施（村委会、卫生室、文化活动室、集贸市场、小学、幼儿园等）、防洪、绿化、风貌等。随着社会经济的不断发展，农村移民搬迁安置标准体系也越来越完善。

《镇规划标准》（GB 50188—2007）、《水电工程农村移民安置规划设计规范》（DT/T 5378—2007）、《水电工程移民专业项目规划设计规范》（DT/T 5379—2007）以及《水电工程移民安置城镇迁建规划设计规范》（DT/T 5380—2007）等规范对集中居民点和迁建集镇人均用水标准、人均用电指标进行了明确。

"07专项规范"中规定：居民生活用电指标应根据当地生活水平、人口规模、地理位置、供电条件等综合确定，取值范围一般为200~600 kW·h/(人·a)。

"07农村规范"中规定了农村移民集中安置点生活用电负荷计算方法。其中，人均生活用电标准应结合安置区现状指标，结合当地乡镇和安置区发展规划分析预测人均用电负荷指标。农村取值宜为200kW·h/(人·a)，每日用电时间为4h/人，用电同时率为0.9。

"07城镇规范"中规定：人均居民生活用电量指标，应以原址人均居民生活用电量水平为基础，参考《城市电力规划规范》（GB 50293—1999）中等城市和较低城市居民人均生活用电量标准选取。城市居民生活用电量一般取600kW·h/(人·a)，集镇居民取400kW·h/(人·a)。

《镇规划标准》（GB 50188—2007）中对用水量做了规定：居住建筑的生活用水量可根据现行国家标准《建筑气候区划标准》（GB 50178）的所在区域按表4.14进行预测。

表4.14　　　　　　　　居住建筑的生活用水量指标　　　　　　单位：L/(人·d)

建筑气候区划	镇　区	镇区外
Ⅲ、Ⅳ、Ⅴ区	100～200	80～160
Ⅰ、Ⅱ区	80～160	60～120
Ⅵ、Ⅶ区	70～140	50～100

尽管各类规范明确了集中居民点和迁建集镇人均用水标准、人均用电指标，但是随着社会经济的发展，家用电器的大量增加使得用电需求不断上升。因此，在实际项目中，集中居民点和迁建集镇的人均用电指标基本均提高到2kW/户。各项目集中居民点和迁建集镇人均生活用水、用电标准详见表4.15。

表4.15　　　　　各项目集中居民点和迁建集镇人均生活用水、用电标准

序号	项目	农　村　移　民		迁　建　集　镇	
		生活用水 /[L/(人·d)]	生活用电 /(kW/户)	生活用水 /[L/(人·d)]	加生活用电 /(kW/户)
1	溪洛渡水电站	130	2	130	2.5
2	猴子岩水电站	150	2		
3	加查水电站	120	2		
4	锦屏水电站	120	300kW·h/人	120	
5	两河口水电站	100	2	100	2
6	瀑布沟水电站	120	2	120	2

然而，随着农村居民生活水平的稳步提高，对于集中居民点和迁建集镇人均用水用电指标的争议越来越大，许多居民提出应该增加用电容量，为社会发展预留相应的空间。

3. 专业项目迁（复）建标准

专业项目复建标准主要是依据专业项目的现状情况，根据国家相关强制性规范，在"原规模、原标准或者恢复原功能"的原则基础上进行确定。专业项目现状标准超过国家行业标准上限的，其迁（复）建标准按照国家相关标准上限确定；专业项目现状标准低于国家行业标准下限的，其迁（复）建标准按照国家相关标准下限确定；专业项目现状标准在国家行业标准上、下限之间的，其迁（复）建标准按照其现状情况，根据"原规模、原标准或者恢复原功能"确定。

但是，成都院在具体的项目设计过程中，由于行业规范标准的不同、地方考虑社会经

济发展提出相应的诉求等因素，从而在相关专业项目标准确定的过程中有突破"三原"原则的情况。随着社会经济发展和各方诉求的不断变化，特别是由于大型水电工程建设周期较长，一般需5～10年，如瀑布沟水电站从可研启动至最后蓄水发电、完成搬迁，历时10年，溪洛渡特大型水电工程，其建设周期更加漫长。因此仅仅按现状规模、标准规划复建移民工程，则当电站蓄水发电、移民工程建成后，按照目前社会经济的发展速度，可能该项工程的功能和标准已不能满足5年后的运行或使用，不可避免地会造成重复建设和资源浪费。在上述因素的基础上，专业项目标准的确定从以"三原"原则确定标准，到按照行业规定达到行业标准的下限，发展为考虑地方社会经济发展、协调各方要求综合确定。

以溪洛渡水电站S307、S208及县道复建工程为例。溪洛渡水电站建设征地涉及雷波县境内S307泸盐路南田至坪头段，淹没时为重丘三级，淹没长度为52km，路面宽7.5m，泥结碎石结构，大中桥19座，需根据受影响程度以及实际需要进行复（改）建规划设计。溪洛渡水电站建设征地涉及金阳县境内S208苍房村至芦稿镇茅坪村通阳大桥段，淹没时为重丘四级，淹没长度为15km，路面宽7.25m，泥结碎石结构，大中桥2座，需根据受影响程度以及实际需要进行复（改）建规划设计。根据《金沙江溪洛渡水电站可行性研究报告（第九篇）——建设征地和移民安置规划设计》（审定本），S307按三级路标准进行复建，S208淹没影响涉及雷波、金阳县县乡路按四级路标准进行复建。

2009年10月21日，四川省发展改革委在成都主持召开溪洛渡水电站库区县乡公路复建协调会，会议明确了S307、S208按三级上限标准设计。可以看出溪洛渡水电站四川库区建设征地涉及等级公路S307，淹没时现状为重丘三级，可行性研究阶段规划复建标准为三级，实施阶段规划复建标准为三级上限；S208淹没时现状为重丘四级，可行性研究阶段规划复建标准为四级，实施阶段电站业主三峡公司秉承"建好一座电站，带动一方经济，改善一片环境，造福一批移民"的理念，同时从支持地方经济发展的角度出发，确定复建标准为三级上限。溪洛渡水电站四川库区公路标准前后对比见表4.16。

表 4.16　　　　　　　　　　　　　公路复建标准对比表

序号	项目	淹没影响现状	可行性研究阶段规划复建标准	实施阶段规划复建标准
1	S307	重丘三级	三级	三级上限
2	S208	重丘四级	三级	三级上限

同时，由于专业项目标准差异将带来项目投资的变化。从成都院设计的项目来看，相关专业项目由于标准较"三原"原则确定的标准有差异的，其增加的投资有以下几种解决方法：一是增加的投资由项目业主和地方政府分摊，如双江口水电站等级公路复建、雅砻江锦屏一级水电站的老沟水库；二是增加的投资全部进入移民投资概算，如溪洛渡水电站S307、S208复建，雅砻江两河口水电站的等级干线公路复建。

4.3.3　工作中遇到的主要问题及典型案例剖析

移民安置标准是水利水电工程移民安置规划过程中重要的内容之一，同移民群众的利益息息相关，是移民群众最为关心的内容，也是各方争议和关注的重点。因此，在工作过程中安置标准确定较为困难，往往需要经过较长过程的沟通协调才能最终统一确定，如部分项目农村移民安置人均建设用地确定存在一定困难，由于各方利益诉求和涉及地区社会经济发展导致部分专业项目的复（改）建标准确定较为困难。同时，水利水电工程建设涉及地区社会经济发展规划、各行业规划众多，移民安置规划中的相关标准需要积极协调沟通其他行业、同相关规划进行衔接，确保不同规划的相互衔接。

1. 人均建设用地标准确定存在难度

目前，水电工程建设主战场基本位于高海拔、民族地区，这些地区社会经济较为落后。由于这些区域一般人口居住稀少，土地面积广阔，因此当地居民宅基地一般较大。特别是藏族居民，其建造房屋一般将居住房屋、饲养牲畜的栏圈、堆放木柴和粮食的场所建在一起，并利用围墙围成一个面积较大的院子，形成较为独立的院落（图4.1），一般在$400 \sim 700 m^2$之间，个别水电工程涉及地区甚至超过了$800 m^2$。

图 4.1　藏族居民房屋

这种情况最为突出的是在雅鲁藏布江中游的加查水电站。根据实物指标调查情况，当地居民的宅基地大多为$500 \sim 800 m^2$。

在进行移民安置规划时，根据《西藏自治区农村村民住宅用地管理规定（暂行）》（藏政发〔2001〕118号）的规定，每户宅基地的标准为$300 \sim 500 m^2$，移民意愿是进县城集中安置。根据实物指标调查成果分析，户均住房占地$413 m^2$，人均住房面积约$60 m^2$。如按照县城总体规划，人均建设用地$34.95 m^2$，二类居住用地人均住房面积$30.16 m^2$。县城总体规划标准与相关法规规定的农村宅基地标准，以及搬迁人口的实际住房标准差异较大，这使得移民安置规划过程中人均宅基地面积标准各方存在较大争议，迁移人口是否能接受按县城规划标准进行安置还存在一定难度。

移民宅基地面积现状同自治区、加查县的相关规定均存在较大差距，且移民习惯于居住在面积较大、较为宽敞和方便的住房中，坚持按照原有面积进行配置。

在移民安置规划设置及过程中，充分征求了西藏自治区水利厅、山南地区行政公署、加查县人民政府及相关部门、项目业主和移民的意见，在遵循自治区《西藏自治区农村村民住宅用地管理规定（暂行）》（藏政发〔2001〕118号）和加查县县城总体规划的基础上采取了以下措施：①由于加查县县城总体规划中确定的宅基地面积要小于自治区的规定，同时移民安置区仅有很小的区域在县城总体规划范围内，因此建议加查县政府对县城总体规划区域进行了相应的调整，使得移民安置用地不在总体规划范围内；②鉴于《西藏自治区农村村民住宅用地管理规定（暂行）》（藏政发〔2001〕118号）规定的宅基地面积同移民现状宅基面积相差较小，在充分同加查县人民政府及相关部门、涉及乡镇和村各级沟通的基础上，共同对移民进行了宣传，从而使移民接受了按照自治区政策规定的相关标准，宅基地按每户300~500m² 控制。

2. 专业项目规划标准确定存在困难

随着成都院规划设计的水电工程逐步向雅砻江、金沙江、大渡河等流域上游推进，建设征地涉及区的特点是民族地区、高海拔地区和贫困地区，地方政府基本依靠中央财政转移支付保障运转，没有更多的财政收入用于区域的经济社会发展项目建设。因此，在水电工程建设过程中，特别是移民安置的过程中，部分市（州）、县政府结合自身发展需求，提出了非常多的促进地方经济社会发展的要求和项目建设任务，希望通过水电建设最大限度满足区域发展需要，达到补齐欠账，满足长远的目标。这其中最主要表现在地方政府要求提高相关专业项目的复建标准，特别是当地公路的复建标准。

这种情况在目前建设的许多水电工程中都存在，地方政府对专业项目的标准提出了越来越高的诉求，动辄以不出具意见、不配合工作进行要求。一方面，提高标准在现行条件下属于各方利益博弈的范畴，标准的确定并不是技术问题，需要各方进行长时间的沟通、协商和谈判，造成了移民安置规划设计工作进度难以按期推进，移民安置规划设计成果反复修改；另一方面，各个地方政府在这个过程中都提出了越来越多的诉求，标准到底提高到什么程度、以怎样的尺度衡量标准的合理性和科学性，目前并没有统一的做法，给各方特别是规划设计单位的工作开展造成较多困难。

由于历史的以及政策的原因，水电建设与移民群众切身利益和当地经济社会发展结合不够，一些水库移民遗留问题仍较突出，库区经济社会发展仍比较落后。同时，大型水电工程建设周期较长，一般需5~10年，如瀑布沟水电站从可行性研究阶段启动至最后蓄水发电、完成搬迁，历时10年，溪洛渡、向家坝等特大型水电工程，其建设周期更加漫长。因此仅仅按现状规模、标准规划复建移民工程，则当电站蓄水发电、移民工程建成后，按照目前社会经济的发展速度，可能该项工程的功能和标准已不能满足5年后的运行或使用，不可避免地会造成重复建设和资源浪费，同时国家相关文件已明确提出水电工程建设应担负一定的社会责任。因此，在相关专业项目上提高其复建标准是合理可行的。

但是，针对目前在该工作中存在的问题和困境，结合成都院相关项目的经验，应该在工作中注意以下几点：

（1）要在前期加强同各方的沟通、协调，特别是项目业主和地方政府之间的沟通协调工作。标准提高必将导致费用增加，项目业主同地方政府必将考虑由此带来的各问题。只有让项目业主和地方政府达成一致，确定标准，才能保证移民安置规划设计工作顺利地进行。而这个过程往往复杂多变，需要经历较长的时间。故应在项目前期进行充分的考虑，加强各方的沟通。

（2）标准的提高应该同当地行业规划相结合，如公路的复建标准也不能无限制的提高，应该同当地的交通规划标准和目标相衔接，不能将标准定得太高，而造成资源的浪费和闲置。

（3）标准的确定应遵循相关行业和部门的规范、标准和政策规定。如复建公路标准确定应该按照交通行业的相关标准和当地的政策规定执行。

3. 确定建设标准时没有衔接行业审批规划

水电工程移民安置涉及社会生活的各个行业，包括交通、电力、通信、水利等行业。在进行建设征地移民安置规划设计的标准确定时，需要同其他行业已经审批的规划相衔接。但由于各个行业在相关规定和审批流程上存在较大的差距，这在一定程度上增加了移民安置规划设计的困难，使得移民安置规划设计工作的进度受到一定的影响。

以锦屏一级水电站的配套工程老沟水库为例。老沟水库是锦屏一级水电站移民配套水利工程，可行性研究阶段选择盐源县糖梨湾集中安置移民 3564 人（木里县 1127 人），同时新建老沟水库以满足糖梨湾安置区生产生活用水需求。水库分近期和远期工程，近期目的是为满足盐源县移民集中安置区用水需求，远期结合当地水利规划和长远发展规划，以满足可灌范围内 13.5 万亩耕地的灌溉为目的。可行性研究阶段推荐"高坝设计、低坝施工"方案，即大坝设计一次完成，施工分高低坝两期施工，低坝施工方案完成相应部位的高坝基础工程。坝基础采用设计灌溉面积为 13.5 万亩的水库坝基础，坝及引水工程采用设计灌溉面积为 26140 亩的水库坝高及引水工程。

初步设计阶段，在移民安置方案复核基础上，安置方案由"糖泥湾＋老沟水库"调整为"古柏农场＋老沟水库"。因此，在初步设计阶段老沟水库分为近期和远期工程，近期工程主要满足安置区及渠系沿线用水需求，经多次沟通分析，确定近期灌溉规模为 3.5 万亩，包括了古柏农场所在的双河乡及与双河乡相邻的大河乡部分耕地。近期工程水库正常蓄水位为 2582.00m；远期工程从合理利用水资源角度考虑，远期灌溉面积为 11.4 万亩，远期工程水库正常蓄水位为 2605.00m。根据专家咨询意见，水库大坝一次性建成最终规模。结合运行方式复核水库供水能力，干沟、新沟引水工程在老沟水库建成后 3～5 年后开始建设，以满足规划设计水平年灌溉用水需要。工程投资由雅砻江水电开发有限责任公司和盐源县协商分摊。

一方面，由于锦屏一级水电站移民安置方案的变化，老沟水库的工程规模发生了变化。另一方面，由于当地水利发展规划的需要，结合当地水利发展规划，将老沟水库的建设分为近期和远期工程，近期工程主要满足安置区及渠系沿线用水需求，远期工程从合理利用水资源角度考虑、衔接当地的水利发展规划。可以看出，老沟水库为同当地水利行业规划进行衔接，对建设规模进行相应的调整和衔接。

这些变化和调整，给移民安置规划设计工作带来了较大的影响：①为同当地水利规划衔接，移民安置规划设计工作开展需进行大量的、反复的设计工作和沟通协调工作，给移民安置规划设计工作的进度带来相应的影响；②建设规模和标准的变化必然导致工程投资发生变化，老沟水库的建设规模变大、库容增加，并且分成近期和远期，但水库大坝一次性建成最终规模，这就涉及建设投资分摊，因当地行业部门规划需要提高标准或者增大规模的部分，应该由当地行业部门对所需增加的投资进行分摊，但却尚未出台相关的政策和标准对资金分摊的比例和分摊的方式进行规定，这给规划设计工作带来了较大的困难和不便。

因此，建议在工作过程中，特别是涉及当地行业规划同水电工程移民专业项目有交叉时，应该积极采取以下措施：

（1）要认真研究当地行业规划，将审批的行业规划同移民安置规划设计进行比较，积极沟通当地政府、行业部门和项目业主，科学合理地确定相应专业项目的建设标准和规模，做到移民安置规划设计确定的建设标准和规模同已经审批的行业规划相衔接。

（2）应在各方协商一致的原则下，明确因移民安置衔接当地已审批的行业规划造成了专业项目建设标准提高或者规模扩大而增加的资金来源，确定增加资金的分摊比例。

4.3.4　技术总结和建议

1. 综合考虑各方面因素，平衡各生产安置方式的标准

从成都院设计的项目来看，大部分生产安置方式间的标准都具有较大的差异，也因此引发了一些矛盾。生产安置标准的平衡是规划设计的重点内容，它不仅关系到规划设计成果能否顺利实施，更关系到移民生产生活水平的恢复和社会的和谐稳定。随着我国社会经济的发展，特别是国家不断深化改革赋予农民更多的土地收益权利后，各生产安置方式之间标准存在的差异的现象将会影响了移民安置规划设计的工作进程。为使各种安置方式的安置标准基本一致和平衡，在规划设计的过程中应根据项目所在地的实际情况，特别是当地的土地后备资源、环境容量、人均耕（园）地面积、国家和地方的政策导向等综合确定，从而保证各种安置方式的安置标准基本能够保持平衡。建议根据土地集体所有的实际情况，各种安置方式的安置标准按照集体经济组织人均耕（园）地面积及安置地的环境容量具体确定，农业安置的土地配置标准确定后，自行安置方式的安置标准即依据该集体经济组织选择农业安置配置耕（园）地的土地"两费"确定。从而使各种安置方式的安置标准基本平衡。

2. 逐年货币补偿安置方式待完善

从目前采用的逐年货币补偿安置方式的操作来看，逐年货币补偿安置方式还存在较多的问题：①缺乏政策依据，缺乏政策支持，如四川省虽已有电站移民进行逐年货币补偿安置方式的探索实践，但目前还未正式出台实施该生产安置方式的制度或管理办法，使得逐年货币补偿安置方式在实施中诸多受阻；②补偿对象不清晰，目前的逐年补偿包括"对地"和"对人"两种，不同的省份有不同的规定，到底是对地的收益进行补偿还是对移民进行保障尚不清晰；③逐年货币补偿的费用来源特别是土地"两费"使用完后的资金来源没有给出明确的规定，这使得该安置方式存在一定的隐患；④操作方式不一致，根据试点逐年货币补偿安置方式的电站分析可知，目前逐年货币补偿安置方式的补偿范围、补偿标准、兑付方式等边界条件并不完全统一，如目前已实施逐年货币补偿的电站中，其补偿期限存在50年、土地承包期、电站运行期三种方式。

因此，建议在今后的工作中相关各方应明确逐年货币补偿安置方式的边界条件和相关要求，同时逐年货币补偿安置方式的操作应严格按照国家土地相关法律开展，从国家或者各省级层面出台明确的政策依据，清晰界定相应的边界条件，明确后续资金来源，从而保证逐年货币补偿安置方式的广泛应用。

3. 注重移民搬迁安置

随着国家对人民生活水平的更加重视，特别是 2017 年 10 月 18 日，党的十九大报告中指出："中国特色社会主义进入新时代，我国社会主要矛盾已经转化为人民日益增长的美好生活需要和不平衡不充分的发展之间的矛盾。"这为移民搬迁安置提出了更高的要求。特别是党中央国务院对于新农村建设、美丽乡村建设、乡村振兴提出了更加具体更加严格的要求。因此，移民搬迁安置应在以下方面更加关注：①相关指标体系应更加完善，应根据国家和地方政策相关政策文件的要求，建立完善的指标体系，强化公共服务设施配套等指标要求，强化人居环境，做到生态宜居、保持原有特色风貌；②相关指标体系应更加人性化，从根本上提高移民的生活水平，实现移民安居乐业。

4. 合理确定专业项目标准

随着水电建设逐步向雅砻江、金沙江、大渡河等流域上游推进，建设征地涉及区的特点是民族地区、高海拔地区和贫困地区，地方政府基本依靠中央财政转移支付保障运转，没有更多的财政收入用于区域的经济社会发展项目建设。因此，在水电工程建设过程中，部分市（州）、县政府结合自身发展需求，提出了非常多的促进地方经济社会发展的要求和项目建设任务，希望通过水电建设最大限度满足区域发展需要，达到补齐欠账，满足长远的目标；同时，大中型水利水电工程建设周期漫长，仅仅按现状规模、标准规划复建移民工程，则当电站蓄水发电、移民工程建成后，按照目前社会经济的发展速度，可能该项工程的功能和标准已不能满足 5 年后的运行或使用，不可避免地会造成重复建设和资源浪费；此外，国家相关文件已明确提出水电工程建设应担负一定的社会责任，应促进库区及移民安置区经济发展和移民脱贫致富。

因此，从统筹考虑、提前规划、整合发展的角度，在移民安置规划阶段，可以以"三原"原则为基础，遵循相关行业标准和政策规定，结合区域社会经济和行业发展，统筹考虑移民工程的建设规模和标准，同时整合各方资金，将移民安置规划与地方和行业规划充分糅合和衔接，以达到促进地方社会经济发展和移民脱贫致富的目的。

5. 积极沟通协调，明确资金分摊比例

随着成都院规划设计的水电工程逐步向雅砻江、金沙江、大渡河等流域上游推进，建设征地涉及区的特点是民族地区、高海拔地区和贫困地区，在移民安置的过程中，部分市（州）、县政府结合自身发展需求，提出了非常多的促进地方经济社会发展的要求和项目建设任务，希望通过水电建设最大限度满足区域发展需要。主要表现在通过提高相关专业项目的建设标准、新增相关建设项目等方式，达到水电开发促进地方经济社会发展的目的。

因此，建议在进行移民安置规划设计的过程中，遇到此类问题时应尽早同地方政府、项目业主和相关行业部门进行沟通和协调，一是在项目或者标准上促进双方达成一致，二是要通过相关形势明确因提高标准或者增加项目而增加资金的分摊方式和分摊比例。因此，可以在规划设计的过程中可以根据实际情况，在确定标准时可以选择按照"三原"原则、达到行业标准下限、考虑当地社会经济发展三种情况进行。同时，由于标准提高而增加的投资，在各方达成一致的条件下其解决方式也可以有两种方式：一是由项目业主和地方政府进行投资分摊并明确分摊比例；二是由项目业主承担，增加的投资全部纳入移民投资概算。在此基础上进行相关的规划设计工作，以避免因此而制约工作进程。

第 5 章

农村移民安置规划设计

5.1 法律法规及规程规范的相关规定

5.1.1 1984 年以前

这一阶段国家实行计划经济体制，主要以行政命令形式下达移民任务，基本为指令性移民，移民搬迁直接进入异地人民公社或对应单位。这一阶段征地移民主要依据 1953 年 12 月 5 日中央人民政府政务院发布的《中央人民政府政务院关于国家建设征用土地办法》和 1958 年 1 月 6 日国务院公布施行的《国家建设征用土地办法》以及 1982 年 5 月 14 日国务院公布的《国家建设征用土地条例》。《国家建设征用土地条例》第十六条首次规定"大中型水利、水电工程建设的移民安置办法，由国家水利电力部门会同国家土地管理机关参照本条例另行制定"。对于农村移民安置规划设计，上述政策并未提出相关内容。

5.1.2 1984—1991 年

这一阶段国家启动市场经济体制改革，曾试点出台了一些移民法规政策。使用法律法规主要有 1986 年 6 月 25 日第六届全国人民代表大会常务委员会第十六次会议通过的《中华人民共和国土地管理法》（第一部土地法）、1988 年 12 月 29 日第七届全国人民代表大会常务委员会第五次会议修正的《中华人民共和国土地管理法》，以及国务院《转发水利电力部关于抓紧处理水库移民问题报告的通知》（国办发〔1986〕56 号）。根据 1982 年 5 月 14 日国务院公布的《国家建设征用土地条例》，水利电力部颁发了《水利水电工程水库淹没处理设计规范》（SD 130—1984），是移民专业规划设计的第一个专业规范，其中提出要编制移民安置规划。

"84 规范"提出"移民安置是水库淹没处理工作的核心，直接关系到群众切身利益，必须认真制定切实可行的移民安置规划，妥善安排移民的生产和生活，做到不降低移民原来正常年景实际的经济收入水平，并能逐步有所改善""技施设计阶段水库淹没处理设计要……落实移民安置规划和编制分期移民计划。其中应包括安置区生产规划，集体安置的居民点布局规划，自然村的移民安置平衡表，移民工程的设计与施工进度计划，分歧移民人数和迁移安置的进度等""移民安置规划……以地方政府为主、工程设计单位配合进行""农村移民安置规划应包括移民安置地点及方式的选择、恢复和发展生产的措施、新居民点的布设、主要设备材料和投资概算的编制等内容"。

5.1.3　1991—2006 年（探索期）

这一阶段以 1991 年国务院令第 74 号发布的《大中型水利水电工程建设征地补偿和移民安置条例》为标志，提倡开发性安置移民，开始加强移民工作的管理。"74 号移民条例"提出"移民安置应当因地制宜、全面规划、合理利用库区资源，就地后靠安置；没有后靠安置条件的，可以采取开发荒地滩涂、调剂土地、外迁等形式安置，但应当遵守国家法律、法规的有关规定"以及"水利水电工程的移民，应当在本乡、本县内安置；在本乡、本县内安置不了的，应当在该工程的受益地区内安置；在受益地区内安置不了的，按照经济合理原则外迁安置"的等规定。国务院在 1992 年 3 月 25 日以"国发〔1992〕20 号"批转了原国家计委《关于加强水库移民工作的若干意见》。原国家计委在 2002 年又发布了《水电工程建设征地移民工作暂行管理办法》（计基础〔2002〕2623 号），该文明确了移民工作有关各方的职责。这一阶段开始注重编制移民安置规划，对农村移民配置必要的土地资源供生产开发，为移民居民点新址规划基础设施，配置必要的社会服务设施。1999 年的《中华人民共和国土地管理法》第五十一条提出"大中型水利、水电工程建设征用土地的补偿费标准和移民安置办法，由国务院另行规定"。

这一阶段的规程规范主要是电力工业部于 1996 年 11 月 28 日以"电技〔1996〕807 号"颁布的《水电工程水库淹没处理规划设计规范》（DL/T 5064—1996），全面贯彻了"74 号移民条例"和"国发〔1992〕20 号"的指导思想和一系列政策规定。这是水利、水电分别隶属水利、电力两个行业管理后，电力行业正式发布的第一部水电工程建设征地移民安置规划设计的技术标准，此后，水利行业仍执行《水利水电工程水库淹没处理设计规范（试行）》（SD 130—1984）。"96 规范"提出"为做好移民安置规划，应在收集库区所在县和安置区的社会经济基本情况的基础上，编制移民安置规划大纲"。

"96 规范"突出了加强移民安置规划的要求，提出预可行性研究报告阶段要初步调查移民安置区的环境容量，说明移民安置的条件和去向；可行性研究报告阶段要编制农村移民安置规划；招标设计阶段要编制移民安置实施规划或实施计划，提出设计文件；施工详图阶段可开展移民安置单项设计；规定移民安置规划包括农村移民安置规划和城镇（集镇）迁建规划两大类，同时明确农村移民安置规划由生产安置规划、村庄规划和基础设施规划〔含主要设备材料和规划投资概（估）算〕三部分组成，使移民的生产有出路，生活有保障。

"96 规范"提出移民安置"要与库区建设、资源开发、经济发展、环境保护和治理相结合，促进库区经济发展"，提出"基准年、规划水平年""搬迁人口和生产安置人口"的概念，提出"农村移民安置应贯彻开发性移民方针，以大农业安置为主，通过开发可以利用的土地，改造中、低产田，发展种植业、养殖业和加工业，使每个移民都有恢复原有生活水平必要的物质基础。在有条件的地方，应当积极发展乡镇企业和第三产业安置移民""对成片的土地开发项目，应进行勘测规划设计""对集中安置移民的村庄，应进行规划，合理布局"等规定，要求"农村移民安置规划设计的成果应包括农村移民安置综合规划报告和专题报告以及移民安置总体规划图，村庄典型设计平面布置图，安置区主要生产开发项目的规划图，供水、供电和交通规划图，安置区资源平衡表，迁移人口平衡表，生产安置人口平衡表，移民安置规划投资概算，资金平衡表，移民生产开发项目收入预测表等附图附表"。

5.1.4　2006—2017 年

这一时期以 2006 年发布国务院令第 471 号移民条例为标志，国家对移民工作提出了更严格的要求，明确了移民管理体制，提高了征地补偿标准，增加了移民安置规划大纲审批和移民安置规划审核等前期工作程序，注重听取移民和安置区居民意见，提出了移民工作监管要求。

1. 国家层面

这一时期国际层面的法律法规规范主要有《大中型水利水电工程建设征地补偿和移民安置条例》（国务院令第 471 号），2007 年出台的《水电工程建设征地移民安置规划设计规范》（DT/T 5064—2007）、《水电工程农村移民安置规划设计规范》（DT/T 5378—2007）等相关规范。

其中"471 号移民条例"对于移民安置的方式要求"移民安置规划应当以资源环境承载能力为基础，遵循本地安置与异地安置、集中安置与分散安置、政府安置与移民自找门路安置相结合的原则"，对农村移民安置进行规划应当坚持"以农业生产安置为主，遵循因地制宜、有利生产、方便生活、保护生态的原则，合理规划农村移民安置点；有条件的地方，可以结合小城镇建设进行"。

作为行业规范的"07 总规范"明确了农村移民安置规划的工作内容包括"计算农村移民安置人口，确定规划目标和安置标准，分析移民安置环境容量，拟定移民安置方案，进行生产安置规划设计、搬迁安置规划设计，编制规划投资概（估）算，提出移民后期扶持措施，进行生活水平评价预测等"。其中"07 总规范"在"471 号移民条例"的基础上进一步明确了"农村移民安置规划应贯彻开发性移民方针，以农业安置为主，通过开发、整理和调剂土地，发展种植业和养殖业，使移民拥有与移民安置区居民基本相当的土地等农业生产资料，具备恢复原有生产生活水平必要的生产条件。有条件的，可以结合小城镇建设进行安置，或研究其他移民安置方式"，并进一步明确了农村移民安置规划设计应遵循"使移民生活达到或者超过原有水平""具备恢复原有生产生活水平必要的生产条件""应与地方国民经济和社会发展等相关规划衔接"等六条原则。

2. 省级层面

在国家颁布相关的法律法规和规程规范的基础上，四川省人民政府以四川省第十二届人民代表大会常务委员会公告第 70 号公布了《四川省大中型水利水电工程移民工作条例》，以"四川省人民政府令 268 号"颁布了《四川省〈大中型水利水电工程建设征地补偿和移民安置条例〉实施办法》，同时还有《四川省大中型水利水电工程移民工作管理办法（试行）》（川办函〔2014〕27 号）以及《四川省大中型水利水电工程移民规划工作管理办法》（川扶贫移民发〔2018〕144 号）等一系列相关要求和办法。云南省人民政府也以云政发〔2008〕24 号颁布了《云南省人民政府关于贯彻落实国务院大中型水利水电工程建设征地补偿和移民安置条例的实施意见》。

其中《四川省〈大中型水利水电工程建设征地补偿和移民安置条例〉实施办法》要求"编制移民安置规划应结合相关规划、产业政策、新农村建设和少数民族地区特点""农村移民应结合实际，积极稳妥，多渠道、多方式安置。农村移民居民点可按新农村（聚居点）建设标准布局或结合小城镇建设进行，合理规划基础设施和公用设施"。《四川省大中型水利水电工程移民工作管理办法（试行）》要求"移民安置去向、安置方式的选择和安置标准的确定应符合民意、依法依规、科学合理。在环境容量分析的基础上，充分尊重移民和移民安置区居民的意愿，经论证后，规划设计单位应会同地方人民政府共同确定安置方案"。

《云南省人民政府关于贯彻落实国务院大中型水利水电工程建设征地补偿和移民安置条例的实施意见》要求在移民安置方式制定时，当地政府应主动参与，推荐移民安置方案，项目法人单位和规划设计单位应充分尊重当地人民政府提出的合理化意见和建议。县（市、区）人民政府应在设计部门的协助下，"实事求是、因地制宜"地拟定多套安置方案进行比选和优化，并制定配套的政策、措施，妥善安置好移民。

5.2　工作重难点及主要工作方法

5.2.1　1984 年以前

这一阶段的移民安置注重对土地、房屋、树木等实物的补偿，移民安置规划设计工作只在前期开展摸底和费用估算，不开展实施阶段的设代工作，对农村移民的安置并无编制安置规划的制度和做法。从当时政策上看，法规上没有提出生产安置人口定义；建设征地移民安置也无其他专业规范，初步设计阶段设计单位一般只作实物指标调查，不做移民安置规划（50 年代设计院参与规划，后期都是地方政府直接实施移民安置），移民安置由地方政府在实施阶段负责安置，移民安置方式基本上全部采取大农业安置。

5.2.2　1984—1991 年

这一时期的农村移民安置规划的工作要求主要来自《水利水电工程水库淹没处理设计规范》（SD 130—1984）中的相关规定，并开始编制移民安置规划。农村移民安置的工作重难点主要体现在移民安置地点及方式的选择、恢复和发展生产的措施、新居民点的布设等方面。根据"84 规范"，初步设计阶段要编制移民安置规划，技施设计阶段的农村移民安置应包括安置区生产规划、集中安置居民点布局规划、自然村的移民安置平衡表、移民工程的设计与施工进度计划、分期移民人数与迁移安置的进度等。

这一时期完成实施的大渡河铜街子水电站的农村移民安置方式主要包括工业安置、农业安置、自谋职业安置、投亲靠友安置四种安置方式，实施后期从以工业企业安置为主转变为以土为本、发展农业安置为主；环境容量分析基本上只以本村民小组为单位。采用"84 规范"编制初步设计阶段的雅砻江二滩水电站主要采取本乡后靠农业安置、工业安置、垦荒三种方式进行安置。这一时期的移民安置主要方案由地方政府提出，设计单位一般仅是复核上述方案或直接采用，并不参与移民安置实施阶段的工作。农村移民安置无设计，仅提出方案性成果。

5.2.3   1991—2006 年

这一时期是新老政策、规范交替时期，移民安置方式、政策主要受"74 号移民条例"主导，前期规划设计深度主要受《水电工程水库淹没处理规划设计规范》（DL/T 5064—1996）主导。"96 规范"进一步完善了农村移民安置规划编制的内容。这一时期农村移民安置规划设计的工作重难点主要体现在环境容量分析、移民安置去向及方式、居民点选择和布设及生产开发区设计，移民安置规划注重与安置区情况结合。

（1）移民安置规划的编制基于地形地质资料（对拟定的成片生产开发区应有 1/5000～1/2000 比例尺地形图及土壤调查成果，对移民集中安置点新址应有不小于 1/2000 比例尺地形图和地质勘察成果）、移民安置区自然资源和环境的现状资料、社会经济资料等。

（2）安置区的选择需要注重移民环境容量的分析，需要结合经济合理性分析由近及远依次选择。

（3）生产安置方面，安置方式提出"以大农业安置为主……在有条件的地方，应当积极发展乡镇企业和第三产业安置移民""生产开发的规模和资金，应以征用土地的补偿费和安置补助费为限额""对成片的土地开发项目，应进行勘测规划设计；对乡镇企业和第三产业的开发项目，应进行可行性研究"，并计算移民生产安置规划投资概（估）算，与可能的补偿投资进行平衡。该时期建设的大部分水电工程，其移民安置都存在第二、三产业安置方式。瀑布沟的可行性研究规划根据移民环境容量的分析，结合各地实际情况以及各安置区的生产安置容量，拟定了库区各县安置和市内外迁、省内外迁安置相结合的安置方式；规划以集中安置、依附城镇复合安置和各乡分散安置的以土安置方式为主，自谋出路、投亲靠友等无土安置方式为辅的安置方案。

（4）搬迁安置方面，对集中安置移民的村庄需要进行新址测量和地质工作，典型设计，供水、供电和交通设施必要的勘测规划设计。

5.2.4   2006—2017 年

这一时期的农村移民安置工作主要以 2007 年出台的《水电工程建设征地移民安置规划设计规范》（DL/T 5064—2007）及《水电工程农村移民安置规划设计规范》（DL/T 5378—2007）、2009 年出台的《水利水电工程建设征地移民安置规划设计规范》（SL 290—2009）及《水利水电工程建设农村移民安置规划设计规范》（SL 440—2009）等为工作依据。农村移民安置规划的主要工作包括：分析移民安置环境容量，拟定移民安置方案，进行生产安置规划设计、搬迁安置规划设计等工作。农村移民安置规划设计需要考虑移民意愿，地方经济社会发展及城市发展规划，环境承载力，安全、技术经济合理，尊重当地生活方式和风俗习惯等，使移民达到或超过原有生产生活水平。工作过程中对上述问题的考虑需结合项目实际情况进行综合分析和安排，做好各项考虑因素之间的衔接，方可形成科学合理且工作进度满足要求的规划设计成果。

农村移民安置的工作重难点主要体现在以下几个方面。

5.2.4.1　移民意愿和地方意见的征求和采信

1. 工作重难点

移民安置意愿是移民安置规划的基础，是确定生产安置方式、选址安置地点、进行规划设计的前置条件。若移民安置意愿变化，上述相关工作需要全部调整或重新开展工作。

在实际工作中，存在多种因素影响移民意愿的真实表达。一是由于移民安置规划的审批制度要求，在移民规划前征求移民意愿时，并不具备公开补偿标准、安置标准等影响移民安置意愿选择的条件，也从制度上导致了移民意愿不能完全真实采集。二是规划编制至规划实施周期长，在此期间，社会经济发展和思想观念改变，因而在实施阶段，不可避免地会发生移民安置意愿改变。三是由于各地区在开展移民意愿调查时的工作方式不一，大部分项目全面宣传全面调查，有些项目因多种原因采用抽样摸底调查，或因宣传内容、宣传力度、宣传途径等的影响，造成移民意愿调查结果不能真实反映移民意愿。四是移民规划时的移民意愿仅是采用调查方式，并未与移民签订安置协议，不能成为后期移民安置的约束条件，这也从一定程度上导致了移民意愿不能真实表达和变化的随意性。

由于上述原因，为提高移民安置规划的可操作性和规划实施效果，移民意愿的采信是农村移民规划的重点和难点内容。

2. 工作方法

对移民安置意愿的征求和采信重难点工作，主要采用前期加强沟通、确定合理的征求意见方式方法、意愿可行性分析等方法。在征求意见之前，与地方政府加强沟通，充分讨论商量确定宣传的内容、宣传的方式、宣传人员及培训，意愿征求开展的工作方法、征求意见形式、表格制定、开展顺序等细节。在意见征求过程中反映出来的问题，要及时研究解决，适时改变征求意见的方式。获得意愿成果后，要根据项目实际情况，对包括安置容量、地形地质光照等自然条件、风俗习惯生活方式等各方面开展意愿采信分析。

5.2.4.2　生产安置规划设计

生产安置规划设计中重难点主要体现在以下方面。

1. 不同安置方式的环境容量分析

环境容量是指在一定的范围和时期内，按照拟定的规划目标和安置标准，通过对该区域自然资源的综合开发利用后，可接纳生产安置人口的数量。不同的生产安置方式进行环境容量分析的分析范围、分析对象、具体分析方法各有不同，而环境容量分析结果直接关系到对项目所适合的生产安置方式进行选择和拟定，是生产安置规划的基础，是生产安置规划中的技术重难点。环境容量分析需要重点关注资源数量、资源的开发利用条件、自然资源条件和社会资源条件、资源的可利用性（否则容易导则分析时有资源，实施时不可用）等条件。上述条件的采集、分析可能受到地方政府主导、社会环境、风俗习惯等的影响，是环境容量分析的重点，也是难点。

2. 生产安置方式和安置方案的分析拟定

现行主要生产安置方式包括农业安置、投亲靠友安置、自谋职业安置、养老保障安置、逐年货币补偿安置、复合安置等安置方式。各项目应根据移民生产生活习惯及生产技能、剩余资源情况、环境容量分析成果等条件选择项目所适合的生产安置方式。

生产安置方案依据拟定的生产安置方式、标准等，结合安置区实际情况及环境容量分析成果，合理确定生产资料来源、方式、数量、措施和投资等。生产安置方式是移民安置方案拟定的基础，生产安置方案又是开展规划设计的基础。

因此，生产安置方式和安置方案的分析拟定需考虑的因素多，面临多重选择，各项目也因其实际情况不同而带来不同的决策，是生产安置规划中的重难点。

3. 生产安置配套工程设计

根据生产安置方式不同，生产安置可能涉及土地开发与整理、垫高防护等配套工程设计。土地开发与整理设计包括土地利用现状调查、土地利用总体规划、建立种植制度、水利规划设计及道路交通规划设计等工作。土地开发与整理设计中相关技术重难点包括确定土地的适宜性等级、耕作制度的制定、输水排水工程等。垫高防护工程的选择位置、线形、范围及面积等，与当地地形地质条件相关，也与移民安置方式及去向，甚至与整个移民生产及搬迁安置方案有关，是垫高防护工程设计中的重难点。

4. 投资平衡分析

投资平衡分析是指在分析单元内，生产安置规划所需投资与土地征收费中用于移民生产安置的费用之间的平衡关系分析。投资平衡分析的分析单元为集体经济组织。投资平衡分析的目的是当生产安置投资来源量小于需求量时，提出解决资金缺口的方法或优化安置方案；当生产安置投资来源量大于需求量时，应说明剩余资金的使用去向。

投资平衡分析的关键是确定分析单元，以及确定分析单元内用于投资平衡的土地地类。根据建设征地区的实际情况及项目所确定的移民安置去向等，项目可选择按照组、村或其他集体经济组织为单位进行投资平衡分析；根据移民生产安置方式、移民生产安置配套措施及规划目标的不同，用于投资平衡的土地地类也可有所不同。确定分析单元以及确定分析单元内用于投资平衡的土地地类将决定性地影响投资平衡分析结果，进而影响移民安置投资，是投资平衡分析中的重难点。

5. 工作方法

对应生产安置的重点难点，主要采用以下主要工作方法：设计输入验证、基础资料分析、与前期及相关专业沟通和协调、规划设计衔接。

设计输入验证及对基础资料的分析主要包括：测量范围、精度是否满足工程设计要求，检查场地现状地形与测量时有无变化；勘察范围、深度是否满足工程设计要求；所提地勘报告是否完整、参数是否合理；水文等基础资料是否准确、可靠，水文计算是否合理；规划资料是否经过校审确认。

基本资料分析主要是在设计之前，应对收集到的资料进行全面的分析。

与前期及相关专业沟通和协调主要是经过对所收集的基本资料的验证与分析后，对存在的问题及时与前期及相关专业进行沟通，及时解决。

规划设计衔接主要是生产安置需求与土地整理、垫高造地、临时用地复垦等规划设计间的衔接。

5.2.4.3 搬迁安置规划设计

搬迁安置规划设计中重难点主要体现在以下方面。

1. 搬迁安置方案的拟定

搬迁安置方案的拟定包括分析确定搬迁安置方式和搬迁地点，分析安置容量，确定安置人口，拟定基础设施配套的项目、标准及规模等内容。方案的拟定需要结合移民生产安置方案和库周交通恢复方案，综合考虑当地自然条件和社会发展规划，本着方便生活、有利生产、节约用地、确保安全的原则进行拟定，是搬迁安置规划设计中的技术重难点。

2. 移民居民点选址的论证

移民居民点（农村居民点）的选址通常受到所选场地区域位置、土地性质、场地地质条件、场地规模、外部基础设施（如对外交通、外部供水、供电）配套条件、经济合理性以及政府行业规划、政府及相关部门意见、后续发展条件、移民及原住居民意见等多方面因素影响。科学合理的移民安置新址是搬迁安置规划设计的重点，将对移民今后的生产生活和发展产生决定性影响。选址中受到的多因素影响和选址结果的重要性使其成为搬迁安置规划设计中的重难点。

3. 居民点规划设计

居民点规划设计包括居民点建设用地范围内的用地布局、道路、基础设施工程、公共建筑、环保、防灾等规划设计。居民点规划设计受到安置规模和标准、居民点用地范围及地质条件、民族地区特殊设施及用地、新农村建设等情况的限制和影响，同时也受到项目所在地政府和移民的不同要求、不同的功能需求和理念要求、不同关注点的影响，也与居民点的建设效果、移民安置后续发展等息息相关，是搬迁安置规划设计中的重难点。

4. 工作方法

对搬迁安置规划设计的重点难点工作，主要采用以下主要工作方法：设计输入验证、基础资料分析、与前期及相关专业沟通和协调、各单项设计衔接。

设计输入验证及对基础资料分析主要包括：测量范围、精度是否满足工程设计要求，检查场地现状地形与测量时有无变化；勘察范围、深度是否满足工程设计要求；所提地勘报告是否完整、参数是否合理。整体稳定分析评价内容是否完整、正确；水文等基础资料是否准确、可靠，水文计算是否合理；规划资料是否经过校审确认。

基础资料分析主要是设计之前，应对收集到的资料进行全面的分析。

与前期及相关专业沟通和协调主要是经过对所收集的基础资料的验证与分析后，对存在的问题及时与前期及相关专业进行沟通，及时解决。特别在居民点规划设计中应特别关注：规划范围地质适宜性分区情况；冲沟、泥石流、崩塌、滑坡、塌岸等地质灾害对居民点的影响；地基持力层范围内各土层的承载力分析，地基土液化分析。

各单项设计衔接主要包括：居民点的布局应考虑与周边现有及已规划水、电、路等方面的衔接，尽量减小给现有居民在交通出行、给排水等方面带来不便；居民点建设应考虑对周边建筑物安全的影响；分析台地之间的衔接形式的合理性、尽量避免造成人工挖填高边坡等；居民点内部水、电、路与外部配套水、电、路工程的衔接。

5.2.4.4　临时用地复垦

对工程建设临时占用的土地，应按原用途进行恢复，并进行临时占地恢复设计。临时用地复垦按照土地开发与整理的相关要求开展设计工作。临时用地复垦设计应建立在工程临时占地规划的基础上，需要考虑的土地原状及面积、土地临时使用用途及时限、临时用地复垦面积及行政区划确定等情况，是临时用地复垦的重难点。

　　针对上述重难点，采取的方法是在临时用地复垦规划中关注各行政区域临时占用及恢复的耕地的权属和面积，做到一一对应，即各村民小组（或村）的临时用地都能够得以恢复。

5.3　工作中遇到的主要问题及典型案例剖析

5.3.1　生产安置规划设计

5.3.1.1　如何合理确定生产安置资金来源和投资平衡单元

　　根据"07农村规范"，用于移民生产安置的费用包括集体所有的耕地、园地、林地、牧草地、其他农用地等农用地以及荒草地、滩涂等未利用地的土地征收费；投资平衡分析的分析单元为集体经济组织。在实际操作中，根据移民生产安置方式、移民生产安置配套措施及规划目标的不同，用于投资平衡的资金来源有所不同，平衡单元有村民小组、行政村、移民个人等情况。通过总结研究投资平衡分析的费用构成及平衡单元，有利于合理分析移民安置实际需要的投资与土地征收费之间存在差异，解决农村移民生产安置投资。

　　1.生产安置资金来源分析

　　根据实践分析，受相关政策、安置方式等方面影响，各电站实际用于移民生产安置的资金来源不一致，经梳理，生产安置平衡的资金来源主要有以下四方面。

　　（1）资金来源为集体所有的土地征收费。根据"07农村规范"，移民生产安置的费用包括集体所有的耕地、园地、林地、牧草地、其他农用地等农用地以及荒草地、滩涂等未利用地的土地征收费，如加查水电站。将集体所有的土地征收费纳入生产安置投资平衡分析，是符合规范规定的。

　　（2）资金来源为耕（园）地的土地征收费。仅将集体经济组织被征收耕（园）地的土地补偿费和安置补助费作为生产安置平衡的资金来源，其他农用地及未利用地补偿费未作为生产安置资金来源，如两河口水电站。这种处理方式主要有两类原因：①生产安置人口以耕（园）地来计算，并以人均耕（园）地作为安置标准的项目，规划时未考虑配置其他如林地、草地等资源；②生产安置人口以耕（园）地来计算，以逐年货币补偿安置、社会养老保险安置等安置方式，这些安置方式实际根据耕（园）地补偿标准推算的安置标准。上述两方面原因在生产安置投资平衡分析时，仅将耕（园）地的土地征收费作为资金来源是符合项目实际情况的。

　　（3）资金来源为部分集体的土地征收费。根据调研了解，生产安置平衡资金来源采取部分集体的土地征收费中，均将耕（园）地的土地补偿费和安置补助费纳入平衡，将其他农用地及未利用地的土地补偿费和安置补助费中的部分纳入平衡。这种处理方式主要有三类情况：①将农用地土地补偿费和安置补助费纳入平衡，其他土地补偿费和安置补助费不纳入平衡，如锦屏水电站；②林地补偿费和安置补助费的一半纳入平衡，除林地外其他集体土地补偿费和安置补助费全部纳入平衡，如白鹤滩水电站；③将农用地土地补偿费和安置补助费纳入平衡，其他土地补偿费和安置补助费部分纳入平衡，如双江口水电站。上述情况的主要原因均为生产安置人口以耕（园）地来计算，主要以人均耕（园）地作为安置标准的项目，规划时未考虑配置其他如林地、草地等资源，结合项目实际情况，经有关各方协调采取的处理方式。

（4）资金来源包括集体土地征收费和生产性的基础设施补偿费。根据调查了解，部分项目生产安置平衡资金来源，除将集体的土地补偿费和安置补助费纳入生产安置投资平衡分析外，还将田间水渠、蓄水池等生产性基础设施补偿费纳入平衡。如溪洛渡水电站在移民生产安置规划投资中，已考虑生产性基础设施配套建设等费用；按照"07专项规范"中的有关规定："对需要恢复功能的水利水电设施，按规划设计恢复功能，不需要恢复功能的水利水电设施，属国家或集体所有的，原则上可不予补偿，属私有财产或个人集资修建的，可给予适当补偿"；结合溪洛渡水电站枢纽工程区规划的实际情况，为保持政策的连续性，经有关各方协调，对库区涉及生产性的农村小型水电水利设施计算补偿费用后纳入各村民小组的生产安置费用进行统筹考虑，作为生产安置措施平衡的费用来源之一。

综上分析，近年来，在新的有关政策背景下，各电站探索了逐年货币补偿等新的安置方式，同一种安置方式在不同电站拟定安置标准时也不统一，导致按照现行规范集体所有的农用地及未利用地的土地补偿费全部用于生产安置规划已不合适。另外，被征收的耕（园）地都已经分解到户，用耕（园）地两费进行生产安置资金平衡是合适的。但对于集体的其他土地，如林地、草地、其他农用地等，由于是全体经济组织的共有财产，全部拿来用于部分移民生产安置资金的平衡分析有失公允。同时，移民安置不论是出村安置还是本村后靠，都需要占用安置地剩余的其他土地资源，目前的移民安置规划一般都没有考虑移民安置使用其他安置地资源的流转费用，其他土地的补偿费不作为生产资金项目平衡，为移民继续使用村内共有资源提供了可能和便利。建议新建大中型水利水电工程建设征地参与生产安置投资平衡的土地补偿费用的范围应根据各项目计算生产安置移民任务采用的基础和移民安置方式综合确定。对于以耕（园）地为主要收入来源，生产安置任务和安置标准均以人均耕（园）地为基础的项目，将集体所有的耕地、园地的土地补偿费和安置补助费纳入生产安置规划投资平衡范围，建议林地、草地等其他农用地的土地补偿费和安置补助费应支付给集体经济组织，由集体经济组织按规定使用。

2. 生产安置投资平衡单元分析

根据实践分析，各电站根据建设征地区的实际情况及项目所确定的移民安置去向等，实际的生产安置平衡单元不统一，经梳理，生产安置平衡单元主要分为以有以下三方面。

（1）以县为平衡单元，集体所有的耕地及其他农用地土地补偿费用参与平衡。"07总规范"颁布实施以前，四川省大中型水利水电工程建设征地生产安置投资平衡分析是以县为单元进行平衡，参与平衡的土地补偿费用包括集体所有的耕地及其他农用地的土地补偿费和安置补助费之和。例如，瀑布沟水电站、锦屏一级水电站均是以县为单元进行投资平衡，采用集体所有的耕地及其他农用地的土地补偿费和安置补助费之和与生产安置规划投资进行平衡；投资平衡分析后，土地的补偿费用不足以安置移民，分别计列了3.83亿元、5.46亿元的生产安置措施补助费。

（2）以最小集体经济组织为单元。"07总规范"颁布实施以后，水电工程建设征地生产安置投资平衡分析主要以最小集体经济组织为单元进行平衡，这种做法主要考虑生产安置人口一般情况下是以最小集体经济组织为单元计算的，再者以最小集体经济组织为单元进行生产安置投资平衡是合理的，也符合规范规定。如溪洛渡水电站，建设征地区最小集体经济组织为村民小组，因此，生产安置人口计算和生产安置投资平衡是以组为单元计算和平衡的；加查水电站建设征地区最小集体经济组织为行政村，因此，生产安置人口计算和生产安置投资平衡是以行政村为单元计算和平衡的。

（3）以户为单元，资金平衡到户。从某省已经实施的 L 水电站逐年货币补偿情况看，逐年补偿对象已经由原来的难以界定的生产安置人口调整为目前的被征收的耕（园）地，按各户分解到户的耕（园）地逐年兑现补偿费。由于逐年补偿的资金兑现到户，各户之间拥有耕地资源的差异也较大；不同的村组之间，由于土地资源不同，也会存在较大的差异。目前的移民安置全库区采用一个安置标准或各村民组采取不同的标准，与逐年货币补偿安置平衡到户、兑现到户的做法存在差异。逐年货币补偿安置的实施到户，必然要求其他的安置方式和安置资源要对等地落实到户、资金平衡到户。资金平衡到户的做法对现有的规范调查深度、安置容量分析单元、安置标准配置单元和投资平衡分析单元带来较大的冲击。

按目前的移民规范，水电工程建设征地移民生产安置投资平衡的单元是最小集体经济组织，集体经济组织内部是一个大平均的原则，没有跟每户的土地承包权挂钩；而其他行业征地虽然是将资金兑付给集体经济组织，但从实际操作情况看，大部分是将资金兑付给被征地的农户，与土地的承包权挂钩。近年来，在新的有关政策背景下，按照《国家发展改革委关于做好先移民后建设有关工作的通知》（发改能源〔2012〕293 号）等规定，部分项目实施了逐年货币补偿安置方式。这种安置方式实际对土地补偿及安置补助费进行了逐年兑付，在某些特定情况下以户为单位平衡生产安置资金具有合理性。

5.3.1.2 如何开展土地资源筹措

1. 土地资源筹措工作反复的问题

农业安置土地资源筹措时，土地资源获取应由地方人民政府推荐，设计单位论证可行性。在实际工作过程中，由于土地资源筹措要征求移民和安置地地方政府及当地居民的意见，土地资源筹措协调难度大、反复的情况多；甚至存在已完成规划设计并通过审查的成果，因农村移民安置方案调整、有关利益诉求未达到等原因导致土地资源筹措工作反复和漫长，影响移民安置搬迁安置，导致移民不得不采取过渡安置，移民维稳压力大、投资增加多。例如 H 水电站，原规划部分垫高造地方案安置移民，实施过程中，因 D 农村移民安置方案调整工作思路，重新开展土地资源筹措，重新拟定安置方案，导致集中安置移民长期过渡安置。

建议在开展土地资源筹措时，一方面，需充分征求移民和安置地地方政府及当地居民的意见，移民迁出地、安置地所在县级人民政府必须出具文件认可；另一方面，设计单位在论证可行性时，要分析筹措的土地数量和质量是否均衡、是否满足移民安置需求和规划要求。

2. 土地资源质量均衡性问题

土地流转是获取生产资料的主要方式，但是地方政府在流转土地时，因土地资源有限，当地居民愿意流转土地的意愿不强，在同样流转标准的情况下，往往只能调剂质量不高或者不方便耕作的土地。尽管通过土地整理、配套田间水利等工程措施，基本满足规划需要，但是移民安置后，改良的土地存在的问题会逐渐显露。例如，X 水电站围堰移民安置后，一方面，地方政府在实施生产性配套设施项目时存在部分质量问题；另一方面，调整的生产用地普遍存在下湿田现象，工程措施难以彻底处理。

建议在引导地方政府流转土地时，应遵循移民土地资源配置与安置区原居民的土地资源数量和质量均衡的原则，同时，通过拟定不同土地流转标准，鼓励当地居民愿意流转相对优质的土地。

5.3.1.3　如何保证引水工程水源点（水量）可靠性

1. 项目特点

生产用水外部引水工程是解决移民安置生产区灌溉用水需求的重要方式之一，对改善移民生产安置区农业生产条件，实现既定移民安置目标具有重要意义。由于移民安置生产区大多位于高山峡谷地区，存在山高坡陡、地形高差大、水资源缺乏等实际情况，外部引水工程可利用水源普遍为沟溪水，引水方式采用管道或渠道自流引水，工程规模较小，大多数为Ⅳ等以下工程。

根据部分已实施移民安置生产用水外部引水工程变更情况来看，水源方案变化是导致移民安置生产用水外部引水工程发生重大变更的主要原因之一。

2. 典型案例

以黄金坪水电站章古山生产区外部引水工程为例。章古山生产区外部引水工程原规划灌溉土地面积 682.8 亩，水源为熊家沟沟溪水，取水点高程为 1855.50m，采用管道输水，管道进口高程为 1810.0m，采用 PE 管，主管道规格 dn300，输水管总长为 11.7km，引水流量为 0.056m³/s，原审定概算投资 860.05 万元。

实施阶段，由于熊家沟水源已被附近砂石加工厂和电站生活区用水取用，剩余水量已无法满足章古山生产区用水需求。因此，需寻找其他水源解决章古山生产用水需求，经对项目区附近其他水源实地调查分析，章古河坝移民安置点外部供水工程规划的水源羊厂沟水量充沛，可作为章古山生产用水的取水水源。因此，对黄金坪水电站章古山生产区外部引水工程进行了重大变更处理，变更后的章古河坝移民安置点外部引水工程可满足章古河坝移民安置点 761 人的生活用水及 765.9 亩土地的生产用水，其中，章古山生产区土地面积 654.3 亩，章古河坝生产区土地面积 111.6 亩。

调整后的章古河坝移民安置点外部引水工程从羊厂沟取水，在羊厂沟高程 2099.20m处修底格栏栅坝，通过 PE 管道沿章古大堰分别引水至章古村、章古山土地开发整理区以及章古河坝安置点，管道全长 12.32km，引水流量为 0.08304m³/s，调整后工程静态总投资额 3918.20 万元。水量分摊后章古山生产区外部引水工程投资为 1770.93 万元，较原设计审定概算投资 860.05 万元增加 910.88 万元。

3. 分析总结

根据部分已实施移民安置生产用水外部引水工程变更情况来看，水源方案变化是导致移民安置生产用水外部引水工程发生重大变更的主要原因之一。水源方案变化主要是由于原方案合理性以及实施过程中水源条件变化、设计输入条件变化等导致水量不足所引起的。

针对上述导致移民生产安置区外部引水工程发生重大变更原因，为减少后续项目由于上述原因导致的重大设计变更，节约工程投资，对生产区外部引水工程水源方案拟订建议如下：

（1）以沟溪水为水源的进行水量平衡分析时，应在全面调查该水源上、下游各段供水范围、规模的基础上，提请地方政府以正式文函形式提供该水源覆盖的原住居民供水范围、规模（人口、土地等）等设计输入资料，结合移民安置点生产、生活用水需求，进行水量平衡分析。

（2）对于跨区域的引水项目，引水方案除了应征求移民安置区所在地地方政府的意见外，还应征求水源所在地地方政府的意见。

5.3.1.4 如何保证土地开发整理工程料源的可靠性

1. 案例分析

移民生产安置土地开发整理工程实施过程存在的重大设计变更主要是料源及料场变更。

（1）大岗山水电站烂田湾土地整理工程。

1）主要变更因素。主要由于原规划老街杉树岗反背土源点征地问题无法得到协调，当地居民强烈反对征用其土地，导致必须重新选择料源。通过地质工作得出需要采取掺和达到设计要求的渗透系数，掺和比建议按照相关规程规范通过试验确定。

2）原设计情况。烂田湾土地开发整理区位于大岗山水电站境内。根据烂田湾土地开发整理工程耕植土、心土料需求情况以及耕植土、心土料源情况，初步设计规划中，烂田湾土地开发整理区心土料来源为烂田湾土地开发整理区表土剥离料 2.94 万 m^3，老街杉树岗反背土源点 10.53 万 m^3。

烂田湾土地开发整理区耕植土料来源为得妥集镇移民居住小区得妥片区市政工程弃耕植土 2.51 万 m^3，北头村 1 组淹没区 2.25 万 m^3，南头村 2 组淹没区 1.6 万 m^3，老街杉树岗反背土源点 7.12 万 m^3。

原设计规划老街杉树岗反背土料场作为烂田湾土地开整理工程的耕植土料场。烂田湾土地开发整理工程自 2012 年 12 月施工单位进场施工以来，泸定县人民政府、扶贫和移民工作局及有关单位和部门多次协调老街杉树岗反背土料场的征地问题，征地工作未得到解决。在进行老街沙树岗反背土料场的征地协调工作过程中，当地居民强烈反对征用其土地，在此基础上，泸定县人民政府不得不要求成都院调整老街杉树岗反背土料场，并于2013 年 9 月 3 日，以《关于调整老街杉树岗反背客土料场的函》（泸扶贫移民函〔2013〕207 号）明确提出要求调整老街杉树岗反背土料场。

3）变更后的情况。地质工作在结合工程特点需要，充分考虑保护环境、经济合理质量可靠的条件下，采用由近到远、先集中后分散的原则开展了多个料源点的地质勘察工作，根据各料场储量、质量以及开采、运输条件，综合推荐坛罐窑土料场和甘谷地土料场为工程推荐料场，其余各料场开采价值均较低。

甘谷地料场实验成果分析，大于 2mm 粒径颗粒含量为 3%～12.2%，平均值为6.05%；2～20mm 粒径颗粒含量为 3%～12.2%，平均值为 6.05%，满足设计要求。该料场黏土平均渗透系数为 8.7×10^{-7} cm/s，不能满足设计要求渗透系数 $1 \times 10^{-4} \sim 5 \times 10^{-4}$ cm/s，建议根据相关规范进行掺和试验，确定最优掺和比。

坛罐窑料场实验成果分析，大于 2mm 粒径含量 7.4%～30.8%，平均为 22.75%；2～20mm 粒径颗粒含量为 7.4%～19.8%，平均值为 13.53%，基本满足设计要求。该料场黏土平均渗透系数 3.53×10^{-7} cm/s，不能满足设计要求，需要采取掺和达到设计要求的渗透系数，掺和比建议按照相关规程规范通过试验确定。

（2）黄金坪水电站章古山土地整理工程。

1）主要变更因素。由于施工工序不科学合理导致未及时剥离原耕植土料，因此必须寻找新的耕植土料场。

2）原设计情况。根据 2009 年 11 月审定的《四川省大渡河黄金坪水电站移民安置规划报告》，章古山土地开发整理耕植土需客土 17.6 万 m³，原规划客土料源为黄金坪水电站水库淹没区耕（园）地表层剥离耕植土，客土运距为 21km。

3）变更后情况。根据对调整前黄金坪水电站水库淹没区耕植土料源储量情况的复核，水库淹没区耕植土料源由于主体工程施工用地占用破坏、实际可剥离土层厚度小于原规划剥离厚度等因素影响，储量仅能满足章古河坝土地开发整理区客土需求，已不能满足章古山土地开发整理区客土需求量，因此，需结合项目区周边料源情况，重新调整章古山土地开发整理区客土料源。

（3）溪洛渡水电站二台坪子土地整理工程。

1）主要变更因素。因临时用地复垦施工场地移交滞后、施工范围大幅缩减、水库蓄水等原因，导致规划的客土料源居民点弃方无堆存场地、施工区无适当的表土剥离、规划客土料场被淹没，因此，必须寻找新的耕植土料场。

2）原设计情况。初步设计阶段垫层土来源包括居民点弃方、坡改梯表土剥离料、淹没区客土三个途径，耕层土来源包括攀枝花、老街村淹没区。

居民点弃方：在居民点规划设计报告中，居民点弃土运至土地整理区回填，未单独设计居民点弃渣场。居民点场坪及挡墙于 2012 年年底实施完成，居民点实施时，土地整理项目尚未启动，居民点弃方无堆放场地，弃至了临近的老街淹没区，水库蓄水后，弃渣堆放的淹没区交通被阻断，导致土地整理区实施时无法利用居民点弃方。

坡改梯表土剥离料：因规划土地整理范围较大，土地整理区范围内表土厚度不均，初步设计按平均剥离表土厚度 30cm 计算表土剥离料工程量，计算项目区表土可剥离量 256479m³。项目实施时，地方政府未能调剂出规划范围内原始地面横坡较缓，覆盖耕作层较厚，集中连片的土地，调剂出的土地范围内分布大量孤石，灌木丛生，覆盖层薄，施工中难以将地面附着物和覆盖层分离。

淹没区客土：除前文所述两类土料之外，不足土料规划从土地整理区附近的攀枝花、老街淹没区内取土，取土平均运距 2.5km。2014 年 10 月下旬，溪洛渡水电站蓄水至正常蓄水位高程 600.00m，受调剂土地进度影响，土地整理项目无条件在水库蓄水前存储相应的客土料。

3）变更后情况。变更后拟继续施工原规划攀枝花料场，待水位消落后进行取土，同时，选取牛栏村土料场作为补充。两个料场取土高程范围为 570.00～601.00m，可取耕（园）

地面积分别约 150 亩、180 亩，经现场坑探成果，可取土层厚度约 0.6m，据此计算两个料场存量分别为 6 万 m^3、7.2 万 m^3。

（4）溪洛渡水电站化念土地整理工程。

1）主要变更因素。由于施工工序不科学合理导致未及时剥离原耕植土料，因此必须寻找新的耕植土料场。

2）原设计情况。在施工过程中协调好土地平整工程与东西大沟整治、安置点场地平整工程的施工工序关系，将东西大沟整治中产生的清淤量、开挖土方以及安置点场地平整中产生开挖并及时转运加以利用，通过土方合理调配，做到土方挖填平衡。共需客土 19.94 万 m^3，土源从三个方面调配，其中东西大沟清淤量及土方开挖余方为 4.03 万 m^3，31 号田块下湿田改造清淤量 4.05 万 m^3，其余为安置点场地平整工程土方开挖 11.86 万 m^3。

3）变更后情况。在施工过程中未协调好土地平整工程与东西大沟整治、安置点场地平整工程的施工工序关系，东西大沟整治中产生的清淤量、开挖土方以及安置点场地平整中产生开挖并未及时转运加以利用，并未对剥离土方进行保护，土方调配不合理导致未做到土方挖填平衡，从而需要考虑新的客土料源。

2. 建议

由于移民不同意征用料场导致需要重新选取其他料场，引起新问题，比如料源不满足耕植土及垫层土标准需要掺和砂土的问题；因此，建议及时与地方政府沟通，了解移民意向，做好充分沟通协调工作尽量能利用原规划料源，避免重新寻找其他客土料源。由于施工次序问题导致剥离土料源遭到破坏，从而需要增加客土料，导致寻找新料源的问题；因此，建议面向各相关单位普及土料的重要性以及保护剥离土源的必要性，向各方做好宣贯工作。在工程开始前及时做好对剥离土源的保护工作，避免重新寻找其他客土料源。

5.3.1.5 部分项目安置方案的拟定缺乏经济合理性分析

在拟定移民安置方案时，不同的移民安置方案的经济合理性可能差异较大。部分项目土地资源十分有限，在安置方案拟定时有所局限，在强调以大农业为主的安置方式下，需要开展大量的垫高防护造地工程，拟定的方案缺乏经济合理性分析。垫高防护造地工程是解决移民生产安置的重要方式之一，在调剂土地容量不能完全满足移民生产安置的情况下，是目前解决移民生产安置的唯一重要途径，对实现既定移民安置目标具有重要意义。但根据对部分已实施垫高造地工程的分析结果（表 5.1）来看，垫高造地工程的亩均投资为 16 万～39 万元，亩均投资较高。

表 5.1 垫高防护工程特性分析结果

项 目	瀑布沟水电站广源浅淹没区垫高防护造地	长河坝水电站牛棚子防护工程	黄金坪水电站长坝垫高防护工程	泸定水电站沙湾砖厂垫高防护造地工程	猴子岩水电站江口组垫高防护工程
造地面积/亩	39.00	56.97	26.55	29.8	19.8
平均回填高度/m	18.00	平均 10～15	3.3	11	4.2

项　目	瀑布沟水电站广源浅淹没区垫高防护造地	长河坝水电站牛棚子防护工程	黄金坪水电站长坝垫高防护工程	泸定水电站沙湾砖厂垫高防护造地工程	猴子岩水电站江口组垫高防护工程
料源及运距	黑石河砂卵石料场，运距为 0.5km；广源村碎石土料场，运距为 2.7km	江咀左岸河漫滩弃渣回填，运距为 0.5km	下瓦斯村回填料场，运距为 2km	沙湾砂卵砾石料场，运距为 1km	长沙坝料场砂卵石料，运距为 2km
价格水平年	2013 年第一季度	2007 年第三季度	2015 年第三季度	2010 年第三季度	2009 年第二季度
总投资/万元	1384.72	923.16	1061.5	575.48	318.49
亩均投资/万元	35.51	16.20	39.98	19.31	16.09
备注		总投资含耕植土和垫土剥离回填费用，直接费约占总费用的10%	包括耕植土和垫层土的费用，直接费约占总费用的 3.7%		总投资包括防渗垫层填筑和耕作土摊铺，直接费占总费用的 5.8%

以泸定水电站沙湾砖厂垫高防护造地工程为例，亩均投资达 19.31 万元，加上田间工程的投资 76.67 万元，亩均投资为 21.88 万元；而泸定水电站的调地费用仅 26080 元，目前当地土地整理的亩均投资在 4 万元左右，故交付移民的调剂土地亩均投资在 7.6 万左右，经分析垫高造地的亩均投资为调剂土地亩均投资的 2.88 倍。

根据对以上各垫高造地工程的分析，垫高造地的亩均投资均超过或远远超过调剂土地的费用，但在移民选择生产安置的情况下又是不得不为之的举措，故在今后的移民安置过程中，一方面应创新移民安置方式，要采取无土、少土等多渠道方式安置移民；另一方面可以加强其他安置方式的宣传引导工作，鼓励移民选择其他的安置方式。

同时，从当地社会经济发展的角度出发，土地是不可再生资源，垫高防护造地工程为当地增加了土地资源，可为当地带来一定的可持续发展能力，可为今后创造出更大的生产和社会价值。

5.3.2　搬迁安置规划设计

5.3.2.1　搬迁安置方案拟定

搬迁安置方案应结合移民生产安置方案，本着有利生产、方便生活、节约用地、确保安全的原则，分析确定搬迁地点、搬迁安置人口、基础设施配置的项目、规模、投资等。十八大、十九大以来，国家新型城镇化、实施乡村振兴战略的提出对于移民搬迁安置方案的拟订提出了更高的要求，居民点规划设计与建设如何更好地与城镇建设、乡村发展相结合成为目前水电移民搬迁安置面临的又一新难题。

1. 搬迁安置方案拟订结合城镇化安置的思路尝试

在新的社会发展趋势下，一方面移民安置需要建立移民长效补偿机制，另一方面移民建设必须结合城乡统筹、城乡一体、产城互动、节约集约、生态宜居、和谐发展为基本特征的城镇化,形成大中小城市、小城镇、新型农村社区协调发展、互促共进。

双江口水电站移民安置规划设计过程中,因新增逐年货币补偿安置方式,移民意愿发生较大变化。根据初步摸底成果,约75%移民意向选择逐年货币补偿安置;随着生产安置方式的改变,移民搬迁安置意愿也随之发生较大变化。移民搬迁安置不再受土地约束,其中马尔康市英戈洛、温古、饶巴、加达、色理、石江咀6个村1433人移民要求靠近县城集中安置。根据移民意愿及现场踏勘,初拟两套搬迁安置方案。方案一:6个村移民集中安置在马尔康市规划区松岗镇;方案二:6个村移民集中安置在马尔康市规划区马尔康镇——松岗镇梭磨河沿岸5个集中居民点。方案比选过程中,由于地方提出方案一实施难度较大,部分用地被区域产业发展占用,最终选择方案二,但方案一结合城市规划集中打造的城镇化安置思路值得深入研究及借鉴。

在双江口移民安置点工作推进过程中,以国家新型城镇化和四川省"两化互动、统筹城乡"的思想为指导,结合地方实际情况和阿坝州的城镇建设,提出了"通过移民促进城镇化建设,帮助移民享受城镇化成果"的总体工作思路,即借助移民建设所带来的人口聚集、产业聚集、基础设施投入等契机,加快推进全州的新型城镇化,使移民建设充分与城镇建设相结合,既促进城镇化进程,又使移民能够享受到区域城镇化和社会经济发展所带来的好处。

2. 搬迁安置方案拟订结合旅游发展的思路尝试

水电工程大多处于高山峡谷地区,距城市距离较远,但同时也因此拥有良好的生态环境和独特的旅游资源。水电开发在一定程度上,为该区域发展带来新的契机。

宝兴河硗碛水电站位于宝兴县硗碛乡咎落村境内,电站蓄水后由于库区新增影响区,需要搬迁88户255人,规划采取集中安置。宝兴县政府考虑移民发展,结合当地旅游资源达瓦更扎景区,将居民点选址于水海子安置点,距达瓦更扎景区直线距离约10km,充分利用居民点区位优势,同时结合居民点布局及风貌打造,发展民宿,带动移民发展致富。

3. 小结

双江口水电站建设征地移民搬迁安置方案拟订,通过对移民产业发展、区域环境等因素综合考虑,拟定移民城镇化安置思路,一方面促进移民城镇化安置,使移民享受城镇化优势;另一方面通过移民安置加快安置区公共服务设施、基础设施建设,使安置区居民享受移民安置带来的好处,达到移民与安置区居民共同发展的目标。虽然方案最终未采用,但搬迁安置城镇化安置思路值得借鉴。硗碛水电站水海子安置点充分结合区域旅游产业发展,为移民后续发展和致富奠定基础,既解决移民安置,也承接区域旅游功能,景区配套的思路值得学习。

5.3.2.2　居民点选址论证

搬迁安置规划设计的关键之一就是居民点选址,直接影响搬迁安置思路能否实现、移民居住安全、未来能否顺利发展。通常情况下居民点选址需遵循以下4点要求:①居民点新址选择应与生产安置规划紧密结合,并在生产作业区附近,同时与城镇、专业项目、工矿企业规划相协调,形成良好的规划布局;②居民点选址需考虑移民的意愿与需求,并征求安置区居民意见,应照顾移民的生产、生活和风俗习惯等;③根据移民生产安置规划成果，结合区域地形地质条件，综合考虑交通、水源、供电、发展空间等情况，初步确定移民居民点新址位置；④居民点新址需开展必要的地形测绘、地质灾害评估，对水源水量、水质、引水条件等进行调查工作。在实际选址工作过程中，居民点选址论证主要存在以下几个问题。

1. 不良地质条件影响考虑不充分

居民点选址的首要任务就是要确保安全，对整个区域地质大环境应充分认识。比如 M 水电站 H 安置点和 P 水电站 G 安置点让移民工作各方都深刻认识到这个问题。

（1）M 水电站 H 安置点。2008 年 5 月，阿坝州汶川发生特大地震。受汶川地震影响，M 水电站原 B 村五组分散后靠场址存在大面积滑坡等自然灾害，S 县移民办向州移民办申请增加某变电站下方垫高防护工程作为移民安置点安置 B 村五组移民。经过设计单位论证，上下游两防护方案区域若作为居民点建房用地，垫高高度大（平均垫高大于 10m），施工很难保证质量，建房后存在因地基不均匀沉降带来的巨大安全隐患。同时，H 安置点投资较高。为此，设计单位以正式函件提出建议取消该安置点。但地方政府回函提出因 2009 年 4 月底已与 H 乡全体移民签订永久安置协议，且 B 村全体移民强烈要求在 H 乡内进行集中安置，建议该安置点不变。

图 5.1   H 安置点

随后，设计单位按程序开展了地质勘探及初步设计工作，新址调整方案及初步设计分别于 2009 年 9 月和 2009 年 11 月通过审查。2009 年底 H 安置点完成垫高防护和场地平整，2010 年 11 月完成移民房屋建设完成，并于 2011 年 3 月完成移民搬迁入住。

2012 年 7 月汛期以来，S 县持续强降雨，库区水位很快上升接近正常蓄水位 2133.00m，H 移民安置场地后侧地坪和村民后排住宅出现多处裂缝，随着时间的推移，地坪和房屋裂缝规模逐渐变大。为确保场地及居民的安全，县委县政府高度重视，先后多次组织相关专家对该安置点场地及后坡进行了现场综合查勘和复核论证工作，并于 2013 年 1 月编制完成《M 水电站库区 H 场地新址场地及后坡地质复核报告》。根据地质复核结论，需对 H 后坡 I 区原治理设计的 H 滑坡桩板支护结构体进行复核，综合考虑 I 区后缘治理措施；对Ⅱ1区，建议设计根据工程边坡等级，复核边坡稳定安全性，采取相应的处理措施；对Ⅱ2区，地表调查和监测资料显示，该边坡目前已发生蠕滑变形，稳定性差，建议尽快采取支护措施；对Ⅱ3区，建议请有资质的单位对建筑物进行房屋安全鉴定，根据安全鉴定结果采取相应的处理措施。

根据地质复核结论，设计单位开展了相关治理设计工作，并提交H安置点防护治理设计报告。结合防护治理设计报告，地方政府提出"在充分考虑尊重移民意愿以及红岩安置点综合治理难度大、治理周期长、投资代价高等实际的基础上，建议另行选择安置点安置移民"。至此，经逐级上报研究后，省扶贫移民局同意对H安置点农村移民另行选点安置。

M水电站H安置点在2009年完成的选址调整报告中已提出：上下游两防护方案区域若作为居民点建房用地，垫高高度大（平均垫高大于10m），施工很难保证质量，建房后存在因地基不均匀沉降带来的巨大安全隐患。但因移民意愿及地方要求未能坚持。建议：安置点选址需以移民安全安置为基础，安全应作为选址"红线"，避免选址在存在安全隐患的区域。

（2）P水电站G安置点。G移民安置点是P水电站二期工程占地移民安置点，该安置点涉及移民22户101人，于2003年3月搬迁安置完毕。

2005年6月，L县境内普降暴雨，导致L县境内很多地区出现滑坡、泥石流等地质灾害，其中包括G居民点。由于该点坡度较陡，6月以来，连续降雨，降雨量超过历月、历日最高水平，受到暴雨和地表水冲刷影响，坡面上软弱黏土、粉质黏土出现大量表层土滑，导致后坡多处出现中小型滑坡，使得后坡横向上有拉裂（最大拉裂缝长度100余m）及拉裂错台（最大错台约30cm），且有变形和加速变形趋势。滑坡体局部滑向居民房屋区，若在进一步的暴雨条件下，整个坡面发育的滑坡、土滑和小沟内的松散堆积物将活动，形成滑坡和坡面泥石流，严重威胁到该居民区的生命财产安全。

通过对地质情况进行了勘探，确认该居民点距离后坡较近，鉴于坡面滑坡、土滑分散和形成的坡面泥石流等均较难整治和治理费用高昂，且治理时间较长等原因，居民点已经不适宜居住，必须尽快搬出危险区域。省移民办通过协调，要求在该区域内1.5km范围的安全区域选择新的居民点，并迅速落实研究居民搬迁过渡方案，开展G安置点移民二次搬迁工作。

G安置点原规划设计阶段按照相关规范及标准对安置点开展了地质灾害评估，并依照标准10年一遇山洪进行了防治，但实际过程中无法避免超过防治标准的山洪出现，建议在选址过程中，针对山洪等不可预见性灾害，尽量采取避让措施，避免对移民生产生活造成安全影响。

2. 居民点选址方案区位条件不佳

以S水电站可行性研究阶段规划的J居民点为例，J安置点用地位于大渡河上游大金川东源足木足河右岸，总体地势起伏不大，高程较低，主要分布在3088.00~3047.00m，相对高差约59m。2014年重新征求移民意愿后，移民认为该安置点海拔过高、交通不便，均要求靠近县城安置，2015年S水电站移民安置规划设计大纲调整过程中取消了J居民点。

居民点选址过程中，对居民点高程、基础设施便利性考虑不充分，导致实施阶段移民不愿进入原规划集中居民点安置，建议选址过程中针对区域条件较差的居民点开展必要的分析论证，减少实施阶段移民意愿的变化。

3. 居民点选址要充分分析对安置区居民的影响

居民点选址过程中，按照规范要求，需征求安置区移民意见，但对安置区居民生产生活影响考虑不充分，未形成系统性的安置区居民影响评价体系。

实际工作过程中，大多居民点均未对原住居民影响进行系统性分析，S 水电站 M 县城居民点在选址过程中，对县城两套方案进行了安置区移民影响简要分析，对未来安置区居民影响评价体系的建立具有一定参考意义。

（1）影响分析。M 县城拟选安置点方案比选共推荐两个方案，方案一是将所有移民集中于 G 安置居住，并集中打造嘉绒文化旅游核心区；方案二是分别布局 6 个居民点于 L 片区和 E 片区，功能定位为商住和旅游服务。无论是方案一还是方案二，原住居民现有农业生产用地都将被占用。因此对原住居民必然带来生产、生活与基础设施配套 3 个方面的影响。具体影响分析如下。

1）生产方面。两方案对原住居民生产影响主要从土地利用影响、就业岗位提供和种植模式及经营模式等 3 方面进行相关分析，具体分析详见表 5.2。

表 5.2　　　　　　　　　　　两方案对生产方面影响的对比分析表

方案比选		土地利用影响	就业岗位提供	种植模式及经营模式
有利因素	方案一	原住居民的现状耕地转变为城市建设用地，提高了原有耕地的经济价值	通过居民点的建设带动产业发展，规划考虑的旅游接待中心、商业街、商业铺面等可为原住居民提供就业岗位。从产业密集型、服务综合性等方面综合考虑，方案一提供的就业岗位将多于方案二	因大量耕地被征用，原依靠种植业谋生的原住居民将改变种植和经营模式，发展第二、三产业，可进一步拓宽移民收入来源
	方案二			
不利因素	方案一	规划方案共占用现状耕地 424 亩，占 M 及 Z 村总耕地面积（755 亩）的 56.16%。其中，影响 M 村耕地 149 亩，占 M 村总耕地面积的 81.90%；Z 村 274 亩，占 Z 村总耕地面积的 47.88%	原住居民调整生产方式参与就业的同时，需提高业务能力及服务水平，参与社会竞争	对小部分文化水平和劳动技能较低原住居民，改变种植模式和经营模式需要一定的适应周期
	方案二	建设征地共涉及 5 个村，其中 D、F 新址占地均为耕地，占用现状居民生产资料。F 居民点占用耕地 85.71 亩，占 F 村总耕地面积的 33.22%；D 居民点占耕地 73.85 亩，占 D 村总耕地面积的 12.91%		

2）生活方面。两方案对原住居民生活影响主要从生活方式、民俗文化、收入水平和社会交往等四方面进行相关分析，具体分析情况详见表5.3。

表5.3　　　　　　　　　两方案对生活方面影响的对比分析表

方案比选		生活方式	民俗文化	收入水平	社会交往
有利因素	方案一	带动传统的农耕生活方式逐渐向城镇化、多元化的生活方式转变	通过文化广场的建设，打造文化展示的平台，同时也丰富原住居民的文化生活内容	传统单一的农耕收入方式向农耕、旅游、现代商贸服务等多种收入方式的转变将提高原住居民的收入水平	对于原住居民房屋直接影响较小，不需要搬迁，仍可延续现有的社会交往
	方案二				
不利因素	方案一	需摒弃原农耕生活方式，需要经历一定的适应和调整期	移民和原住居民之间不同风俗习惯的文化交融，可能会产生一定的矛盾	收支结构的转变需要原住居民有一定的适应周转期	移民与现状居民的社会关系网络需要通过一定时间，伴随不同文化的交融而建立
	方案二				

3）基础设施配套。两方案对原住居民基础设施配套影响主要从交通条件、水电条件以及公用设施服务配套等方面进行相关分析，具体分析情况详见表5.4。

表5.4　　　　　　　　　两方案基础设施配套方面影响对比分析表

方案比选		交 通 条 件	水 电 条 件	公用设施服务配套
有利因素	方案一	通过居民点的建设，加快城市路网的建设，可以极大地提升周边交通条件	通过居民点的建设，新建供水管网、电力线路，可带动城市综合管线建设，改善生活用水用电条件	居民点建设的同时也可加速公共服务配套工程的建设，使原住居民更快享受城市化建设带来医疗、教育、文化等成果
	方案二			

（2）措施建议。通过移民居民点建设对原住居民失地及生产生活方面带来的影响分析，建议可以通过按照标准的城市拆迁或征地补偿方式进行一次性货币补偿或建立长效逐年补偿机制、产业扶持、就业培训和引导、社会保障以及加强社区管理和跟踪反馈等方式消除上述不利因素带来的负面影响，缩小移民及原住居民之间收入、福利方面的差异，减少风俗文化融合之间的矛盾。

（3）项目建设实施建议。

1）方案一。根据方案一L片区规划布局、功能结构以及各分区建设指引中项目规划，建议建设时序如下。

近期建设集中在D区域，主要建设项目为：移民居住区，新建道路桥梁和基本公共服务配套设施，包括学校、医院、给水厂、污水处理厂、社区中心等。形成首批移民居住和镇区主要公共服务区。

中期建设集中在镇中心区和F片区，主要建设项目为：移民居住区和嘉绒旅游核心区（旅游服务核心区），旅游产品市场等。形成全部移民居住和主要旅游与商业产业区。

远期建设集中在 T 和 B 等片区，主要建设项目为：官寨天街旅游接待区，半山牧场区和农耕体验区等。形成主要的移民产业区。

同步建设主要指镇区内现状片区，可在近、中、远期中同步按实际条件和需要进行风貌和功能改造，形成现状功能风貌协调区。

2）方案二。方案二是按 6 个集中居民点分散布置，各居民点主要功能均是居住，相比方案一，各点之间功能相对独立，6 个居民点建设相互不制约。故居民点建设时序需要根据移民意愿、对接成果、项目审批情况、项目资金计划、城市道路与管线工程建设工期等，统筹安排。

S 水电站 M 县城规划区居民点选址主要通过对生产（土地利用影响、就业岗位提供、种植模式及经营模式）、生活（生活方式、民俗文化、收入水平、社会交往）、基础设施配套（交通条件、用水用电条件、公共服务设施配套）三方面进行了简要的影响分析，同时提出减小影响的措施建议，最后对项目实施，近、中、远期建设提出建议，对未来安置区居民影响评价体系的建立具有一定参考意义。

5.3.2.3 居民点规划

1. 日照分析

目前水电项目逐步深入民族地区，以藏族为例，居民点规划布局需充分考虑房屋朝向及日照等因素，房屋布局需背山面水；同时因为晒场要求，房屋布局需位于阳面、光照充足的区域。目前各个居民点规划中均会对安置场地日照进行充分分析论证。

2. 风向、风速影响分析

以 H 水电站移民安置点为例，居民点规划布局过程中未搜集当地风玫瑰资料，布局污水处理站位于居民点上风向，导致污水处理站废气对居民点造成影响。

以 L 水电站 S 居民点为例，S 居民点 1 号安置区西北侧为冲沟及沟口，规划布局对居民点受风的影响考虑不充分，导致居民点建成后，由于 1 号安置区风力较大以及对外道路衔接问题，移民不愿搬迁入住。

3. 考虑民俗习惯

以 L 水电站 W 居民点为例，W 居民点原可行性研究阶段规划安置 113 人，采用联排布局方式对安置点进行了合理规划布局，2014 年由于移民意愿变化，W 居民点移民人口减少为 59 人，同时移民提出根据藏族生活习惯，居民房屋不相连，由于规模变化及移民对布局方式的要求，成都院于 2015 年，采用独栋方式，重新布局了 W 居民点。

L 水电站县城规划区于 2013 年开展规划调整工作，规划调整过程中，采用小高层建筑、独栋、独栋联排等方式，先后布局十余套方案，最终通过征求移民及地方政府意见，确定县城规划区老户主独栋、新分户联排的布局原则。

居民点规划布局应充分征求移民意愿，了解移民民俗生活习惯，进行合理规划布局。

4. 结合地形进行合理布局

以 C 水电站 Y 居民点为例，规划布局未充分结合地形地貌，建筑布局沿 S211 呈长条状布局，既不美观，同时也不满足防火间距要求；交通规划于复建 S211 内侧 5m 规划一条平行于 S211 的居民点内部道路，导致道路密度过大，且不经济。

规划应避免出现"火柴盒"式布局，需结合现状地形地貌，充分利用土地资源进行合理规划布局，注意内部道路与外部道路衔接，同时应充分考虑防火间距要求。

5. 白鹤居民点规划设计优秀经验

（1）空间环境设计充分考虑人工与自然相结合。规划充分考虑外部环境对迁建区空间环境构成所起的作用，以生态林地与流沙河滨水作为空间的自然界面和环境背景。线形的空间机理应顺应外部环境，使居民点空间与自然环境和谐相融，以体现白鹤居民点空间的特质。居民点内部空间分为公共空间、半公共空间和私有空间。其中主要道路与公共绿地为公共所有，组团绿地为半公共空间，院落属于私有空间。三个层次的空间相互渗透，构成流动的空间体系。

（2）建筑设计方面体现了地域与民族文化内涵。规划区建筑风格应体现地域与民族文化的内涵，尤其是居住建筑应注意保留原有的空间特征和体量；公共建筑以两层为主，局部三到五层，大体量公建通过成比例放大或小体量组合的方式，以保持整个建筑群体的和谐。建筑群布局整齐，建筑风格、色彩统一，体现强烈的地域特色。

（3）具有节奏起伏的城市形态设计。规划区内建筑以 2～3 层为主，顺应地势建设。在平缓的立面轮廓线中拟定两个制高点：一是由公建中心的学校建筑、商业建筑及政府建筑组成的中心公建集中区，作为规划结构的一个重要组成部分，该区域建筑形态将体现整个居民点建筑风格；二是西南端客运汽车站主体建筑，其作为居民点入口处的标志性建筑物，将对居民点建筑形态起引导作用。两处建筑一处位于规划中心，一处位于集镇入口，交相呼应，此起彼伏，将共同作为白鹤居民点的标志性建筑物，加强区域的可识别性。

6. 双江口居民点优秀规划经验

（1）优化布局、优先移民。结合规划区实际用地条件、建设情况，在充分依循上位规划所确定的功能结构、配套体系和交通体系的基础上，为使规划区产业、生态、景观、风貌、功能体系等方面能更好地营造和构建，规划对控制性详细规划所确定的用地布局局部进行优化，对局部功能设施进行整合。

（2）明晰产业、细化功能。在充分依循上位规划所确定的功能结构、各类设施用地安排的基础上，为使规划区的文化特色、产业特色、地域特色能更好的体现，规划从移民居住区的自然条件、文化背景、产业发展环境等方面切实入手，实现产镇一体、城乡一体、移民居住与产业区域的高度结合。对规划区各功能分区的功能进行进一步细化，对规划区的建筑业态进行进一步的明晰。将旅游服务核心和文化展示核心合二为一，打造多层次的产业与功能组合次序。

（3）结合环境、构建景观。在充分依循相关规划的指导下，规划不仅结合规划区周边优越的自然生态条件，更从产业实际出发，在生态构建，景观营造等方面结合产业构成、业态分布，使规划区的文化特色、生态环境、景观风貌、居住品质、产业形象等方面都能够得到很好的展示。集中布局方案主要体现为天街、官寨、彩林的一体化打造，移民社区与半山牧场的整体结合，旅游核心与公共商业配套的重叠整合等各方面。

5.3.2.4　居民点设计

1. 如何结合地质情况合理确定移民安置点场地防护及基础处理方案

（1）两河口水电站某移民安置点场地平整及基础处理工程。根据两河口水电站移民工程在 2013 审定的某移民安置点设计内容，安置点内的房屋采用三层砖混结构进行设计，房屋荷载按照一层房屋地基均布荷载 15kN/m² 取用。经分析计算挡墙断面形式均采取了衡重式，挡墙基础为粉土，经计算承载力不能满足要求，需采取碎石进行换填。

在实施过程中，由于移民意愿发生变化，在 2016 年编写了移民安置点规划设计调整报告。调整报告中结合实施的情况，安置点内的房屋采用藏式三层石木结构进行设计，经测算，房屋荷载按照一层房屋地基均布荷载 30kN/m² 考虑。考虑到挡墙所占安置点基础设施投资比重较大，根据工程实际情况需对挡墙形式及基础处理方案进行分析比选，拟考虑对衡重式及扶壁式、原状土及基础处理（换填或扩展基础）进行比选。

根据以上原则及安置点竖向设计，分别对两种形式的挡墙进行设计，并计算工程费用，具体见表 5.5。

表 5.5　　　　　　　　　　　　　某安置点挡墙比较投资表　　　　　　　　　　　单位：万元

挡墙形式	挡墙基础	挡墙直接工程费	备注
扶壁式	基础换填	431.05	推荐方案
	原状土		结构不合理
衡重式	基础换填	565.41	
	原状土		承载力不满足要求
	原状土＋扩展基础	1450.82	

经分析比选，"扶壁式＋原状土"方案因原状土摩擦系数较低，计算底板宽度过大（10m 高挡墙底板宽达 14.5m），结构设计不合理且开挖量过大，予以排除；"衡重式＋原状土"方案承载力不满足要求，因此予以排除；挡场平扶壁式和衡重式挡墙建设难度均较小，考虑到"扶壁式挡墙＋基础换填"方案投资较小，因此推荐该方案。

结合两次审定的安置点报告可得出如下结论：

1）挡护边坡的挡墙一般采取衡重式，场地开挖回填量较少，更经济，对场地边坡扰动更少。

2）挡墙挡护砖混结构房屋时一般采用衡重式，挡护藏式石木结构房屋时，由于房屋荷载较大，采用扶壁式挡墙更为经济。

（2）长河坝水电站野坝移民安置点基础处理工程。原可行性研究规划考虑野坝居民点是在河滩地上防护垫高形成的场地，居民房屋在垫高地上修建，场地可能会出现不均匀沉降，为此在基础设计中考虑通过加大加深房屋基础处理，并计列了处理费用。实施阶段，经场地详细勘察，野坝居民点场地回填土有杂填土、块碎石，其密实度在平面和剖面上分布极不均匀，可能导致建筑地基的不均匀沉降。经承载力复核、不均匀沉降计算，需进行基础处理。此外，根据地勘成果，场地建房区存在空洞，共计 5 处，最大埋深为 4.0m，最小埋深为 1.0m。综合分析，需对场地地基进行处理。初步拟定了换填处理、强夯处理、筏板基础处理共三种方案。在技术可行性方面，换填垫层处理方案、强夯处理方案、筏板基础处理方案均能够达到地基处理的预期效果，在地基处理后，地基承载力能够满足设计要求，能防止地基土体发生局部或整体剪切破坏，可保证建筑物的安全及正常使用。

根据投资测算成果，"换填处理"方案直接费投资为 736.10 万元，"强夯处理"方案直接费投资为 777.58 万元，"褥垫层＋筏板基础"处理方案直接费投资为 734.76 万元。

从方案投资角度比较，"褥垫层＋筏板基础"处理方案优于其余两个方案。此外，强夯处理方案存在不可预见的安全隐患。综上所述，在保证项目顺利实施，有序推进长河坝水电站建设征地移民安置工作，考虑工程投资、施工过程中施工质量把控及对周围建筑、环境的影响，野坝居民点地基处理采用"褥垫层＋筏板基础"处理方案。"褥垫层＋筏板基础"方案根据野坝场地勘察成果，并参照黄金坪水电站章古河坝安置点户型和房屋设计的基础处理方案进行设计，受设计输入资料深度所限，处理方案仅用于测算基础处理费用，不作为实施时的基础处理方案。实施时应针对房建设计成果，确定具体的基础处理方案。

"褥垫层＋筏板基础"方案费用共计 839.84 万元，按照房屋建筑面积 17720m^2 进行分摊，则每平方米房屋基础费用为 473.95 元，较原审定房屋基础补偿单价高 414.65 元。其中，"褥垫层＋筏板基础"方案费用扣除原审定的普通房屋基础补偿费用后的基础处理费用共计 734.76 万元，按照房屋建筑面积 17720m^2 进行分摊，则每平方米房屋地基处理费用为 414.65 元。

2. 实施阶段如何减少由于设计输入导致的居民点设计变更

2012 年某水电站某移民安置点完成了初步设计，根据规划设计该安置点与当地居民区（非移民）存在交叉或相邻布置，施工图设计依照初步设计进行了细化。2014 年该移民安置点实施过程中出现了以下情况：①安置点内的部分地形地貌与施工图不一致，主要是由当地居民正在修建房屋和道路导致的；②施工范围与当地居民存在交叉或相邻情况，一条挡墙的施工阻断了三户当地居民的出行；③一户当地居民的引水管线和蓄水池位于安置点一个场地内，需要迁建；④安置点的场地、道路和电力线路建设影响了当地居民电力线路，需要迁建该电力线路。

针对以上问题，实施中采取了如下措施：①对地形地貌不一致处，通过重测了部分地形图，并对重测地形图的场地平整部分进行了设计复核，按照复核后的设计实施；②对挡墙的施工阻断了三户当地居民出行的情况，根据现场情况重新调整了一个场地的规划设计，增加一条道路解决了三户当地居民的出行；③对于一户当地居民的引水管线和蓄水池位于安置点一个场地内情况，迁移了该引水管线，并重建了蓄水池；④对安置点的场地、道路和电力线路的建设影响了当地居民电力线路的情况，迁移了该电力线路。

该移民安置点在实施过程中出现的问题，主要是由于没有详细了解规划设计与当地居民房屋存在的交叉情况，只在规划设计红线范围内进行设计，对安置点周围的边界条件变化情况没有及时做出相应的设计调整。对于与当地居民点的存在交叉情况，应对安置点红线周边的居民进行详细调查，了解每户居民的出行道路、电力接入点、生产生活用水来源及现状排水情况等，作为安置点规划设计的输入条件；针对安置点施工可能给居民点带来的不便，提出解决方案，细化到每个小场平的设计，确保安置点的设计与现场情况相符。同时，也有利于工程投资的控制，确保工程按期完工。

5.3.3 其他问题

1. 关于移民安置总体规划生产安置与搬迁安置相互衔接问题

目前多数水电站在移民安置总体规划拟订时，移民安置规划主要是以资源环境承载能力为基础，结合移民安置所需资源数量和质量配置进行分析。安置规划主要注重移民土地资源配置应与搬迁前和安置区原居民的土地资源数量和质量均衡，其规划目标主要是恢复移民原有生产生活水平，更关注移民安置资料的落实，但未与移民安置后续产业发展方向、发展措施衔接，可能造成资源浪费。

例如，某项目根据移民安置方案对移民土地均要求按照水田标准进行配置。由于移民安置生产用地区域土地坡度大，现状质量较差。为达到质量要求，规划对生产用地进行坡改梯，并配置 80cm 的耕植土。由于当地缺乏耕植土，需外运耕植土，运距长达 40 km，因此，亩均土地改造投资达到 6 万元。移民安置后，为促进移民发展致富，地方安排移民后扶项目，大力发展当地特色水果产业，移民原按水田标准配置的耕地均种植上果树。原规划的坡改梯和 80cm 耕植土均未能发挥应有的效益，造成移民资金浪费。

同时，现有的移民安置规划生产安置和搬迁安置的标准均是根据规范各自拟定。对一些生产和搬迁安置结合的标准未能明确界定和兼顾。如民族地区风貌、特色民族村庄安置标准实际上是一种生产安置与搬迁安置结合的标准，搬迁安置超过标准部分实际上是为了满足移民今后生产发展需要，但目前对于此类问题的处理原则尚未明确规定，导致标准拟定过程中只能机械的制定，无法有效兼容。

2. 农村移民安置与其他移民工程在规划、施工组织之间的统筹协调问题

如在瀑布沟水电站小堡集镇规划设计时，规划以大渡河右岸公路作为集镇对外联系道路。大渡河右岸公路由在集镇迁建区西侧通过由南向北绕过，向西沿大渡河右岸至石棉，向南沿大渡河右岸至大树集镇，通过大渡河大树大桥接复建的 S306 线。后来环湖路修建至此段时，未与已规划小堡集镇衔接，在原有地形上进行开挖，将路面高程降低，导致集镇预留对外联系道路接口与右岸公路出现较大高差。最终为解决集镇对外出行问题，只得又对小堡集镇规划进行了调整，新增开挖工程量。

又如目前两河口水电站红顶等集镇建设，根据道路交通现状需修建大量施工临时道路。而施工临时道路与下一步即将实施的等级公路复建工程存在重叠。若对相关集镇建设与等级公路建设在规划、施工组织之间统筹协调，先行规划实施等级公路复建工程，或将集镇建设与等级公路建设结合实施，可节约工程投资。

3. 移民安置方案方面

为推进报告报批或由于政策制约，导致移民安置方案不具备操作性。如目前 D 水电站涉及移民安置方案，根据地方实际情况，下一步地方政府将主要采用社保安置方案对电站涉及移民进行安置。而在移民安置规划编制时，根据"471 号移民条例"规定和当地土地资源实际情况，为推进报告报批工作，推荐采用了有土安置为主的移民安置总体规划方案。审批报告规划方案与下一步地方政府拟实际实施方案不一致，不具备可操作性。

4. 如何处理已实施未利用项目问题

瀑布沟水电站石棉县美罗分插点作为前期瀑布沟水电站移民安置项目，已完成的场地平整等工程费用为 50 余万元，后期由于移民意愿变化，该安置点未进行使用，导致已实施投资浪费。对于此类由于移民意愿变化，引起的已实施而不能利用项目的相关费用，在瀑布沟实施规划报告编制时，根据省级部门的协调审批意见，作为特殊处理项目纳入了移民概算。

两河口水电站为"先移民后建设"项目，其涉及的亚卓、瓦多集镇建设完成后，部分移民意愿发生变化，不愿按原方案进行对接，造成实际入住人数较规划建设规模小，浪费

部分投资。

5.4　技术总结及建议

5.4.1　技术总结

（1）农村移民安置规划设计工作包括确定安置任务和安置标准，拟定移民安置方案等。安置方案的确定流程往往是由设计单位会同地方行业主管部门先对一定区域范围内后备资源情况进行统计，并计算其环境容量，而后根据环境容量拟定安置方式，征求移民意愿，进而最终形成农村移民安置方案。移民安置方案的确定要考虑多方面的因素，不局限于本项目特点的考虑，需要结合历史项目经验教训和项目实际特点，充分考虑与当地发展的实际衔接，解放思想，探索多样化的安置方案，配套制定多方案的项目融合和投资分摊方案，做好充分的资料搜集、方案论证和意见征求工作，在保证政策符合性的同时提升安置方案的可实施性。

（2）在生产安置规划设计工作中遇到一些问题，同时也积累了一些经验，主要包括：

1）针对用于移民生产安置的资金来源不一致的问题，应根据各项目计算生产安置移民任务采用的基础和移民安置方式综合确定参与生产安置投资平衡的土地补偿费用的范围。

2）积累了工程建设与农村移民无土安置创新结合模式的经验。

3）在单项设计方面，引水工程的重大设计变更往往是由于水源方案变化造成，应从水源规模、供水范围和用途等方面对水量进行充分分析，并征求移民安置区及水源所在地地方政府的意见。土地开发整理工程的重大设计变更原因主要有移民或地方政府对整理方案的要求变化，征地或施工工序不合理导致料源不再具备取土条件等原因。在设计过程中，设计方案应与地方政府及时沟通，及时了解移民需求；在施工过程中，应向各方做好宣贯工作，在工程开始前及时做好对剥离土源的保护。

4）制定移民安置方案时，同时考虑其他安置方式的可能性、垫高防护工程经济性以及对土地资源的保护。

5）土地开发整理工程排涝设计应充分考虑附近现有排水沟渠能否满足排涝需求以及当地居民是否同意排入现有排水沟渠等问题。

（3）在搬迁安置规划设计工作中遇到一些问题，同时也积累了一些经验，主要包括：

1）搬迁安置规划时从移民产业发展、区域环境等因素综合考虑，探索搬迁安置方案结合城镇化安置的思路。

2）居民点选址需遵循考虑移民的意愿与需求、与生产安置规划紧密结合的原则，结合区域地形地质条件，在综合考虑交通、水源、供电、发展空间、安置区居民意见等情况进行综合论证。

3）居民点规划应充分开展日照、风向分析，考虑民俗习惯，充分结合地形条件。

4）居民点设计中要注意挡墙承载力和房屋基础之间的关系，要注意基础资料、设计输入的复核，如初设地形图进入施工图阶段要再次进行设计输入的复核。

5）结合移民及当地实际情况，探讨与地方发展规划、交通规划、乡村振兴发展战略规划等规划相结合的安置思路，具体规划设计中充分尊重当地民风民俗，融入当地人文、自然中。

（4）临时用地复垦中也遇到一些问题，主要包括：

1）临时用地实际使用范围相对原审定规划范围增加或减少。

2）临时用地使用对原始地形破坏后，由于地质条件变化，难以在原行政区划内恢复，需异地进行恢复平衡。

3）为推进工程建设，临时用地面积认定不严格，为后期工作留下隐患。

此外，还遇到其他多方面的问题，如生产安置与搬迁安置相互衔接问题；农村移民安置与其他移民工程在规划、与施工组织之间的统筹协调问题；封库影响的处理问题；为推进报告报批或由于政策制约，导致移民安置方案不具备的操作性的问题；工程施工影响范围的处理问题；安置人口数量与减少淹没损失之间矛盾的问题；已实施的移民安置点移民意愿变化导致投资浪费的问题等。

5.4.2　建议

（1）建议增加生产安置方式。目前规范中规定的生产安置方式有农业安置，第二、三产业安置，养老保障安置，投亲靠友安置，自谋职业安置，自谋出路安置等。在目前的实施情况中，部分项目新增了逐年货币补偿安置方式，有推广采用的趋势，建议在后期的农村移民安置规划中根据项目实际情况增加生产安置方式的选择。

（2）建议增加搬迁安置环境容量的分析。移民安置方案的拟订需要充分分析安置的环境容量。在此前的工作中未对搬迁安置进行环境容量分析，对后期安置方案的实施操作性有一定影响，建议在前期规划中从安置区可筹措的居民点建设用地数量、地形地质条件、安置点周边生产安置容量、基础设施、公共设施、风俗习惯、宗教文化等环境条件入手，定性和定量分析选定范围内可用建设用地规模和可容纳的搬迁人口数量。

（3）统一生产安置投资平衡分析单元和费用来源。在此前的规划中，不同项目之间的生产安置投资平衡分析单元存在差异，也成为规划工作中的一个难点。建议一是针对不同的生产安置方式，将其生产安置规划费用与相应的土地征收费用进行平衡分析，统一平衡单元为最小集体经济组织。二是统一规划费用来源，包括可用于生产安置的征收土地补偿费和安置补助费、小型水利设施补偿费等。

（4）增加居民点风貌设计、分散安置移民居民点新址设计等内容。在目前的实施项目中，部分项目经过论证在政策和规范外增加了居民点风貌设计、分散安置移民居民点新址设计等内容，满足实际情况需要，实施效果较好，建议在后期规划设计中视项目实际情况分析确定增加相关内容。

（5）优化规划理念，提升规划设计品质。建议结合国家实施乡村振兴战略、地方城镇建设规划、行业规划等，因地制宜，开放思想，合理开展移民安置总体规划和新址布局。总体规划要合理考虑移民安置需求和地方发展规划，充分融合当地自然和民俗条件，充分考虑产业升级和特色产业需求，完善空间规划。新址规划中完善公共基础设施配置，预留商业网点、后期发展等用地。对新址规划的用地指标、布局形式、集中程度等的规定建议适当放宽。

第6章

城 镇 迁 建 规 划 设 计

6.1 法律法规及规程规范的相关规定

6.1.1 1984—1991 年

自 1952 年国务院提出了开展城市规划工作以来，直至 1956 年颁布了《城市规划编制办法》，使规划工作走上法制建设的轨道。1984 年 1 月，国务院颁布了我国城市规划方面的首部行政法规《城市规划条例》，为我国城市规划管理工作提供了法律依据和保障。1989 年 12 月，经第七届全国人民代表大会常务委员会第十一次会议通过，我国城市规划和建设方面的第一部法律《中华人民共和国城市规划法》正式发布。

1984 年 1 月，中华人民共和国水利水电部发布了《水利水电工程水库淹没处理设计规范》（SD 130—1984）。

6.1.2 1991—2006 年

1991 年和 1995 年相继出台的《城市规划编制办法》和《城市规划编制办法实施细则》，标志着控制性详细规划编制的技术框架基本形成，也使控制性详细规划步入了法制化的轨道。

《水电工程水库淹没处理规划设计规范》（DL/T 5064—1996），在"84 规范"的基础上增列了"城镇迁建"的规划任务，具体包含了城镇、集镇迁建规划的内容和原则，规定了对新建的移民安置点，宜进行移民恢复生产生活必需的配套建设，结合原水平、原规模、原标准原则，在新址的建设条件和资金容许的范围综合分析确定。

6.1.3 2006—2017 年

2007 年 10 月，《中华人民共和国城乡规划法》发布，标志着城乡规划法规体系建设进入新的时代。它是在总结《中华人民共和国城市规划法》和《村庄和集镇规划建设管理条例》实践的基础上，根据新形势的需要制定的。《中华人民共和国城乡规划法》与《中华人民共和国城市规划法》相比，最主要的区别在于调整的对象从城市走向城乡，从而协调城乡空间布局、改善人居环境，促进城乡经济全面协调可持续发展。

为贯彻落实《大中型水利水电工程建设征地补偿和移民安置条例》（中华人民共和国

国务院令第 471 号）的相关要求，适应水电工程项目核准和水电工程建设需要，进一步规范水电工程建设征地移民安置规划设计工作，2007 年，在 "96 规范" 的基础上编制了《水电工程移民安置城镇迁建规划设计规范》（DL/T 5380—2007），就城镇迁建规范设计的内容、深度、方法、工作程序等有关设计要求和技术标准都做了详细规定。

6.2 工作重难点及主要工作方法

城镇迁建规划设计是涉及有城镇迁建任务的水电工程移民安置重要工作之一。由于城镇迁建涉及相关地域政治经济中心的重构，有的甚至涉及行政区域的重新划分，因此涉及地的政府部门历来是高度重视、深度参与。

结合多年来移民安置工作经验，综合分析认为城镇迁建规划设计的工作重难点主要有以下两个方面：一是迁建城镇新址的选择，二是竖向规划与场地处理。

6.2.1 迁建城镇新址选择

迁建城镇新址的选择首先要考虑安全和防灾需要，必须兼顾社会服务职能、经济发展职能的充分发挥，兼顾移民安置的需要，同时必须考虑迁建城镇工程地质条件、区位条件、环境容量、外部配套工程、各方意愿等多重因素，并兼顾各方诉求和利益。因此，迁建城镇新址选择是移民安置规划的重点和难点。主要工作方法如下：

（1）根据上位规划，综合分析迁建城镇社会服务、经济发展、各方意见确定迁建城镇功能定位和规划规模。

（2）进行工程地质条件、区位条件、环境容量、外部配套工程、经济合理性分析，综合各方意见和意愿，选择多方案进行比选。

6.2.2 竖向规划与场地处理

在通常的城镇规划中为满足城镇用地功能控制、容量控制等要求，为城镇开发建设提供依据，从规划深度来说主要是做到控制性详细规划，对于具体建筑的标高、场地地基处理等由下一步修建性详细规划和建筑设计考虑与完善。而移民安置中的迁建城镇不仅要满足用地功能控制、容量控制等要求，还要满足机关企事业单位、移民群众具体建房要求，因此必须做到修建性详细规划的深度，在机关企事业单位和移民房屋没有具体设计方案的情况下只能对地块内具体建筑的层数、建筑造型等进行假设，作为建筑竖向规划和场地地基处理的设计依据，造成实施过程中的许多变更和调整。因此，迁建城镇规划的竖向规划与场地处理是难点和重点。主要工作方法如下：

（1）在迁建城镇竖向规划时充分分析地形条件，尽量依山就势，避免大挖大填，建筑尽量布局在挖方区域。

（2）对布局公共建筑的区域按控制性详细规划深度要求进行规划控制，为公共建筑的建设提供弹性条件。

（3）依据移民迁建标准户型进行移民建房区域竖向规划和地基基础处理设计。

6.3　工作中遇到的主要问题及典型案例剖析

6.3.1　迁建选址问题

1. 个别城镇选址方案区位条件不合理，限制其功能发挥

E 水电站 Y 县城选址在 M 镇，新县城地理位置偏离区域中心，远离服务对象，多年来行政、经济职能难以发挥，对 Y 县经济社会发展引领带动作用没有发挥出来。

2. 部分迁建集镇新址选择以环境容量作为主要选择依据，限制了集镇的长远发展

（1）L 水电站 P 集镇。P 集镇新址总用地面积合计 21.10hm²，根据地质勘查成果，其中可利用的安置场地面积共计 7.76hm²；根据可行性研究阶段审批的《Y 县 P 集镇迁建修建性详细规划设计报告》，集镇迁建规划占地面积为 6.44hm²，若包含集镇后侧边坡支护处理占地，集镇实际使用总用地面积为 8.10hm²。故按此规划方案，集镇新址选址范围内实际已无其他可作为长期发展的建设用地，见图 6.1。

图 6.1　P 集镇新址

（2）X 水电站四川部分 L、J 两县 10 座迁建集镇均以移民安置容量作为主要选址控制因素，对于长远发展的用地考虑不足。

3. 部分集镇新址选择时对不良地质现象认识不到位

水电移民工程迁建城集镇选址工作受水电工程常位于高山峡谷区的特点影响，所选新址亦常位于水库库区周边及后靠的山谷区，由于新址选址工作同时需综合考虑地方政府选址要求、考虑城集镇未来发展需要等其他因素，加之受规划前期地勘工作深度有限的影响，经常存在对于不良地质条件影响考虑不充分的问题，导致项目规划设计时增加地质灾害工程治理费用，更有甚者在实施过程中或交付使用后突发自然灾害，威胁人民群众生命财产安全，并且增加后期治理费用。

（1）P 水电站 H 新县城新址 L 滑坡。H 县位于四川省西南山区。因兴建 P 水电站，需对 H 县城进行迁建，根据审批的 P 水电站移民安置规划方案，H 新县城选址位于 S 乡，规划人口规模 3 万人，占地面积 2.99km²，2004 年 10 月，四川省建设厅组织审查通过了《H 新县城总体规划》。

实施过程中，根据 H 新县城新址的地勘成果，建设用地及其周围发现有岩体风化卸荷、滑坡、采空区等不良地质现象，影响局部场址或地基的稳定性以及建（构）筑物基础形式与地基处理方案的选择，对已批准的迁建规划地有效实施带来了较大的影响，在开展 L 滑坡治理的专题研究工作的基础上并对已批准的修建性详细规划及初步设计进行了大规模的调整。

上述问题出现后，成都院会同有关单位及时对滑坡及影响区域展开全面的地质勘察及治理设计工作，开展了修建性详细规划的调整工作及迁建置换用地调整至新县城东区的市政基础设施设计工作。上述治理工作增加投资 3.08 亿元，对项目建设投资带来了较大的影响。

（2）M 水电站 W 集镇迁建新址西尔沟削坡平台垮塌。受 M 水电站淹没影响的 W 集镇是 H 县 W 乡政府所在地，其位于 H 县 E 支沟汇口上游 3km 处，距县城 20km，海拔约 1950m，是全乡的政治、经济、文化和物资集散中心。W 乡企事业单位职工共 93 人，集镇占地面积 15.4 亩，拟选的 Y 场地确定为 W 集镇新址。

2008 年汶川发生"5·12"大地震，可行性研究阶段审定的 Y 场址由于地震后出现新的不良地质灾害，地震后镇域内居民反对原新址位置，原审批新址对外交通不便，H 县政府根据 W 乡人大代表提议，于 2009 年 4 月向阿坝州移民办报送了《关于变更 M 水电工程征地移民安置方案的请示》，建议将新址调整至 X 沟。

2009 年 12 月，各方召开了 W 集镇迁建选址方案评审会，会议最终确定了选址方案。

至 2012 年 10 月，M 水电站蓄水至正常蓄水位时，场地侧坡局部出现变形垮塌现象，使得场地不稳定和不适宜建设区域增加，可利用区域减少，现有可利用场地面积不能满足集镇建设用地的需要。且在库水位作用下，场地侧坡地质条件变差，侧坡处理代价增大。

W 集镇新址场地上目前已建成了乡政府办公大楼，该大楼临水库侧一角的基础部位已出现了滑塌（目前该角已经悬空，见图 6.2），该楼存在一定的安全隐患，如该楼仍确定使用，将进行相应的工程处理，成都院专门编制了治理方案，但由于乡政府干部及 W 乡群众对该场地的稳定性存在疑虑，不同意乡政府继续选址在西尔削坡平台，强烈要求另行选址迁建。

由于 W 集镇选址、地勘、设计等工作均已完成，对于原选址方案的否定将导致增加反复的地勘及设计工作，同时对已完成的场地平整工程、房建工程亦存在已实施未利用的问题，导致投资浪费。

W 集镇新址现状场地工程措施难度大造价高，另行新址比选方案也有不同程度的制约因数，撤乡并镇方案地方政府协调工作难度极大，目前 W 集镇规划调整方案的确认仍在论证、研究过程中。

图 6.2　M 水电站 W 集镇蓄水后出现滑坡

6.3.2　迁建规划问题

1. 以行政功能、公共建筑功能为主的迁建集镇，用地平衡难以满足规划用地指标要求

双江口水电站脚木足集镇。《四川大渡河双江口水电站建设征地移民安置规划大纲调整报告》中脚木足集镇规划水平年（2021 年）集镇人口规模为 244 人，人均用地面积为 130m²/人，分析其原因主要是集镇安置的农业人口很少，集镇规划居住用地占总用地面积的比例仅为 3.78%，绝大部分为企事业单位用地，因此，规划用地比例指标和人均用地不能满足相关规范要求。

2. 迁建集镇与现状保留建筑的关系处理

（1）双江口水电站白湾集镇。在双江口白湾集镇建设过程中，由于规划范围周边有大量的现状建筑，协调和处理集镇竖向规划、管网规划与现状建筑的关系难度较大，容易产生矛盾，影响集镇建设的实施。

（2）大岗山水电站得妥集镇。大岗山水电站建设征地移民泸定县得妥集镇依托原得妥集镇进行修建，新建的得妥集镇有一部分房屋处于原集镇内，新修房屋建筑与原集镇现有房屋建筑之间的关系显得紧张，在保持原集镇建筑空间肌理的同时，融合问题显得尤其突出；另外，与原集镇的道路交通系统、给水排水系统的衔接存在较大难度。

6.3.3　迁建工程设计问题

1. 如何综合考虑各种因素影响确定集镇场地垫高高程问题

大型水库蓄水后，会淹没影响一些集镇，西南山区地形复杂、山高坡陡，往往难以就近找到可满足安置容量要求的场地新建集镇来满足移民就近后靠安置的需求，可在水库浅淹没区采用回填垫高的方式填筑人造场地，来满足迁建集镇的建设需求。这种垫高造地工程，对垫高场地的高程如何确定？相关规范没有明确规定，在以往的工程设计中，有些项目对确定垫高场地高程的影响因素考虑得较为全面，集镇的使用效果较好；有些项目则对影响因素考虑不足，导致集镇的使用功能出现了一些问题。

大渡河 L 水电站 X 集镇垫高防护工程，由于工程实施较早，当时技术人员对场地的浸没影响估计不足，临界地下水埋深仅取 1.0m，集镇投入使用后，部分房屋发生了浸没影响，一楼房屋地面较为潮湿，住户反映较为强烈。

W 集镇位于 L 水电站库尾，L 水库正常蓄水位为 955.00m，水电站于 2008 年 10 月蓄水发电；W 集镇上游便是 D 水电站的大坝，受 D 水库泄洪影响，L 水电站的库尾泥沙淤积情况远比可研阶段预测的严重。2010 年 8 月，S 县 W 乡及上游河段连降暴雨，L 库尾河段在流量 1900m³/s 左右时（小于 5 年一遇），造成 W 乡当地居民房屋、农田和省道 211 线受到不同程度的影响，致使 W 乡 Z 村 5 组、6 组、7 组部分居民临时撤离。根据 2014 年实测断面推算的设计洪水成果，W 集镇移民安置区对应断面 L 水库 5 年一遇回水较可研阶段抬高 2.86~3.02m，20 年一遇回水较可研阶段抬高 3.13~3.35m。受泥沙淤积影响挖角集镇区域设计洪水位升高较快，造成 W 集镇部分区域防洪不满足要求。为解决该问题，业主又实施了 W 集镇二期工程，W 集镇二期工程按照泥沙淤积后的设计洪水成果，将场地高程垫高至 961.0m，为了满足 W 集镇的排水要求，还修建了排涝泵站等工程。通过 W 集镇的典型案例可以看出，位于库尾的集镇垫高防护工程，应该考虑泥沙淤积后洪水位抬高的影响；在具体实施时，应该预测泥沙淤积后的设计回水位，在预测泥沙淤积形态时，除了考虑天然状况下的泥沙淤积形态之外，还应考虑受上游水库泄洪、上游工程弃渣等不利因素的影响。

X 水电站的 D 集镇垫高防护工程和 Q 居民点垫高防护工程，水库正常蓄水位为 600.00m，在垫高防护工程设计时，场地高程均取为 603.00m，该高程满足了防洪和防浸没影响，但在考虑管网布置后，场地高程不满足市政排水要求，给排水设计人员为满足市政排水要求，对场地高程进行了加高，其中 D 集镇的最终场地高程调整为 604.00~605.00m，缓坡式布置；Q 居民点最终场地高程调整为 603.20~604.50m，也为缓坡式布置。因此，从以上两个项目的情况来看，在集镇和居民点垫高防护场地高程确定时，要重视市政管网排水要求。

在垫高场地高程确定时，除了考虑防洪、防浸没、泥沙淤积、排水等因素的影响之外，在集镇内，还存在污水处理厂、沼气池等地下构筑物。污水自流至污水处理厂，经净化处理后，为满足自流排放要求，污水处理厂一般布置于场地的最低位置，污水处理厂不但要满足防洪要求，同时污水处理厂的建筑物还需满足抗浮要求。沼气池也是埋置于地面以下的特殊构筑物，设计洪水位时，受地下水浮托影响，沼气池容易出现破坏。因此，在垫高防护场地最终高程确定时，应考虑设计洪水对特殊构筑物的影响，垫高防护工程设计人员应该和特殊构筑物的设计人员沟通，通过对抬高垫高场地的高程和增加构筑物的抗浮能力两种方式进行比较，选择经济合理的处理方式。

在确定集镇和居民点垫高防护工程的场地高程时，要同时考虑防洪、防浸没、防泥沙淤积、市政排水及其洪水对特殊构造物的影响，按最不利因素确定场地高程。在以往的工作中，几乎所有的项目，都充分考虑了防洪影响；有的项目对浸没影响考虑不足，如 X 集镇对浸没影响考虑不足，导致 X 集镇出现浸没影响；有的项目位于库尾，没有考虑泥沙淤积影响，如 W 集镇对库尾泥沙淤积影响考虑不足，导致水库运行后，场地不满足防洪要求；有的项目对市政管网排水考虑不足，如拟建的 D 集镇对排水和特殊构筑物的影响考虑不足。通过总结上述项目出现的一些问题，在以后的规划设计中，确定集镇垫高防护场地高程时，应同时考虑以下几方面的影响，首先根据防洪、防浸没要求确定场地高程，再根据泥沙淤积影响，复核场地高程，最后跟给排水专业和环保专业沟通后，再次复核场地高程，按上述因素的最高要求确定集镇垫高场地高程。

2. 挡墙设计中如何选取墙后回填料、回填料力学参数及挡墙暴雨工况分析问题

（1）墙后回填料的选取。一般情况下，应尽可能采用透水性好、抗剪强度高且稳定、易排水的砂类土或碎（砾）石土类土，严禁使用腐殖质土、盐渍土、淤泥和硅藻土作为填料，填料中不得含有有机物、冰块、草皮、树根等杂物和生活垃圾。从土压力的原理出发，应选择内摩擦角大、容重小的填料，这样主动土压力越小，就越利于挡墙稳定。

在 X 水电站集镇市政挡墙设计过程中，基于以上原则，采用透水性好、内摩擦角大的碎石土或卵石土作为墙后回填料，场地开挖料中有碎石土或卵石土层的，利用场地开挖筛选料作为墙后回填料；场地开挖料中无相关土层的，则要求外运或外购碎石土进行墙后回填。施工过程中，大多实施单位未按照设计要求对墙后填料进行筛选或换填，但因溪洛渡库区地质条件整体较好，场地开挖料基本能达到设计要求，故经工程实践验证该种方法设计的挡墙安全性能够保障。

在 D 水电站集镇的市政挡墙设计过程中，该区域内地质条件基本为粉土或粉质黏土，若对墙后回填料用碎石土进行换填，则需从较远的地方外购或外运碎石土，工程造价高且施工质量较难控制。因此，需进行技术经济比较后确定墙后回填料。

以 X 集镇为例，该集镇共布置 5 条挡墙，由于现状开挖料力学指标不高，若采用开挖料作为墙后回填料，则挡墙断面相对较大，但可减少碎石土外购及换填费用，工程量及投资对比详见表 6.1。

表 6.1　　　　　　　　　　　　工程量及投资对比表

方　案	土方开挖 /m³	土方回填 /m³	浆砌块石 /m³	毛石混凝土 /m³	碎石土换填 /m³	投资 /万元
方案一：利用开挖料	1168	292	2687	672	0	134.3
方案二：碎石土墙后换填	1059	265	2436	609	2624	134.2

经对比后可知，两方案在总费用上差别不大，考虑到采用碎石土换填施工质量控制难度高，故经技术经济比较后采用开挖料作为墙后回填料。该工程目前尚未实施完毕，后期应继续跟踪此类挡墙的实施效果及存在问题。

（2）墙后回填料力学参数的选取。目前通用的土压力计算方法是库伦理论和朗肯理论，因库伦理论可用于墙背垂直或倾斜、墙背光滑或粗糙、墙后填土表面水平或倾斜、墙后填土表面无附加荷载或有附加荷载等情况，故挡墙土压力计算常用库伦理论。

采用碎石土或卵石土作为墙后回填料，因该土层力学指标高，设计过程中主要考虑利用内摩擦角指标，而忽略凝聚力指标，设计的挡墙偏安全；同时，该类土透水性好，暴雨情况下主要影响碎石土的凝聚力指标，故暴雨工况下设计挡墙的安全性能够得到保证，整

体来说设计的挡墙偏于安全。

粉土或粉质黏土力学指标较差，需同时利用该土层的凝聚力和内摩擦角指标。

以 X 集镇 1 号挡墙为例，用理正岩土软件进行挡墙截面设计，直接采用凝聚力指标时，挡墙截面大大减少，7m 高挡墙顶宽为 0.5m，台宽为 0.8m，而采用等效内摩擦角方法计算时，7m 高挡墙顶宽为 1.3m，台宽为 1.6m，断面截面积之比为 1∶1.93。由于库伦理论假定滑动面为平面，其计算方法更适合于砂性土，直接采用凝聚力指标会造成较大的计算误差，第一种计算方式从计算结果上分析可知挡墙截面较小，挡墙仅需满足构造需要即可，土层基本自稳或稍欠稳，该种方法在工程实践应用将偏于不安全，故不推荐采用。

因库伦理论是假定墙后填土是非黏性土，故实际设计过程中一般将凝聚力折算成等效内摩擦角来进行挡墙设计。同时，该类土透水性较差，需做好反滤层、墙身排水孔等排水设施，并提高填土的压实土，且需对暴雨工况进行一定程度的分析。

（3）挡墙暴雨工况分析。在《建筑边坡工程技术规范》（GB 50330—2013）中，仅对永久边坡、挡墙一般工况、地震工况规定了稳定系数要求，而无暴雨工况相关内容。

《水工挡土墙设计规范》（SL 379—2007）中，涉及的荷载组合基本组合、特殊组合 1（施工情况、校核洪水位情况）、特殊组合 2（地震情况），无暴雨工况相关内容。

其他边坡设计相关规范，如《水利水电工程边坡设计规范》（SL 386—2007），要求计算工况包括"由于降雨、泄水雨雾和其他原因引起的边坡体饱和及相应的地下水位变化"；《滑坡防治工程设计与施工技术规范》（DZ/T 0219—2006）规定了滑坡工程的计算工况包含"自重＋地下水＋暴雨"。但暴雨工况是基于有地下水位的情况，通过查阅《水工设计手册》，其计算方法是通过渗流计算分析降雨时地下水位线抬高，以此来计算土压力及水压力，而市政挡墙挡护范围内一般地下水位较低，不会对挡墙的稳定性产生影响，故该种计算方法不适用于市政挡墙暴雨工况分析。

3. 如何减少管线综合设计中相互影响问题

库区集镇迁建选址一般位于丘陵或山地区域，建设难度大，场地整理既要考虑安全便捷，又要结合经济可行，用地指标因此受到限制。建筑退后道路距离以及建筑离挡墙的间距受用地指标控制的影响，经常满足不了管线敷设的基本要求，导致后期在项目实施过程中设计调整的地方多，难度大。下面以 L 水电站移民安置工程 P 集镇移民迁建项目和 Z 集镇移民迁建项目为例来说明。

P 集镇移民迁建项目中位于集镇中部区域的场地，房屋宅基地边线离后侧挡墙控制线的距离为 3m，挡墙墙趾突出 0.6m，房屋与挡墙之间的净空距离剩余 2.4m，中间需布设污水管道及检查井，检查井井体直径为 1.4m，按照《室外排水设计规范》（GB 50014—2006）要求，污水管道距离建筑基础的水平距离应不少于 3m。因此，P 集镇移民迁建项目的房屋与挡墙的控制距离满足不了规范要求，且施工时也只能勉强安置下检查井，对以后使用及检修维护均带来不便。

Z 集镇移民迁建项目中的居民住宅场地，房屋建筑边线与挡墙控制线距离为 3m，由于后缘挡墙较高，墙体基础采用扩展基础，突出较多，均为 1.5m 以上，导致污水收集只能沿屋前道路进行收集，给水管道沿屋后进行敷设，对给水入户及污水出户收集均带来不便。另根据《室外排水设计规范》（GB 50014—2006，2014 年版）要求，排水管道距离电信管线的水平距离要保持 1m 以上，距离绿化乔木的栽植距离需保持 1.5m 以上，而道路规划宽度为 3.5m，建筑退后宽度为 2m，在 5.5m 宽度的范围内需要布置污水管道、电信管线、修筑雨水沟、栽植乔木，实际中根本无法按照规范要求进行设计和施工。

以上 P 集镇和 Z 集镇迁建项目中出现的管线与管线之间、管线与房屋之间间距不足问题，建议在规划阶段应严格按照规范要求，为后期管线敷设预留足够的空间。在设置高挡墙的位置时，应结合墙体结构形式，预留管线工程所需空间。

4. 集镇排洪出口设计中如何确定出口位置问题

库区集镇迁建由于前期时间紧任务急，一方面对一些重叠项目只能预留一些输入条件，集镇排水沟出口设置常需其他项目输入条件来确定，一旦其他项目不实施，或者延迟实施，就会出现排水无出路的情况；另一方面由于测量资料一般只反映规划区域内的地形资料，对规划范围外的区域基本体现不到，而排洪出口却一般设置在规划区域外，地形资料对排洪出口设置没有参考性，排洪口在前期设计时的详细位置及工程量不能充分估计。由此在排洪口后期施工时需对前期设计进行变更调整。下面以 X 水电站移民安置工程 C 集镇移民迁建项目和 S 水电站移民安置工程 B 集镇移民迁建项目为例来说明。

C 集镇移民迁建项目雨水排出口设置在与库周交通道路连接处，主要依靠库周交通道路设置的排水沟进行排放，但是在后期实施过程中，库周交通道路的排水沟设置不能够满足 C 集镇迁建区域的排水需求，施工时根据现场实际情况，增加了约 500m 的排水沟渠用于解决 C 集镇的排水出路问题。

B 集镇移民迁建项目雨水排出口沿规划道路设置，由于缺乏地形图资料，排水出口在规划道路的末端终止，后期在实施过程中，沿规划道路的排水沟为断头沟，不能满足迁建集镇排水需要，施工时根据现场实际情况，新增了雨水管道及雨水沟。

以上 C 集镇移民迁建项目和 B 集镇移民迁建项目中，排洪出口采用就近排放，在前期设计中没有确定雨水排放的最终出口，导致后期实施过程中新增工程项目和工作量，建议在之后的排洪口设计中，设计人员要对外部输入条件进行仔细沟通确认，对最不利情况要预先考虑处理措施，同时要现场确认整个场地的排洪口出口位置，要对此部分工程量预估充分。

5. 城镇绿化工程设计如何与实施需求结合问题

城镇绿化工程设计一般参照《城市道路绿化规划与设计规范》（CJJ 75—97）中的相关条款进行设计，即：绿地率新区建设不应低于 30%，旧区改造不宜低于 25%，受人均用地指标限制，在城镇规划布局中移民房前屋后规划为绿化用地方能满足绿地率指标要求，然在实施过程中移民普遍要求房前屋后绿地进行硬化或作为菜园地以满足生活需要。

溪洛渡水电站外迁德昌麻栗集镇安置点在实施过程中，移民普遍要求房前屋后绿化用地改为每户菜园地以满足日常生活需要，从实施效果来看，移民种植绿色蔬菜既能满足绿化要求，又能满足平时部分蔬菜的供应需求。

　　某集镇绿化工程在实施过程中,移民强烈要求将房前原设计用作绿地范围进行混凝土硬化处理,最终经各方协商,采纳移民意愿对房前进行混凝土硬化处理。

　　针对以上典型案例的分析,在进行城(集)镇绿化工程设计时尽量将移民房前屋后规划为绿色菜地或带孔植草砖,实施过程中如移民强烈要求进行硬化,需各方协调统一在原设计投资范围内包干使用。

　　6. 电力工程设计时如何选取敷设方式和用电负荷标准问题

　　(1)电力工程架空与地埋问题。迁建集镇电力工程的敷设方式设计,根据《镇规划标准》(GB 50188—2007)规定:镇区的中、低压架空电力线路应同杆架设,镇区繁华地段和旅游景区宜采用埋地敷设电缆。在集镇市政工程审查时,专家从节省投资和方便检修等方面考虑,也要求电力线路采取架空敷设;部分地方政府主管部门从集镇景观、城镇规划或旅游开发等角度出发,要求选择埋地敷设电缆,且规范中明确说明了镇区繁华地段和旅游景区宜采用埋地敷设电缆,审查专家意见与地主行政主管部门诉求的矛盾很难解决,电力线路实施中通过变更架空改埋地的情况普遍存在。

　　案例一:普巴绒集镇设置1台125kVA S11型低损耗变压器,分别采用架空和埋地两种敷设方式进行了设计。

　　1)采用架空方式。集镇内的输电线路沿道路架空敷设,电杆挡距40~50m。根据经济电流初步计算,结合机械强度、允许发热条件及允许电压损失校验导线截面,区内低压配电线主要选用绝缘钢芯铝绞线 JKLGYJ-50、0.4kV 导线。主要架空线工程量详见表6.2。电力部分工程直接投资为 19.27 万元。

表 6.2　　　　　　　　　　　　主要架空线工程量汇总表

序号	项　目	规　格	单位	数量
1	低压架空线	JKLGYJ-50	m	2700
2	电杆	φ150 锥型水泥杆	根	23

　　2)采用埋地敷设电缆。集镇内区内沿主干道敷设的低压电缆均采用穿 PVC 管埋地辐射方式,电缆长度大于 30m 和转拐时设电缆手孔井,保护管管路顶部土壤覆盖厚度大于0.5m。根据经济电流初步计算,结合机械强度、允许发热条件及允许电压损失校验导线截面,低压配电线选用 YJV-4×50+1×25 电缆。主要电缆线工程量详见表 6.3。电力部分工程直接投资为 28.41 万元。

表 6.3　　　　　　　　　　　　主要电缆工程量汇总表

序号	项　目	规　格	单位	数量
1	低压配电线	YJV-4×50+1×25	m	1820
2	手孔井	φ150 锥型水泥杆	根	23
3	土方开挖		m³	2018
4	土方回填		m³	1426
5	五孔梅花管			1820

　　案例二:得妥集镇电力线路原审定为架空方式敷设。得妥集镇位于 S211 线路上,是

从大渡河河谷进行入海螺沟冰川森林公园 4A 级景区的门户，海螺沟景区等级高，年接待人数百万人以上。得妥集镇有旅游接待、景区门户打造等方面的要求，在实施过程中根据地方政府主管部门要求调整为埋地敷设方式。

架空敷设方式建设期一次性投资费用低，且易于施工，建设周期短，故采取架空更为经济。缺点是电力线路容易受冰冻、大风、车辆碰撞等恶劣天气及社会交通因素影响，尤其高海拔地区，运行故障率相对较埋地敷设方式高、可靠性比电缆线路低。架空敷设的电力线路布置在道路两边，对集镇风貌景观有一定影响，且与城市规划及旅游打造等要求不符。

采取埋地敷设方式运行故障率相对较低、可靠性比架空线路高、适应各种恶劣气象条件。缺点是建设期一次性投资费用高，故障点查找困难，不易检修，运行维护费用较高。

根据架空和埋地两种敷设方式的优缺点分析，并结合相关规程规范的要求和实施运行维护的情况，架空和埋地两种敷设方式都可行。靠近旅游景区的集镇、地方政府主管部门有旅游接待等规划时，迁建集镇电力线路的规划设计宜采用全线地埋或主干道埋地、次干道架空方式敷设，其他情况建议采用架空方式敷设。

（2）用电标准问题。迁建集镇居民用电标准参照《水电工程移民安置城镇迁建规划设计规范》（DL/T 5380—2007）：人均居民生活用电量指标，应以原址人均居民生活用电量水平为基础；并参考《城市电力规划规范》（GB 50293—1999）有关中等城市和较低城市居民人均生活用电量标准选取。城市居民生活用电一般取 600kW·h/（人·a），集镇居民 400kW·h/（人·a）。在《水电工程移民专业项目规划设计规范》（DL/T 5379—2007）中，根据历史统计数据和诸多地区的情况分析，居民生活用电年最大负荷利用小时通常取 2000～3000h。以一个 6 人居民户为例进行测算，居民生活用电年最大负荷利用小时取 2000h，用电标准为 1.2kW/户。

参照《城市电力规划规范》（GB 50293—1999），当采用单位建筑面积负荷指标法时，其居住建筑、公共建筑、工业建筑三大类建筑的规划单位建筑面积负荷指标的选取，应根据三大类建筑中所包含的建筑小类类别、数量、建筑面积（或用地面积、容积率）、建筑标准、功能及各类建筑用电设备配置的品种、数量、设施水平等因素，结合当地各类建筑单位建筑面积负荷现状水平和表 6.4 规定，经综合分析比较后选定。

表 6.4　　　　　　　　　规划单位建筑面积负荷指标表　　　　　　　单位：W/m²

建筑用电类别	单位建筑面积负荷指标	建筑用电类别	单位建筑面积负荷指标
居住建筑用电	20～60（1.4～4kW/户）	工业建筑用电	20～80
公共建筑用电	30～120	—	—

当采用单位建筑面积负荷指标法时，迁建集镇居民生活用电标准取 1.4～4kW/户。

在水电移民城镇电力工程规划设计时，按"07 城镇规范""07 专项规范"的户均负荷标准与城市电力规划规定的取值有一定差异。在实施过程中，由于迁建集镇新址一般位于海拔 2000m 左右（部分地区高于 3000m），冬季时间长，居民户有用电取暖或煮饭等需求，按以上"07 城镇规范""07 专项规范"测算取值不能满足实际用电需求。根据 2015 年 5 月 1 日实施的《城市电力规划规范》(GB/T 50293—2014),当采用单位建筑面积负荷密度指标法时,其规划单位建筑面积负荷指标宜符合表 6.5 的规定。

表 6.5　　　　　　　　　　　　规划单位建筑面积负荷指标　　　　　　　　　　　单位:W/m²

建筑类别	单位建筑面积负荷指标	建筑类别	单位建筑面积负荷指标
居住建筑	30~70 4~16kW/户	工业建筑	40~120
		仓储物流建筑	15~50
公共建筑	40~150	市政设施建筑	20~50

根据《城市电力规划规范》(GB/T 50293—2014)中的内容,迁建集镇居民生活用电标准应当采用 4~16kW/户进行相关设计。

7. 供水规模设计时如何考虑引水管线周边居民用水问题

在城镇迁建供水工程规划设计时,用水量计算按照《水电工程移民专业项目规划设计规范》(DL/T 5379—2007)中规定:复建或改造的供水工程供水规模按恢复原规模、原标准、恢复原功能的原则确定,用水定额不宜低于该地区用水定额下限值,确定用水人数时,根据"三原"原则,可直接采用水库规划水平年的人数,不考虑设计年限内的人口增长,但对水源点进行水量论证时可考虑 10~15 年的人口增长。

根据《村镇供水工程设计规范》(SL 687—2014)(以下简称"村镇供水规范")中规定:供水工程总体规划应以合理利用区域水资源、使区域供水工程布局合理和规模化供水为主要目标。村镇供水工程的规划与设计应与当地村镇总体规划以及人口、居民区、企业、建设用地、环境、防洪和水资源等相关规划相协调,统筹考虑村镇发展的需要和当前亟待解决的饮水问题,规划水平年分近期和远期,用水量预测应根据不同规划水平年的人口规划、企业规划,对规划区域内生活用水量等进行预测。用水量规划要近远期结合,分期实施,近期设计年限宜采用 5~10 年,远期规划设计年限宜采用 10~20 年。

在水电移民城镇供水工程规划设计时,"07 专项规范"中水库规划水平年与"村镇供水规范"的规划水平年差异较大。"07 专项规范"中水库规划水平年为水库下闸蓄水年,与项目实施年份接近,"村镇供水规范"的规划水平年在实施年份基础上近期考虑 5~10 年、远期考虑 10~20 年。同时在城集镇供水工程规划设计及实施时,地方政府对引水管道沿线适当考虑当地居民的生活用水诉求越来越强烈,在"07 专项规范"中规定供水人口只能考虑移民,而"村镇供水规范"定供水工程应以合理利用区域水资源、使区域供水工程布局合理和规模化供水为主要目标,在实际规划设计时,移民规范与行业规范以及当地用水诉求的矛盾越来越突出。

如某水电站迁建集镇外部供水工程,至规划水平年人口迁建规模为 465 人,设计供水保证率取为 95%,最高日居民用水定额 120L/(人·d),公共建筑用水量按生活用水量的 10% 计取,无饲养畜禽用水量,无企业用水量,浇洒道路和绿地用水量按居民生活用水量的 3% 计列,管网漏失水量和未预见水量按以上五项用水量之和的 10% 计列;按照"07 专项规范"该迁建集镇供水规模为 69.36m³/d,该集镇所在县人口自然增长率为 15‰，如按照 15 年远期规划，该迁建集镇供水规模为 86.66m^3/d，相比按照"07专项规范"计算供水规模增加 24.95%。该供水工程引水管道长约 7km，沿线有 300 人无集中供水设施，地方政府来函请求一同解决该供水工程沿线 300 人的供水问题，如按照 765 人计算供水规模为 114.11m^3/d，相比按照"07专项规范"计算供水规模增加 64.52%；如按照 15 年远期规划，供水规模为 142.60m^3/d，相比按照"07专项规范"计算供水规模增加 105.59%。

该供水工程在供水管道管径设计时，按照日供水 8h 计算，设计引水流量为 2.65L/s，设计管道内径为 60mm，选取 dn75×6.8PE100 管；如果按照供水规模 86.66m^3/d、日供水 8h 计算，设计引水流量为 3.01L/s，设计管道内径为 62mm，则必须选用 dn90×8.2PE100 管；如果按照供水规模 114.11m^3/d、日供水 8h 计算，设计引水流量为 3.96L/s，设计管道内径为 68mm，则必须选用 dn90×8.2PE100 管；如果按照供水规模 142.60m^3/d、日供水 8h 计算，设计引水流量为 4.95L/s，设计管道内径为 74mm，则必须选用 dn110×10PE100 管。

从三种管材的造价来看，dn75×6.8PE100 管材料价为 7.5 万元/km，建筑安装费 11.2 万元/km，工程总投资 180.7 万元；dn90×8.2PE100 管材料价为 9.4 万元/km，建安费 13.1 元/km，工程总投资 193.5 万元，总投资增加 7.1%；dn110×10PE100 管材料价为元 13.4/km，建安费 17.1 万元/km，工程总投资 220.4 万元，总投资增加 22.0%；由以上分析可以看出，单从移民人数来看，行业规范与移民规范相比，总投资增加不大，增加比例小于 10%；考虑当地管道沿线居民用水时，总投资增加较大，增加比例大于 20%。

因此在供水工程规划设计时，在水源水量充足的条件下，管径选取时比计算管径稍大一个型号，既提高了设计供水保证率，又能够解决城镇长远发展用水问题，同时也可兼顾管道沿线居民适当用水的问题；如果地方要求统筹考虑当地用水问题，则按照移民用水和当地用水统一规划设计，工程投资需进行投资分摊，分摊比例需各方协商确定。工程设计供水时间取 8h，如地方要求考虑当地居民用水问题，也可通过增加供水时间和扩大高位水池容积来解决，相关费用需地方其他资金渠道解决。

6.4 技术总结及建议

6.4.1 关于迁建选址

1. 不良地质条件影响考虑不充分

（1）城镇迁复建选址应将避让大型的不良地质条件，将保证安置场地的安全问题作为首要的制约及比选因素，应根据地质勘查成果，对于要求进行避让的地质灾害应坚决避让。

（2）城镇迁复建选址尽量选择需进行工程处理措施工程量较小的用地，避免对现状地形带来较大的扰动，以防止市政工程施工或蓄水后带来新的地质灾害问题。

（3）对于新址方案需进行防护、工程措施处理的，应提前安排好相关的实施组织设计工作，在规划设计报告或设代函中提出明确的建设时序要求。避免发生防护工程未实施，而集镇居民点先建设完成后导致灾害发生的问题。

2. 城镇选址方案地理位置不佳

城镇迁复建选址工作除综合考虑新址的地形地质条件、环境容量、外部配套接入条件、对现状居民的影响等问题以外，还应充分考虑城镇功能恢复、社会经济发展等问题，避免城镇新址调整至偏远地区，导致辐射能力不强、中心作用不明显问题，城镇新址应尽量保证在本市（县、乡）或覆盖区域的中心位置。

3. 选址方案用地范围较小

城镇迁复建选址工作所选新址应充分考虑城镇未来的发展空间，在新址比选时就应根据本次规划的规模，估算所需要的规划用地，在其他比选因素条件相当的情况下，应尽量选取规划用地余度较大的新址方案。

6.4.2　关于迁建规划

（1）对于以恢复城镇行政功能、社会服务功能、公共建筑功能的迁建城镇应作为未来城镇的近期建设部分，按实事求是的原则统计各项用地指标，而不强求指标一定要达标。

（2）迁建城镇与现状城镇毗邻时，应充分考虑功能、竖向、道路、管网等的相互衔接。

6.4.3　关于迁建城镇工程设计

（1）在确定迁建城镇垫高防护工程的场地高程时，要同时考虑防洪、防浸没、防泥沙淤积、市政排水及其洪水对特殊构造物的影响，按最不利因素确定场地高程。

（2）挡墙墙后填料的选取作为挡墙稳定计算分析的重要设计输入，直接影响挡墙的安全及投资，需结合工程实际，优先选取透水性好、内摩擦角大的土层；若区域内无较优土层，经技术经济比较后可选用场地开挖料作为墙后回填料。

（3）墙后填料力学参数的选取，对于碎石类土层，一般采用内摩擦角作为设计输入；黏性土层，一般考虑将凝聚力折算成等效内摩擦角作为设计输入。

（4）在挡墙暴雨工况下采用适当降低墙后填料的力学指标来复核暴雨工况安全稳定性，内摩擦角降低2°，凝聚力降低2～5kPa，抗滑稳定系数按1.1控制，抗倾覆稳定系数按1.3控制。

第7章

专业项目规划设计

7.1 法律法规及规程规范的相关规定

1991年国务院以74号令颁布了《大中型水利水电工程建设征地补偿和移民安置条例》，"96规范"是在74号令的基础上，对"84规范"进行的修订。与"84规范"一样，"96规范"专业项目复建以"三原"原则为主要立足点。和"84规范"不同的地方："96规范"明确提出扩大规模、提高标准增加的投资，由地方政府或有关单位自行解决；提高了移民安置规划的可靠性和可操作性，更利于地方政府实施，更利于地方经济的发展。但是这一时期的规划设计基本是用于计算补偿投资，地方政府往往根据地方发展规划自行设计，通过补偿资金或补偿资金与地方发展专项资金结合实施迁复建工程的建设，存在通常所说的计算费用与实际实施是两套不同设计的现象。

在之后的《大中型水利水电工程建设征地补偿和移民安置条例》（国务院471号令）、"07总规范"仍把"三原"原则作为迁复建移民工程的一个基本原则，但是其含义有了更进一步的延伸和提高。一是提出了"移民工程建设规模和标准，应当按照原规模、原标准或恢复原功能的原则，考虑现状情况，按照国家有关规定确定。现状情况低于国家标准的，应按国家标准低限执行；现状情况高于国家标准高限的，按国家标准高限执行。"这样就使移民工程这个领域与相关的各个行业实现了有效的衔接和互通，更合理、更可行、更符合移民意愿、更利于地方的发展。二是迁复建工程，按"07专业规范"结合相关国家及行业规范，按设计计算补偿投资。设计不再是"两张皮"，而是落地成真、付诸实施。三是对于提高标准、扩大规模迁复建工程的费用由有关地方人民政府或者有关单位自行解决，不列入水电工程补充费用。自"471号移民条例"颁布和"07规范"实施以来，正逢我国经济高速发展时期，在建和新开工的各水电站库区迁复建交通、水利、电力等移民工程在执行"三原"原则时，已经按照国家的强制性规定和相应行业的标准规范，结合促进地方经济社会发展和移民脱贫致富的要求进行设计和建设。库区迁复建工程的建设规模和标准较淹没前有了大幅度的提高。为了满足地方经济发展的要求，在考虑投资分摊的前提下，有些项目甚至结合地方发展规划一次建成到位。

7.2　工作重难点及主要工作方法

7.2.1　专业项目规划设计主要内容

　　建设征地移民专业涉及专业项目种类多、类型杂。对专业项目的处理对于电站的建设以及征地移民工作的顺利推进，都有至关重要的作用。常遇的专业项目类型主要有交通运输工程、水利工程、防护工程、电力工程、企业单位等五项。

7.2.2　工作重难点

　　通过对以往项目的分析、总结，结合在专业项目处理中遇到的具体案例，针对不同类的专业项目，其工作重难点各有不同。

7.2.2.1　交通运输工程

　　交通运输工程在征地移民安置中，投资一般较大，影响权重也较大。在确定复建方案的过程中，道路现状条件和功能与地方行业主管部门对于该区域内交通规划和需求常存在不一致。在规划设计过程中合理确定复建标准和复建方案是重难点之一。

7.2.2.2　水利工程

　　水利工程设计类型较多，包括各类泵站、水库、水电站、水文站、闸坝、渠道等，此类项目的重点在于现状情况调查。包括现状规模、标准、功能等，以及根据项目特点，确定工程处理方案。有条件迁复建的，根据项目区地形及地质条件，明确迁复建方案，并开展相应的设计工作。如无复建条件，需明确项目权属，根据相关政策，考虑货币补偿。

　　因水利项目类型较多，难点在于处理方案的确定。处理方案需依据工程现状情况合理确定迁复建或者补偿的方案。原则上水利项目的迁复建按照"原规模、原标准、恢复原功能"处理，但如复建项目原标准低于现行国家及行业规范要求的，需按照满足规范要求复建。

7.2.2.3　防护工程

　　防护工程主要包括堤防、边坡等项目。防护工程的防护标准、工程等别主要由防护对象确定。其重点在于防护对象、防护范围的确定。应根据项目特点、移民安置工程需要，综合考虑确定合理的防护对象及范围。对象及范围确定过后，相应可依据项目所在地的地形地质条件，开展方案比选，确定经济合理、技术可行的防护方案。

　　防护工程的难点在于防护方案的确定。防护方案依据防护对象及现场情况，可采用的形式多样。需在保障工程安全、技术可靠的前提下，依据地质条件，通过计算论证、分析比较，确定既经济合理、又能顺利推进项目的方案。

7.2.2.4　电力工程

　　电力工程主要包括输变电线路、变电站、通信线路等。其重点在于现状等级、规模、服务范围及受影响程度的确认。这些也是拟定迁复建方案的重要依据。

　　电力线路处理的难点在于复建标准。一方面，因电站建设周期较长，从封库令到复建工程开工，往往经过较长时间。而在此期间，周边电力线路等基础设施建设的进度往往较快。如按照"三原"原则，存在与周边电力及通信网络的匹配问题。另一方面，地方政府对此类基础设施项目有相关的规划，迁复建的标准也存在与地方规划相衔接的问题。因此，如何在现有行业规程规范的框架下，合理确定项目的标准，以利于移民安置的顺利推进，是难点之一。

7.2.2.5　企业单位

企业单位处理主要重点在于处理方式的确定。需结合企业意愿及项目特点制定企业处理方案。如企业单位自身不愿意搬迁，常导致漫天要价的情况，而项目推进过程中，如前期对于搬迁方案研究深度不足，也会导致后期企业选址变更或者搬迁费用增加的情况。

企业单位处理的难点在于如何结合电站建设需要处理企业单位诉求，制定合理的处理方案，并在处理过程中避免其不合理的诉求。

7.2.3　工作方法

水电站设计周期主要包括预可行性研究阶段、可行性研究阶段、实施阶段，在不同的阶段，专业项目处理的工作内容和工作方法也不尽相同。

在项目预可行性研究阶段，主要的工作内容为收集安置区基本资料及项目基本情况，确定受影响对象影响情况，初步确定处理方案，完成预可篇章编制，行业要求需要编制专业报告的，则需要编制相应的专题报告。这阶段工作方法主要以现场调查、小比例尺上分析规划或工程类比为主。

可行性研究阶段，主要的工作内容为依据水库淹没情况，项目区的社会经济、水文、气象、地质资料，结合行业规划及地方规划资料，完成各专业项目的规划设计工作，设计深度需达到各行业的初步设计深度要求。在完成可研报告篇章编制的同时，也需按照各行业要求编制相应的专业项目处理设计专题报告。这阶段工作方法主要为根据勘察测量成果开展设计工作，并根据设计工作进行概算的编制。

实施阶段，主要的工作内容为根据可研阶段确定的方案开展实施阶段的施工图勘察设计工作，以及现场的设计服务工作、后期的变更处理工作。这阶段的工作方法主要为依据批复的上阶段成果，根据相关政策及行业要求，完成施工图设计及现场服务、变更处理工作。

7.3　工作中遇到的主要问题及案例剖析

7.3.1　交通运输工程

7.3.1.1　移民专业公路工程标准的确定

移民专业公路工程主要包括淹没道路复建和城集镇居民点对外连接道路新建两个大的类型。移民专业工复建工程既属于电力行业工程建设征地移民复建专业项目，也属地方基础设置建设项目，等级公路同时还属于交通行业建设项目。复建公路涉及的相关部门包括电站业主、地方移民主管部门、地方交通主管部门等单位或机构。由于各方诉求的差异，在淹没复建现状道路达不到等级公路标准的情况下，复建公路工程建设标准的确定，各方往往难以达成一致。

电力行业颁布的《水电工程移民专业项目规划设计规范》（DL/T 5379—2007）对水电工程建设征地影响的公路复建，制定的完整的复建标准。标准总则"3.0.2"中第 1 条规定"对水电工程建设征地影响的铁路、公路、水运、电力、电信、广播电视等设施，需要恢复的，应根据影响程度，按原规模、原标准（等级）、恢复功能的原则，并结合项目所在的地形、地质条件等，选择经济合理的复建方案或处理方案"。对于等外级道路，定义其为乡村道路，并将乡村道路分为了汽车便道、机耕道、人行道三个标准。根据农村移民居民点人口数量的不同，规定的不同人口数量对应的道路规模与标准。规范规定的复建标准见表 7.1。

表 7.1　　　　　　　　　　　　农村移民居民点道路规模与标准表

人口数量 Q/人	$Q>1000$	$300<Q\leqslant1000$	$100\leqslant Q\leqslant300$	$Q<100$
道路规模与标准	四级公路	汽车便道	机耕道	人行道

注　Q 为规划水平年的城镇人口数量。

公路行业颁布的《公路工程技术标准》（JTG B01—2014）对等级公路的技术标准进行了规定。

四川省交通运输厅公路局颁布的《关于进一步规范农村公路建设标准和审批程序的通知》（交路农建函〔2011〕251 号）规定了四川省农村公路建设标准。

面对同一等外级公路复建项目不同的参考标准，成都院移民专业通过对各专业标准的解读，根据实际情况，提出合理的复建标准；对于超标准复建项目，提出投资分摊的处理方式，得到了各方的一致好评。

例如，瀑布沟水电站移民安置交通恢复公路（改）新建工程（汉源县），该项目为瀑布沟水电站库区移民安置交通复建工程，涉及新（改）建公路共计 29 条，涉及的道路包含淹没道路复建，集镇、居民点对外道路新建，工矿企业对外道路新建等不同类型。项目中的全和三组安置点对外连接道路，位于汉源县九襄镇流沙河右岸，复建设计道路全长 2.279km，是九襄镇任家湾现有居民、全和三组移民安置点的对外出行通道。道路起点接跨流沙河的联络大桥，终点为任家湾现有居民区，全和三组移民安置点位于联络大桥与任家湾现有居民区之间的平地。以全和三组移民安置点为界，可将对外连接道路分为两段，北段为联络大桥至全和三组移民安置点，山岭重丘地貌；南段为全和三组移民安置点至任家湾现有居民区，河谷平原地貌。在拟定南段道路设计标准时，考虑到全和三组移民安置点与任家湾现有居民区之间交通往来频繁，鉴于地形地貌平缓，具备复建较高标准公路的外部条件，因此拟定该段道路复建标准为四级公路双车道，路基宽 6.5m，路面宽 6.0m。在拟定北段道路设计标准时，考虑到全和三组移民安置点及任家湾现有居民人口数量不大，居民对外出行交通需求不大，出行多采用摩托车，鉴于该段地形地貌较陡，拟定该段道路复建标准为四级公路单车道，路基宽 4.5m，路面宽 3.5m。在同一个项目中，结合项目不同的实际情况，拟定不同的建设标准，既能满足道路使用者安全出行的要求，又能满足电站业主复建工程经济合理的要求，进而推动水电站移民安置工作的顺利进行。

在设计过程中，为了不突破移民规范，同时服务好地方政府，提出了高低两个设计标准、投资分摊的解决思路。例如，汉源县白鹤大桥新建工程，项目位于汉源县九襄镇流沙河右岸新建白鹤移民集镇，白鹤集镇安置的移民部分土地位于流沙河左岸，为了满足生产通行要求，需要新建跨流沙河桥梁一座。新建桥梁的功能为满足白鹤集镇安置移民生产需要，根据"07专项规范"要求，桥梁设计标准为机耕道桥梁，桥面净宽4.5m。汉源县提出，白鹤集镇作为地方政府的重点打造集镇，规划将其打造为采摘观光集镇，机耕道桥梁不能满足后期集镇打造升级的要求。基于此，成都院设计时提出了两套设计文件，分别是按"07专项规范"要求设计的桥面净宽为4.5m的移民桥及按公路设计规范要求设计的桥面净宽为7.0m的公路桥，同时分别计算不同规格的桥梁投资，提出桥面净宽为4.5m的投资由移民资金支付，超出的投资由地方政府支付的投资分摊处理方式。

7.3.1.2　等外级公路技术指标的确定

成都院设计的道路工程多位于高山峡谷地带，道路路线走廊带内地形凌乱，地形切割严重，沟壑发育。在"07专项规范"中，对乡村道路的标准进行了确定，规定了主要技术指标，规范建议未尽事宜参照公路行业标准中的有关规定执行。

"07专项规范"中，对于汽车便道，明确了其设计速度极限平曲线半径，其余指标均未明确，建议参照四级公路执行。在公路工程众多设计技术指标中，路线平面设计是决定公路投资的重要因素。因汽车便道设计速度为15km/h，小于公路行业最低设计速度20km/h，"07专项规范"中明确了未确定的技术指标宜参照公路行业标准执行。在此基础上，在充分理解公路行业规范中指标规定的前提下，结合汽车便道设计时速，对设计圆曲线超高值、圆曲线超高过渡段长度、夹直线长度等平面设计指标进行了调整。经计算，将超高过渡段长度控制在18m以内，将夹直线最小长度根据转弯半径不同，长度控制在20~36m之间。

通过上述指标调整，在满足行车安全性及舒适性的前提下，公路平面设计更加灵活，公路的平面线型更贴合地形地貌。较大程度上避免出现深挖高填路基，有效地降低了移民专项工程复建投资。

7.3.2　水利工程

7.3.2.1　集中安置点生活用水取水方式

安全可靠的生活用水是移民安置的重要保障。解决集中安置点生活用水的取水方式主要有自压管道输水（重力流管道输水）和机压管道输水。前者的输水特点为取水方式简单，建成后无需消耗电力资源，取水和输水成本低，而后者取水需通过泵站加压提水，一旦运行必须需消耗电力，取水和输水成本较高。

由于集中安置点生活供水工程由电站建设业主投资，地方政府实施，电站业主的投资为一次性投资，对于工程后期运行维护的费用电站业主不再承担，故在供水工程规划阶段地方政府几乎不会采用泵站取水、机压管道输水的供水方式，而是选择后期运行费用更低的自压管道输水。

目前在建或已建的集中安置点外部供水工程，几乎全部采用自压管道输水，工程主要分为取水枢纽、输水管线、水厂三部分。取水枢纽从满足人饮水源水质要求的山区溪沟取水，取水后通过输水管线长距离输水至集中安置点附近的水厂进行净化处理。由于山区地形地貌复杂，水源点的选择需保证水质满足人饮要求的同时，还要保证合理的高差以满足重力流输水，这就导致了取水枢纽距离集中安置点较远，输水管线需跨越崇山峻岭蔓延数公里甚至数十公里。然而，大量的已建工程在运行过程中暴露出了虽然后期运行费用低，但维护费用并不低的问题。山区溪沟洪水特点为历时短、来势猛，已建工程时常出现超设计标准洪水对取水枢纽冲毁的情况，同时输水线路沿线落石、泥石流等自然灾害频发，常常导致输水管线损毁，供水中断，后期维护费用较高。这不得不让人重新思考重力流输水真的比泵站机压管道输水更经济可靠吗？

集中安置点的新址往往位于水电站库区，邻近水库，例如：溪洛渡水电站的黄坪集镇，黄金坪水电站的长坝居民点、章古河坝居民点，长河坝水电站的江咀左岸、江咀右岸、野坝居民点，泸定电站的沙湾安置点、烹坝集镇等等都是临电站水库而建，在水质满足人饮条件的基础上是可以实现泵站提水解决集中安置点生活用水的。通过泵站自水库提水，水源稳定，工程线路短，沿线地形地质条件简单，不受自然灾害损毁，工程供水更为可靠。而对于地方政府及相关方关心的运行费用问题，可探索通过相关途径解决。对于电站建设业主来说，采用泵站机压输水和传统的重力流输水相比，一次性投资差别往往不会太大，而重力流长距离输水常常因自然灾害损毁修复的费用是否真的比机压输水运行的电力费用低却值得各方研究。同时，泵站自电站水库取水，泵站运行所需的电力是否可以通过电站生产的自用电力解决，此种方式是否更有利于保障移民生活用水，并有效解决了后期运行费用的问题，值得探索和实践。

7.3.2.2　集中安置点外部供水工程生活用水供水规模确定

在集中安置点外部供水工程设计中，地方政府往往要求解决引水线路沿线居民的生活用水问题，这就增加了取水设计流量和工程投资，针对地方政府的要求，有的项目采取移民安置规划人口计算取水设计流量，在管径选择时适当增大管道富裕度，外部供水工程费用计入移民工程投资；有的项目采取移民安置规划人口增大30％计算取水设计流量，外部供水工程费用计入移民工程投资；有的项目按照移民安置规划人口与引水管道沿线居民人口之和计算取水设计流量，外部供水工程费用进行投资分摊，分摊比例由相关方协商确定，根据协商结果，由移民人口分摊的部分进入移民工程投资。

以双江口水电站白湾集镇为例，该安置点规划安置人口307人（其中农村户口进集镇61人），根据调整后的双江口水电站建设征地与移民安置规划，县城规划区和集镇内农村移民配置生产用地面积为0.05亩/人，共配置耕地面积3.1亩；外部供水工程生产用水和生活用水统筹考虑，生活引水流量为0.0032m^3/s，生产引水流量为0.0004m^3/s，外部供水工程引水流量为0.0036m^3/s，通过水利计算需要管径为104mm，考虑一定的富余量和管道型号要求，选用De 114×5mm钢管，在审查过程中地方政府提出要解决沿线120人的用水问题，外部供水工程引水流量增加为0.0048m^3/s，经复核De 114×5mm钢管能满足该引水流量需求，在设计报告中没有提及引水管道沿线人口用水问题，而是在引水管道管径选取时适当增大管径的方式解决该问题。

又以两河口水电站红顶寺安置点为例，该安置点移民安置规划人口196人，为解决红顶寺安置点移民生活用水问题，原规划红顶寺安置点外部供水工程水源为扎拖沟，规划在扎拖沟修建取水口底格栏栅坝，引水线路总长为 27.6km，红顶寺安置点外部供水工程总投资为 974.17 万元。在实施过程中，地方政府提出"扎拖沟水源服务对象还包括沿线洛古、扎贡、一地瓦孜、波罗唐 4 个村 16 个组，共计 1094 人，红顶寺安置点外部供水工程实施将对沿线居民生活用水造成影响，当地居民意见较大，拒绝提供水源"，同时两河口水电站部分移民在扎拖沟内各村分散安置，移民和当地居民为节约成本采取就近管道引水的方式，引水环境较差，引水安全难以保障，道孚县据此要求红顶寺安置点外部供水工程要兼顾管线沿线居民的生活用水需求，为管道沿线村组设立分水口，并申请设计变更。根据《国家发展改革委关于做好水电工程先移民后建设有关工作的通知》（发改能源〔2012〕293 号）关于"整合各类资金与资源，统筹做好移民安置和库区建设工作，以移民搬迁安置为契机，积极谋划库区长远发展，促进移民脱贫致富"的文件精神，按照"建设一座电站，发展一方经济，改善一方环境，造福一方移民"的思路出发，在初步分析安置标准不变、工程规模和投资变化不大的情况下，从解决用水矛盾、改善沿线居民和分散安置移民用水条件等方面综合考虑，相关各方一致认为，对红顶寺安置点外部供水工程进行变更是必要的。四川省扶贫开发局对该设计变更进行了批复。变更后的外部供水方案为：在扎拖沟上游高程约 3541.00m 处新建取水口，引水管线覆盖沿线居民用水，引水管道长 34.5km，红顶寺安置点外部供水工程变更后的工程总投资为 1456.43 万元，与原初步设计概算工程总投资 974.17 万元相比增加 482.26 万元，经相关各方协商全部纳入移民工程投资。

在集中安置点外部供水工程设计中，面对地方政府关于解决引水线路沿线居民的生活用水诉求，当沿线居民用水不影响取水口和引水管道布置时，根据《国家发展改革委关于做好水电工程先移民后建设有关工作的通知》（发改能源〔2012〕293 号）以及《水电工程移民专业项目规划设计规范》（DL/T 5379—2007）修编过程中的原则，当沿线居民用水人口小于等于移民安置人口 30％时，以移民安置人口和沿线居民用水人口之和计算取水设计流量，或者在管径选取时适当增大引水管径，并进行外部供水工程设计，纳入移民工程投资；当沿线居民用水人口大于移民安置人口 30％时且对取水口和引水管道布置影响较大时，为避免重复投资的浪费以及运行管理方便，统筹考虑移民和引水管道沿线居民的用水，并对外部供水工程费用进行投资分摊，分摊比例由相关方协商确定，根据协商结果，由移民人口分摊的部分进入移民工程投资。

7.3.2.3　公路不通达区域计列二次转运费用

在山区线性工程设计中，公路只能通达到周边某个区域，此时需要考虑二次转运问题，二次转运通常采用人力或骡马运输的方式，根据工程各部位工程量确定施工主材加权平均运距，在以往工程设计中有如下两种方式确定二次转运费用。

（1）人工编制二次转运单价。如溪洛渡水电站曲依集镇外部供水工程，由于取水口和引水线路沿线不通公路，考虑"1 人＋1 骡马"100 元/工日，骡马匹有效负重量为 60kg，骡马日有效运距为 15km/日（加空回程合计为 30km），则二次转运费用单价为 111.11 元/（t·km）（100 元/日÷0.06t÷15km/日）。

（2）参照行业标准。如双江口水电站脚木足集镇外部供水工程，由于水利没有相关定额，概算定额参照《20kV 及以下配电网工程预算定额》（第三册，2016 年版）中人力运输中 PX1－6 定额单价，其中定额基价为 76.07 元，其中：人工费为 68.21 元，机械费为 7.86 元，地形增加系数为 60%，特殊地形系数（高海拔）为 10.21%。经计算，二次转运人工运输价格为 156.42 元/(t·km)，脚木足集镇外部供水工程二次转运人力运输费用参照这个结果取 156.42 元/ (t·km) 同时 6m 的钢管重量为 170kg，人力运输非常困难，运输前需将管道切割成 3m/根，人力运输至管道沿线，现场进行焊接，在二次转运费用中考虑钢管切割与焊接的费用。有的引水管道沿线树木茂密，人与骡马无法通行时，要考虑修建人行道并计列相关费用。

在公路无法到达施工现场的区域，设计中要考虑二次转运并计列相关费用，根据工程各部位工程量确定施工主材加权平均运距，二次转运定额参照《20kV 及以下配电网工程预算定额》（第三册，2016 年版）中人力运输中 PX1－6 定额单价，根据工程区的实际情况计算二次转运单价。对于沿线树木茂密，人与骡马无法通行时，要考虑修建人行道并计列相关费用。

7.3.2.4　小水电补偿

库区淹没小水电站一般装机规模小，功能以单一发电为主。对采用复建方式处理的水电站，受水库影响，复建规模一般小于原电站装机规模，需对不足原有装机规模的部分进行货币补偿。

1. 剩余寿命周期动能补偿

剩余寿命周期内损失电量需采用长系列的水文资料或电站运行资料进行分析计算，动能补偿时应扣除发电直接成本；对规模较小的电站，可适当简化，比如收集电站近年发电量和销售收入等数据。一次性货币补偿费用需将剩余生命周期内年补偿费用折现，折现率如何取值目前存在严重争议。如大岗山水电站建设征地与移民安置规划中，项目业主一般推荐采用水电行业财务评价的基准利率，而小电站权属单位认为折现率偏高，补偿费用偏低，实施难度较大。经多方权衡和博弈，折现率采用补偿合同签订时国家基准最长期的存款或贷款利率。

复建电站应尽可能优化施工组织设计，以尽量减少对原电站运行影响，以缩短因复建产生的停产时间。但复建工程一般由原电站业主单位实施，主动推进工程进度意愿不强，导致停产时间不减反增，并要求以实际影响时间计列停产期补助。对实际影响时间具体分析，因不可抗力、外部边界条件等因素引起的予以变更，并报项目移民主管部门审批；而在经济合理工期外额外增加部分暂不考虑。

2. 复建电站参考"三原"原则进行设计，规划设计时考虑尽可能利用原设备

大型水电工程一般建设周期较长，而小电站复建时间一般安排在蓄水发电前，随着移民安置规划报告审批后行业技术标准的更新换代，存在水力机械、电器设备等更新问题，只有通过设计变更解决。

7.3.2.5　多泥沙游荡河道治理

多泥沙游荡河道的特点是河水含沙量大，河势十分不稳定，河槽多变、弯曲、分叉。河滩地不稳定，经常被洪水冲毁。设计上一般采用复式河床断面，尽量将主流控制在主河槽内；同时在河床中修建横隔墙，固化河床。

以大渡河瀑布沟水电站流沙河整治及农田防护工程为例。流沙河整治河段属典型游荡

型卵石河床，河道断面形式采用复式河道，主河槽宽 25～35m，堤距为 80～100m。同时，在河床中修建横隔墙，固化河床。

流沙河整治河段洪水过程一般为单峰，洪水陡涨陡落，洪水历时一般不超过一天，且河道坡降较陡，洪水时挟沙量较大，造成洪水流速大、挟沙量大，冲刷能力强。

根据淘刷计算结果，采用设置防淘刷挡墙，并在墙前采用大块石和铅丝石笼回填、桩基重力式挡墙、顺坝等防护形式。

7.3.2.6 泥石流治理

在进行移民安置点的选址工作时，经常会遇到备选场地可能存在暴发泥石流的问题。对于这种情况，一般是选择避让，但有时由于无法找到合适的场地，也会对一些中小泥石流进行治理。

以大渡河龙头石水电站海尔沟新民集镇段泥石流防治工程为例。新民集镇采用原址垫高方案复建安置龙头石水电站移民。新民集镇场址布置在海尔沟沟口古泥石流堆积扇上，由于海尔沟直接穿越新民移民场址的中部，若该沟暴发不同规模的泥石流，均会对新民集镇场址和人民生命财产产生严重影响。为保障移民的生命财产安全，对海尔沟泥石流新民集镇段进行治理。

海尔沟暴发中等规模泥石流的周期大约为 20 年，而从其演变历史及目前沟内现有松散物源分布上看，暴发小～中等规模泥石流的可能性很大。由于海尔沟直接穿越新民移民场址中部，对拟建移民场地将产生淘刷和淤积等不利影响。

在海尔沟上游修建拦沙坝、在海尔沟下游修筑近南北向的右岸导流墙，截断海尔沟，然后通过新开排导槽把沟水和泥石流排入大渡河（即库区），从而保证了新民移民新址的安全。

7.3.3 防护工程

在确定垫高防护工程的高程时，需要考虑洪水、浸没、泥沙淤积、排水等各方面的影响。但有时计算结果和运行时的实际情况存在差异，会导致垫高高程不能满足原来的设计标准，影响防护工程设计功能的发挥。例如，库区泥沙淤积高度高于原设计情况，使工程所在部位的洪水回水位较设计情况有所抬高，从而给工程区带来排水不畅、水库浸没和库水倒灌等问题。对于这种情况，建议在确定垫高高程时，在计算成果的基础上，根据以往的工程经验，再预留一定的安全裕度。

7.3.4 电力工程

7.3.4.1 无电网移民安置区电力规划

目前水电站工程逐渐趋于偏远，水电站淹没库区内无电网覆盖，就算有局部小水电供电，不仅供电范围很小而且供电保证率很低，甚至在水库淹没后，小水电电源也被淹没，造成整个库区无电可用。

从避免重复投资、减少浪费方面考虑，对库区整体做电网规划，尤其要了解和结合地方政府及行业部门的规划，并统筹考虑库区其他工程用电需求，按照"10kV 以上统一规划，10kV 以下只考虑移民"的原则，对库区内统一做电网规划。通过整体电网规划，不仅解决了库区移民用电需求，也大大改善了当地居民的用电保证。

1. 两河口水电站道孚库区输变电复建工程

两河口水电站实物指标调查时，道孚库区只有小水电站供给部分居民用电，在水库蓄水后小水电站均被淹没，库区内无其他电源。通过统一考虑两河口水电站道孚库区移民安置点及原居民用电、复建道路隧道用电等需求，结合县电力工程"十二五"规划，对库区进行了整体电网规划。在实施阶段发现不仅县电力工程"十二五"规划有部分已经实施，解决了库区用电电源，而且在国家加大农村基础设施建设的政策下，县网并入国网，大大提高了电源保证率。

2. 溪洛渡水电站金阳县输变电复建工程规划方案

因受溪洛渡水电站库区蓄水的影响，金阳县境内部分电力设施被淹没，电力线路局部受影响。在规划报告阶段，按照"原标准、原规模、原功能的原则"对金阳县电网重新进行了规划设计，以解决芦稿二级电站及各电压等级输电线路被淹没后电网的正常运行、各段输电线路局部被淹没段的恢复以及各库区移民安置点的供电问题。

通过金阳县输变电复建工程建设，金阳电网的供电能力得到切实恢复，德溪等原来由云南供电的片区改为从金阳电网公司直接供电，加上其他电源及输变电工程的建设，使得当地电网的供电可靠性和供电能力得到大幅提高。

7.3.4.2　电网接入系统报告

水电站库区电力工程基本采用的是地方电源或国家电网作为电源，在电力工程实施阶段均需要接入其他电网（多为国家电网），根据行业主管的要求，在接入其他电网时需要对接入后容量及安全性做综合评价，以确定作为电源的电网能满足库区电力工程负荷要求，及确定接入后整个电网的安全。

例如，两河口水电站道孚库区输变电复建工程在实施阶段，按照行业主管部门的要求完成了相应的接入系统报告并报审。由于在规划报告审批至实施阶段存在一定的时间差，相应库区电力工程接入的电源电网及行业要求均有可能发生变化，以至于影响库区整个电网规划及方案、投资等，因此，建议在移民安置规划大纲完成后，形成库区整体电力工程规划，随即完成相应的接入系统报告报审工作，以避免后续工作的重复和方案变更。

7.3.5　企事业单位

7.3.5.1　承担项目处理情况

目前，成都院承担了四川省内 27 座大中型水电站（大渡河流域 13 座、雅砻江流域 8 座、金沙江流域 4 座、岷江流域 2 座）移民安置项目设计工作，涉及企事业单位 278 家，规划采取货币补偿方案的有 166 家、采取迁建方案的有 110 家、采取防护方案的有 2 家，详见表 7.2。

表 7.2　　　　　　　　承担项目涉及企事业单位处理情况表　　　　　　　　单位：家

序号	工程名称	涉及企事业单位数量	规划处理方案数量		
			货币补偿	迁建	防护
1	双江口	43	43		
2	猴子岩	11	11		

序号	工程名称	涉及企事业单位数量	规划处理方案数量		
			货币补偿	迁建	防护
3	长河坝	15	15		
4	黄金坪	5	5		
5	泸定	2	2		
6	硬梁包	14	12	1	1
7	大岗山	4	4		
8	瀑布沟	129	35	94	
9	两河口	5	5		
10	官地	4	4		
11	桐子林	15		15	
12	波罗	4	4		
13	叶巴滩	2	2		
14	溪洛渡	13	13		
15	毛尔盖	5	5		
16	老木孔	7	6		1
合计		278	166	110	2

7.3.5.2 存在的主要问题

近年来，由于水电工程移民安置从规划到实施时间跨度较长，企事业单位的处理方案变更问题逐渐凸显出来，往往成为各水电工程建设移民安置工作中的难点。经对参与实施的项目处理情况进行总结，在企事业单位处理过程中，主要存在以下 5 类问题。

1. 企业处理方案确定问题

企业事业单位淹没处理方案在符合国家的产业政策规定下，遵循技术可行、经济合理的原则，根据淹没影响程度，在征求地方人民政府、主管部门和企业事业单位意见的基础上进行统筹规划。但实施过程中，由于处理时限较长、市场行情发生变化、行业主管部门要求等多方面因素影响，存在企事业单位更改处理方案意愿的问题，如：原选择货币补偿方案的企业要求更改为迁建或防护。从企业自身发展、行业主管部门要求方面看，企事业单位更改处理方案意愿存在一定的合理性，但为保证公平公正性和流域平衡性，近年实施的省内项目类似改变处理方案意愿的情况大部分未得到审批同意。

2. 企业迁建设计深度不够

根据"07 专项规范"："在城镇以外独立迁建的企业事业单位的征地费和基础设施费用，进行了迁建新址规划设计的企业事业单位按规划设计成果计算，未进行的根据企业事业单位现有的占地面积，按城镇或移民居民点的单位面积基础设施费用计算。"在企业迁建过程中，可能因为场地地质条件不同、竖向差别等原因，按城镇或移民居民点的单位面积基础设施费用计算的基础设施费用不足以满足实际迁建需要，存在企业迁建设计深度不够造成工程变更问题。

3. 企业迁建环保设计内容问题

按照"07专项规范"，企业迁建应遵循"原规模、原标准、原功能"的原则，淹没涉及企业原有环保措施实际并未达到国家规范规定的要求，而迁建方案环保设计内容需满足国家行业规定的要求，由此造成迁建费用投资增加而纳入移民投资概算的必要性不足的问题。"07专项规范"虽然明确规定"为满足国家现行产业政策要求须增加的有关投资由企业自行解决"，但实际操作难度较大。

4. 处理时限问题

水电工程移民安置企业处理方案从立项、审批到实施往往时限较长，在此期间，受市场因素影响，企业发展情况不一而同，因行情变化部分企业可能迅速倒闭，部分企业可能迅速发展壮大，原规划的处理方案特别是货币补偿方案，由于未能及时兑付货币补偿资金，对于发展壮大的企业，因其财务状况发生较大变化，对原评估补偿的费用可能不屑一顾，存在要求根据现有资产进行重新评估补偿费用的问题。

5. 企业经营证件办理费用问题

根据《矿产资源开采登记管理办法》，企业在成立之前投入资金委托专门的有资质部门或机构取得有关企业经营类证件是企业正常生产经营的必要条件之一，这部分投入所发挥的作用存续于企业整个正常生产经营过程，企业受电站淹没后，这部分投入所发挥作用被中断，而目前对企业处理方案，特别是货币补偿方案仅对企业实物形态资产进行了补偿评估，并未对该部分费用进行考虑。

7.3.5.3 典型案例

1. 瀑布沟水电站部分工矿企业改变处理方式

可行性研究阶段瀑布沟水电站涉及118家工矿企业，其中：采取一次性补偿方案的有28家，搬迁或重组复建的有90家；实施阶段瀑布沟水电站涉及129家工矿企业，其中：采取一次性补偿方案的有35家，搬迁或重组复建的有94家。两阶段相比较，新增处理企业11家，均采取一次性补偿处理，迁复建企业处理方式发生改变的有12家。其中1家企业由重组复建转变为一次性补偿，8家企业由可研阶段的一次性补偿转变为实施阶段的搬迁或重组复建，3家企业由可研阶段的搬迁或重组复建转变为实施阶段的一次性补偿。

对不同处理方式的企业，瀑布沟水电站采取不同的规划设计方法进行评估测算，由此全面解决了129家工矿企业的处理问题。

（1）企业一次性补偿采用聘请专门的评估机构对一次性补偿的企业进行评估的方法进行现值评估，评估现值＝房屋补偿费＋土地补偿费＋附属设施补偿费＋生产设施构筑物补偿费＋生产设施除构筑物以外部分的评估现值＋不可搬迁设备的评估现值＋可搬迁设备的评估现值。

（2）企业搬迁、重组复建设计根据其涉及的内容分为两大类，一为工矿企业迁建补偿设计，二为工业迁建区规划设计。

工矿企业搬迁补偿按照搬迁复建补偿原则进行补偿，其补偿费用计算按照"房屋补偿费＋土地补偿费＋附属设施补偿费＋生产设施构筑物补偿费＋生产设施除构筑物以外部分的评估现值＋库存物资搬迁运输费＋不可搬迁设备的重置全价＋可搬迁设备的搬迁拆卸、拆损、搬迁运输和安装调试费＋联合试运转费＋停工、停产及租金损失评估值"进行测算。

工业迁建区规划设计包括迁建区选址、用地布局规划、基础设施规划设计、地质灾害治理工程规划设计等方面的内容。

通过以上方法，瀑布沟水电站涉及工矿企业处理方案得以实施完成，同时编制完成《大渡河瀑布沟水电站建设征地移民安置实施规划设计报告 第五分册：工矿企业处理》，并纳入移民安置实施规划设计中。

2. C水电站涉及工矿企业采取市场谈判方式处理

C水电站可研阶段规划对11家矿山企业进行处理，处理方案为对建设征地范围内矿山企业资产设备进行一次性补偿。其中对8家基础设施（设备）复杂、运营情况较好的企业，委托评估单位对其进行评估；对R矿业等3家相关运营设备较少且停产的企业按电站移民安置补偿补助标准进行补偿。实施阶段，涉及企业相继提出了改变一次性补偿处理方式为迁建、防护、或按迁建方案测算一次性补偿费用。

由于矿山企业处理难度较大，K市政府2014年4月成立"电矿矛盾协调领导小组"，负责领导、协调矿山变更处理工作。根据《水电工程移民专业项目规划设计规范》（DL/T 5379—2007）"项目法人和企业事业单位达成的有关协议也可作为企业事业单位补偿费用计算的依据"，政府组织业主与矿山企业协商谈判，设代、移民综合监理参与配合。制定的处理办法为在原规划补偿的基础上，考虑企业生产通道恢复工程费用和其他损失费用。其中恢复生产通道工程费用按各方认可的恢复方案，测算确定；企业环保、水保、安评投入、恢复生产阶段停产损失等由矿山企业提供依据，各方协商确定。最后，根据协商成果，业主、地方政府、矿山企业签订协议，至2016年5月，C水电站涉及11家矿山企业已全部处理完毕。

该处理方式目前尚未得到省级移民管理部门认同，尚未纳入移民安置实施规划设计范畴，因而能否采取该方式处理所涉企业的关键在于电站开发业主，同时需地方政府、移民设计、移民监理等各方共同配合。

7.4 技术总结及建议

在交通运输专业项目处理中，复建标准的确定需基于现状道路标准，结合项目所在地的行业规程规范和规定，综合地方交通需求及行业规划，征求各方意见后提出设计标准及资金组成方案。而对于等外公路等规范中规定未详尽的情况下，首先应满足行车的安全性和舒适性，并考虑实际地形地质条件，调整规范中未明确的技术指标，使项目方案经济合理。

在水利工程设计中，集中安置点供水的供水规模、取水方式对安置点的确定影响重大。在确定供水规模时应以移民需求为主、适当考虑供水沿线的需求，在此基础上考虑投资分摊；取水方式应结合地形及地质条件，并考虑到后期运行过程中的保障率和经济性，泵站提水供水的方式建议可认真分析研究其与重力流输水优劣；在高山峡谷公路不通达地区长距离输水线路设计中需计列二次转运费用。对于多泥沙游荡河道的治理中，因其含沙量大、河势多变，在常规的防护设计措施外，还需考虑固化河床措施、加强防冲措施。对于移民安置遇到的一些中小泥石流，可以在充分的地质勘察工作和防护设计工作的前提下进行治理。对于小水电项目剩余寿命期的补偿中争议较大的折现率，在国家相关规定和金融行业存贷款利率的基础上，建议由各方协商一致后确定；电站复建设计的停产和设备折旧，在施工组织设计中建议予以优化和考虑。

库区防护工程设计中，防护高程的确定需考虑洪水、浸没、泥沙淤积、排水等各方面的影响，以及运行与计算工况的差异导致的差别，预留一定的安全裕度。

电力工程复建的规划应注意无电区或限制供电保证率很低的区域，结合地方政府及行业部门的规划，统筹其用电需求，同意规划电网及电源点。在实施过程中也应注意对接好行业主管部门，根据其要求准备相关资料。

企事业单位处理目前主要遇到的问题是处理方案的确定、迁建设计深度不足、环保费用不足、处理时限延长、企业经营证件办理费用等问题。设计中应对相关企业开展评估，有必要时可委托专业独立评估机构。

水库专业项目包含内容众多，处理方案及遇到的问题也千差万别，在坚持相关行业规范和专项规范的前提下，项目设计建议尊重项目实际情况，以有利于移民安置顺利推进为前提，合理规划、详细论证和设计，并充分征求各方意见，以完成技术可行、经济合理、落地性强的规划设计成果。

第 8 章

库 底 清 理 设 计

8.1 法律法规及规程规范的相关规定

8.1.1 政策规定及技术标准的演变历程

水库库底清理关系着枢纽工程及水库运行安全，对水库环境卫生、水质安全、综合开发等影响巨大。随着社会经济的发展，社会环境保护意识逐步提高，库底清理工作要求也随之严格。自新中国成立以来的 70 年里，我国水电工程的库底清理政策规定及技术标准主要发展历程如下。

1. 1984 年以前

新中国成立后，国家建设了一批重点水库工程，为满足当时工作需要，借鉴苏联的经验，制定了《水库库底清理办法》。该办法针对库区内的垃圾场、粪坑、房屋、坟墓、树木及构筑物规定了清理要求，但从规划深度而言，内容缺乏指导性。实践中对库底清理工作未作科学、系统的组织安排。这一时期的库底清理普遍存在规划不全面、工作不彻底的问题。

2. 1984—1991 年

1985 年 2 月，原水利电力部试行《水利水电工程水库淹没处理设计规范》（SD 130—1984），将库底清理技术要求纳入了水库淹没处理设计的主要任务，并规定"根据城镇给水、工农业用水、养殖、航运、环境卫生及安全运行等方面对清库的要求，制定库底清理技术要求和实施办法""水库库底清理工作，应在蓄水前三个月完成。经有关主管部门共同验收合格后，才能蓄水""水库库底清理所需采用的防疫措施和清理的费用，应列入水利水电工程投资。为了发展库区航运、旅游、水库养殖等兴利事业所需特殊清理的费用，应由各有关部门自行承担"。

1986 年 11 月，原水利电力部颁布实施了《水库库底清理办法》（86 水电水规字第 59号），作为"84 规范"的补充规定。该办法细化了库底清理项目和库底清理范围，首次系统提出了建筑清理拆除与清理的对象和要求，卫生清理的对象和要求，林地清理的对象和要求，专项清理的要求，清库费用的计列原则，库底清理设计、实施与验收工作的组织等，形成了库底清理的基本工作架构。

3. 1991—2006 年

1996 年 11 月，原电力工业部发布了《水电工程水库淹没处理规划设计规范》（DL/T 5064—1996），于 1997 年 5 月起实施。"96 规范"在《水库库底清理办法》的基础上，进一步优化调整了库底清理的分类,将建构筑物清理、林木清理、卫生清理作为一般清理,专项清理调整为特殊清理;进一步细化了各类清理的清理对象和要求;增加了预可行研究、可行性研究、招标设计三个阶段的设计工作深度要求。

4. 2006—2017 年

2007 年 7 月,国家发展和改革委员会对"96 规范"进行了修订,发布了《水电工程建设征地移民规划设计规范》,并组织编制了《水电工程水库库底清理规范》(DL/T 5381—2007)(以下简称"07 库底清理规范")指导库底清理设计工作。"07 库底清理规范"在"96 规范"的基础上修改和调整了一般清理范围,增加了各类清理的清理方法以及工程量的计取,进一步细化了清理技术要求,内容上与卫生行业相关国家标准的要求进行了衔接,如《粪便无害化卫生标准》(GB 7959)、《生活垃圾填埋污染控制标准》(GB 16889)、《一般工业固体废物贮存与填埋污染控制标准》(GB 18599)等。

8.1.2 不同时期库底清理的技术要点分析

1. 库底清理范围

"84 规范"仅明确了林木清理的具体范围,未说明其他清理范围;1986 年的《水库库底清理办法》进一步区分了一般清理和特殊清理的范围;"96 规范"在《水库库底清理办法》的基础上,考虑到临时淹没区安全和移民返迁等因素,扩大了一般建筑物的清理范围;"07 库底清理规范"在"96 规范"的基础上,考虑到库区水质及电站运行安全等因素,扩大了卫生清理、大体积建(构)筑物和林地清理的范围。从规范的更新迭代来看,行业对库底清理范围的认识不断加深。针对不同的清理对象,细化了不同的清理范围要求,使得清理工作组织更为合理,更贴近实际。不同时期技术标准对库底清理范围的规定见表 8.1。

表 8.1　　　　　　　　　　不同时期技术标准对库底清理范围的规定

序号	清理类别		"84 规范"	《水库库底清理办法》(1986 年)	"96 规范"	"07 库底清理规范"
1	卫生清理		根据城镇给水、工农业用水、养殖、航运、环境卫生及安全运行等方面对清库的要求,制定技术要求	正常蓄水位以下	正常蓄水位以下	居民迁移线以内(不含影响区)
2	建(构)筑物清理	一般建筑物		正常蓄水位以下	居民迁移线以下	居民迁移线以下
		大体积建(构)筑物		正常蓄水位至死水位以下 2m 范围内	正常蓄水位至死水位(含极限水位)以下 2m 范围内	居民迁移线以下至死水位(含极限水位)以下 3m 范围内
3	林木清理	林木砍伐	正常蓄水位以下	正常蓄水位以下	正常蓄水位以下	正常蓄水位以下
		林地清理	正常蓄水位以下	正常蓄水位至死水位以下 2m 范围内	正常蓄水位至死水位以下 2m 范围内	
4	特殊清理		未单列科目	养殖场、捕捞场、游泳场、水上运动场、航线、港口、码头、供水工程取水口等所在地的水域	水产养殖场、捕捞场、游泳场、水上运动场、航线、港口、码头、泊位、供水工程取水口所在地的水域	水产养殖场、捕捞场、游泳场、水上运动场、航线、港口、码头、泊位、供水工程取水口、疗养区等所在地的水域

2. 库底清理对象

"84 规范"仅明确了林木清理对象，未说明其他清理对象；1986 年的《水库库底清理办法》进一步区分了一般清理和特殊清理，一般清理又分为卫生清理、林木清理、建筑物清理，说明了各种清理的清理对象；"96 规范"对于一般清理的规定与《水库库底清理办法》基本相同，仅调整了特殊清理的范围；"07 库底清理规范"在"96 规范"基础上，进一步细化完善了卫生清理对象，区分了建筑物和构筑物的清理对象。从不同时期规范对清理对象要求变化来看，卫生清理从对一般污染物的清理逐步发展到集一般固体废物、危险性废物等清理内容为一体的综合性清理，建（构）物清理方面逐步细化了易漂浮物清理内容，特殊清理从具体的事项调整为有关部门按相应的行业要求开展。清理对象逐步细化明确，指导设计人员编制更贴合实际的库底清理规划方案。不同时期技术标准对库底清理对象的规定见表 8.2。

表 8.2　　　　　　不同时期技术标准对库底清理对象的规定

序号	清理类别		"84 规范"	《水库库底清理办法》（1986 年）	"96 规范"	"07 库底清理规范"
1	卫生清理	一般污染源清理	根据城镇给水、工农业用水、养殖、航运、环境卫生及安全运行等方面对清库的要求，制定技术要求	厕所、粪坑（池）、畜厩、垃圾等，坟墓	厕所、粪坑（池）、畜厩、垃圾等，坟墓	化粪池、沼气池、粪池、公共厕所、牲畜栏、污水池，生活垃圾及其堆放场；坟墓
		一般固体废物清理		未单列科目	未单列科目	一般工业固体废物、废弃建筑材料、不属于危险废物的废弃尾矿渣
		传染性污染源、生物类污染源、危险废物清理		产生严重污染源的工矿企业、医院、传染病院、兽医院等所在地及堆存有毒物质的场地，埋葬传染病死亡者的墓地和病畜埋葬场，可能产生钉螺的区域	产生严重污染源的工矿企业、医院、传染病院、兽医院等所在地及堆存有毒物质的场地，坟墓、埋葬传染病死亡者的墓地和病畜埋葬场，可能产生钉螺的区域	传染性疫源地、医疗卫生机构工作区和医院垃圾，兽医站、屠宰场及牲畜交易所，传染病死亡者墓地和病死畜掩埋地；居民区、集贸市场、仓库、屠宰场、码头、垃圾堆放场及耕作区的鼠类，钉螺、蟑螂等其他生物类污染源，列入《国家危险废物名录》（环发〔1998〕089 号）或根据《危险废物鉴别标准》（GB 5085）认定的具有危险特征的固体废物
2	建（构）筑物清理	建筑物清理		房屋及附属建筑物、铁路、公路、输电、电信、广播等线路、工矿企业、水利水电工程等地面建筑物及其一切附属设施，水井（坑）、地窖、隧道、人防、井巷工程等地下建筑物	房屋及附属建筑物、铁路、公路（桥梁）、输电、电信、广播等线路和工矿企业、文物古迹、水利水电工程等地面建筑物及其一切附属设施，水井（坑）、地窖、隧道、人防、井巷工程等地下建筑物	城乡居民、单位、工矿企业的各类房屋
		构筑物清理				大中型桥梁、围墙、独立柱体、砖（瓦、石灰）独窑、砖厂砖窑、各类线杆、人防井巷、闸坝、烟囱、牌坊、水塔、储油罐、水泥窑、冶炼炉等
		易漂浮物清理		易漂浮的废旧材料	易漂浮的废旧材料	密度小于水的材料，如木质门窗、木檩椽、木质杆材以及田间和农舍旁堆置的柴草、秸秆、枝丫、枯木等

序号	清理类别	"84 规范"	《水库库底清理办法》（1986 年）	"96 规范"	"07 库底清理规范"
3	林木清理	所有树木	森林、零星树木及砍伐残余的枝丫、枯木、灌木丛及秸秆、泥炭等易漂浮物质	森林、零星树木及砍伐残余的枝丫、枯木、灌木丛及秸秆、泥炭等易漂浮物质	各类林木、零星树木及其残余的易漂浮物
4	特殊清理	未单列科目	即专项清理，损坏网具、影响捕捞作业的障碍物，树木、残垣断壁等	由有关部门明确	有关部门按照行业技术标准确定

3. 清理方法

"84 规范"仅明确了林木清理方法，未具体说明其他清理对象的清理方法。1986 年的《水库库底清理办法》在"84 规范"的基础上，细化了一般污染源、生物类污染源、建（构）筑物、易漂浮物、林木的清理方法，并提出了特殊清理的要求。"96 规范"对清理方法的规定与《水库库底清理方法》基本相同。"07 库底清理规范"在"96 规范"的基础上，进一步细化了传染性污染源、生物类污染源、易漂浮物的清理方法，首次提出了危险废物的清理要求。随着清理对象的细化完善，不同时期规范相应的清理方法也不断更新完善，从最初的暴晒消毒、净土填塞、拆除等传统清理方式到现在的无害化处理、资源化处理和就地处理的综合清理方式。不同时期技术标准对清理方法的规定见表 8.3。

表 8.3　　　　　　　　　不同时期技术标准对清理方法的规定

序号	清理类别		"84 规范"	《水库库底清理办法》（1986 年）	"96 规范"	"07 库底清理规范"
1	卫生清理	一般污染源清理	根据城镇给水、工农业用水、养殖、航运、环境卫生及安全运行等方面对清库的要求，制定技术要求	污物运出库外，运出有困难时，薄铺于地方暴晒消毒；坑穴消毒；污水净土填塞；15 年以内的坟墓，迁出库外或就地烧毁，坑穴消毒处理；15 年以上的坟墓，视当地习惯处理	污物运出库外，运出有困难时，薄铺于地方暴晒消毒；坑穴消毒；污水净土填塞；15 年以内的坟墓，迁出库外或就地烧毁，坑穴消毒处理；15 年以上的坟墓，视当地习惯处理	污物运出库外，残留物消毒后清除；坑穴消毒；垃圾堆放场进行无害化处理、资源化处理和就地处理处置；有主坟墓迁出库区；无主坟墓 15 年以内的坟墓就地烧毁、消毒处理，15 年以上的压实处理
		一般固体废物清理		未明确	未明确	按照有关环境标准规定分类处理
		传染性污染源清理		按卫生环境部门的有关规定清理或处理	采取有效措施	消毒；填平、压实；焚烧和消毒填；根据专业清理设计报告，实施清理；参照国家有关规定无害化处理
		生物类污染源清理		有钉螺分布的，应在当地血防部门指导下作专门处理	钉螺应在当地血防部门指导下作专门处理	使用抗凝血剂灭鼠毒饵；钉螺应在当地血防部门指导下提出专门处理方案进行处理
		危险废物清理		未明确	未明确	按国家有关规定处理

序号	清理类别		"84 规范"	《水库库底清理办法》（1986 年）	"96 规范"	"07 库底清理规范"
2	建（构）筑物清理	建（构）筑物清理	根据城镇给水、工农业用水、养殖、航运、环境卫生及安全运行等方面对清库的要求，制定技术要求	拆除，较大障碍物采取炸除方法，地下建筑物采取填塞、封堵、覆盖或其他措施处理	拆除、炸除	人工、机械或爆破方式拆除；地下建筑物采取填塞、封堵、覆盖或其他措施处理
		易漂浮物清理		就地烧毁	就地烧毁	及时运出库外或尽量利用，临时库外堆放应加以固定
3	林木清理		砍伐（经济林和果木林的幼林尽量移植）	森林及零星树木砍伐，残余的易漂浮物质就地烧毁或采取防漂措施	森林及零星树木砍伐，残余的易漂浮物质就地烧毁或采取防漂措施	森林及零星树木砍伐，残余的易漂浮物质及时运出库外、就地烧毁或采取防漂措施
4	特殊清理		未单列科目	由有关部门提出规划和清库意见	由有关部门制定技术标准清理	有关部门按照行业技术标准拟定清理方法

4. 技术要求

"84 规范"仅规定了林木清理要求，对其他清理对象要求结合行业管理来制定。1986 年的《水库库底清理办法》细化完善了建（构）筑物清理、林木清理要求，传染性污染源、生物类污染源、危险废物清理要满足环境、血防、环保等部门的规定，特殊清理由有关部门提出意见。"96 规范"在《水库库底清理办法》的基础上，提出对一般污染源清理须满足当地卫生防疫部门的规定。"07 库底清理规范"进一步细化了卫生清理标准，相关要求与卫生行业相关国家标准进行了衔接，更有利于卫生、环保等部门对卫生清理的质量检查。不同时期技术标准对技术要求的规定见表 8.4。

表 8.4　　　　　　　　　不同时期技术标准对技术要求的规定

序号	清理类别		"84 规范"	《水库库底清理办法》（1986 年）	"96 规范"	"07 库底清理规范"
1	卫生清理	一般污染源清理	根据城镇给水、工农业用水、养殖、航运、环境卫生及安全运行等方面对清库的要求，制定技术要求	未明确	满足当地卫生防疫部门的规定	应符合《粪便无害化卫生标准》（GB 7959）、《生活垃圾填埋污染控制标准》（GB 16889）、《生活垃圾焚烧污染控制标准》（GB 18485）、《城镇垃圾农用控制标准》（GB 8172）、《农用污泥中污染物控制标准》（GB 4284）的要求；清理现场表面用土或建筑渣土填平压实；粪便消毒处理后由县级疾病预防控制中心提供检测报告
		一般固体废物清理		未明确	未明确	一般固体废物的处理处置场地的选择必须满足环境保护的要求

序号	清理类别		"84 规范"	《水库库底清理办法》（1986 年）	"96 规范"	"07 库底清理规范"
1	卫生清理	传染性污染源清理	根据城镇给水、工农业用水、养殖、航运、环境卫生及安全运行等方面对清库的要求，制定技术要求	满足当地卫生、环境、血防、环保等部门的规定	满足当地卫生、环境、血防、环保等部门的规定	有炭疽尸体埋葬的地方，表土不得检出具有毒力的炭疽芽孢杆菌。炭疽芽孢杆菌按照《炭疽诊断标准及处理原则》（GB 17015）检测；医疗废物的处理必须满足《医疗废物集中处置技术规范》（环发〔2003〕206 号）的有关要求；传染性污染源的清理验收由县级及以上卫生防疫部门提供检测报告
		生物类污染源清理				鼠密度按《动物鼠疫监测标准》（GB 16882）进行检查，不得超过 1%；生物类污染源的清理验收由县级或县级以上卫生防疫部门提供检测报告
		危险废物清理				危险废弃物处理设施、场所必须符合国家危险废物集中处置设施、场所建设规划要求；危险废物的处理处置必须满足《危险废物填埋污染控制标准》（GB 18598）或《危险废物焚烧污染控制标准》（GB 18484）的有关要求；废放射源和放射性废物的处理应满足国家有关要求；其他特殊危险废弃的处理必须遵守国家有关规定
2	建（构）筑物清理	建（构）筑物清理		残留高度一般不得超过地面 0.5m，对确难清理的较大障碍物，应设置蓄水后可见的明显标志，并在地形图上注明其位置与标高	凡妨碍水库运行安全和开发利用的必须拆除，设备和材料应运出库外；残留高度一般不得超过地面 0.5m；对确难清理的较大障碍物，应设置蓄水后可见的明显标志，并在地形图上注明其位置与标高	残留高度不得超过 0.5m，拆除的线材、铁制品、木杆不得残留库区；对库岸稳定性有利的建筑物基础、挡墙等可不予拆除；对确难清理的较大障碍物，应设置蓄水后可见的明显标志，并在地形图上注明其位置与标高
		易漂浮物清理		未明确	未明确	易漂浮材料不得堆放在库区移民迁移线以下，且需有固定措施

序号	清理类别	"84 规范"	《水库库底清理办法》（1986 年）	"96 规范"	"07 库底清理规范"
3	林木清理	林木清理与库底清理结合进行，并在水库蓄水前将木材全部运出库外，不能利用的枝丫可就地处理	残留树桩不得高出地面 0.3m	残留树桩不得高出地面 0.3m	残留树桩高度不得超过地面 0.3m，枝丫不得残留库区，林木清理残留量不应大于清理量的千分之一
4	特殊清理	未单列科目	由有关部门提出规划和清库意见	由有关部门制定技术要求	有关部门按照行业技术标准提出技术要求

8.2　工作重难点及主要工作方法

8.2.1　库底清理范围的界定

1. 卫生清理范围

卫生清理范围为 1986 年的《水库库底清理办法》明确的"正常蓄水位以下"到"07 库底清理规范"的"居民迁移线以内（不含影响区）"。卫生清理的目的在于保证蓄水后水库的水质安全，因此淹没区的卫生清理工作质量至关重要。在正常蓄水位以内的清理工作完成后，随着水电工程建设实践，库底清理范围从正常蓄水位不断演进到现在的居民迁移线，主要原因在于居民迁移线是在正常蓄水位的基础上考虑了 20 年一遇的洪水，是移民的搬迁线。移民搬迁后，场地内的粪池、污水池、生活垃圾、坟墓等在蓄水后的洪水期直接影响水质安全，同时在正常运行期，固体废物也直接影响库周美观，为此在居民迁移线以内开展卫生清理非常必要。规范同时明确不含影响区，水库影响区包括滑坡、塌岸、浸没区域和库区岩溶内涝、水库渗漏、库周孤岛等其他区域。影响区的移民搬迁是随着地质发展循序渐进，并非一蹴而就，同时水库蓄水不直接淹没影响区，影响区内的各类污染源及固体废物的清理可视影响区演变情况再行研究处置，在规划阶段不纳入卫生清理范围。

在确定卫生清理范围时，应按照建设征地范围确定的居民迁移线作为卫生清理的上限，库底为卫生清理的下限。对于枢纽工程区的清理一般不纳入卫生清理范畴，直接在主体工程的场地清理中处理。

2. 建（构）筑物清理范围

一般建（构）筑物的清理范围为 1986 年《水库库底清理办法》的"正常蓄水位以下"到"96 规范"的"居民迁移线以下"，一直沿用至今。一般建（构）筑物是指生产生活的各类房屋、围墙、柱体等。为保证水库的安全运行，防止大型建（构）筑物直接影响进水口拦污栅的安全，对正常蓄水位以下的建（构）筑进行清理非常必要。随着水电工程的建设发展，一些移民在建设征地范围搬迁后因其居民房屋在正常蓄水位以上未做清理，返迁回原房屋居住，汛期直接威胁其生命财产安全。为杜绝正常蓄水位以上居民迁移线以下的移民返迁问题，后续的建（构）筑物清理范围调整为"居民迁移线以下"。

大体积建（构）筑物的清理范围为 1986 年《水库库底清理办法》的"正常蓄水位至死水位以下 2m 以下"到"07 库底清理规范"的"居民迁移线以下至死水位（含极限水位）以下 3m"。大体积建（构）筑物包括桥墩、牌坊、线杆、墙体等，对水库的航运安全构成直接影响。大体积建（构）筑物较一般建（构）筑物不同，其体积大、不宜漂浮，一般不会影响电站运行安全，但对有航运要求的河流，威胁较大，必须开展清理。按照《内河通航标准》（GB 50139—2014）2000t 货船或驳船的吃水深度为 2.6～3m，3000t 货船或驳船的吃水深度为 3.5～4.0m。目前国内内河中一般不通航海轮或 3000t 级以上的船舶，因此按 2000t 的货船和驳船吃水深度的上限 3m 控制较为合适。

在确定建（构）筑物清理范围时，一般建（构）筑物清理应按照建设征地范围确定的居民迁移线作为上限，库底作为下限；大体积建（构）筑物清理应按照正常蓄水位作为上限，死水位以下 3m 作为下限。

3. 林木清理范围

林木清理的清理范围为"84 规范"的"正常蓄水位以下"到 1986 年《水库库底清理办法》的"林木砍伐在正常蓄水位以下和林地清理在正常蓄水位至死水位以下 2m"，"07 库底清理规范"又调整到"正常蓄水位以下"。林木长期浸泡在水中，会消耗水中的氧气进行有机物的繁殖，造成水质的污染，同时蓄水后，一些枝叶的掉落，在水面会形成大量的漂浮物，影响电站运行，因此在蓄水前有必要开展林木清理工作。零星林木和林地上的林木从本质上并无区别，且清理难度不大，工作中常常统一处理，没有进行细分的必要。对于正常蓄水位以上征地线以下区域的林木，由于不会长期浸泡在水中，对水质影响不大，同时水库消落期间可以改善库周环境，一般不作为清理对象。

在确定林木清理范围时，正常蓄水位作为上限，库底作为下限。

4. 特殊清理范围

特殊清理范围是指水库淹没处理范围内涉及的水产养殖场、捕捞场、游泳场、水上运动场、航道、港口、码头、泊位、供水工程取水口、疗养区等所在地的水域。特殊清理的目的不同，清理要求也不同，在规范中无法逐一说明；同时水电工程特殊清理工作相对较少，一般由相关单位按照行业标准提出清理方案，自行承担清理费用，不纳入概算。

8.2.2　库底清理对象的识别

1. 从实物指标调查成果进行识别

实物指标调查对象的分析是库底清理对象识别的主要途径，包括房屋、林木、大体积建（构）筑物、坟墓等。通过分析实物指标调查对象对蓄水后的水质和电站安全的影响，确定库底清理对象。一般直接纳入库底清理对象的包括：

（1）卫生清理：化粪池、沼气池、公共厕所、牲畜栏、污水池、生活垃圾场、医院、卫生所、坟墓、耕（园）地、市场、仓库、钉螺等。

（2）建（构）筑物清理：房屋、桥梁、水坝等。

（3）林木清理：各类林木。

2. 通过补充调查进行识别

补充调查是指在实物指标调查基础上，地方政府会同项目法人、规划设计单位对一些可能产生固体废物、危险废物和一些大体积建（构）筑物开展现场识别。一般开展补充调查识别清理对象的有：医院、工矿企业、屠宰场、加油站、库周交通、电力线路、通信线路、水利水电工程。补充调查后往往将医院的医疗废物、工矿企业的固体废物、油库、污水废物、大型桥梁、电杆、线缆、大型建（构）筑物纳入清理对象。

3. 通过专业调查进行识别

专业调查是指在实物指标调查和补充调查的基础上，由地方政府组织卫生防疫、林业、环保、水利、安监等行业部门对淹没影响区开展专业识别，通过行业部门组织专业的检查、监测，识别需清理的对象，如传染性污染源、林木疫区、危险废物、废放射源、废弃的煤矿等。

8.2.3　库底清理方法的选择

1. 常规（一般）污染源清理方法

常规（一般）污染源包括化粪池、沼气池、公共厕所、牲畜栏、污水池、生活垃圾、普通坟墓等。其清理方法相对成熟，自 1986 年《水库库底清理办法》实施以来不断完善，目前已经形成较为醇熟的技术手段。主要清理方法如下：

（1）对于粪便、污泥等污物采取清掏至库外，结合农业生产积肥、堆肥；坑穴用生石灰或漂白粉（有效氯含量大于 20％）按 $1kg/m^2$ 撒布、浇湿后，用农田土壤或建筑渣土填平、压实。坑穴表面用 4％漂白粉清液按 $1\sim2kg/m^2$ 喷洒。

（2）对于生活垃圾处理，采取无害化处理、资源化处理和就地处理处置三种方式。无害化处理包括堆肥法、焚烧法、卫生填埋法等，无害化后的废物应达到国家有关固体废物无害化处理卫生评价标准。资源化采取变废为宝、回收再利用等方式处理。

（3）普通坟墓。对于普通坟墓的处理，在"07 库底清理规范"以前区分了 15 年以内的坟墓和 15 年以上的坟墓，"07 库底清理规范"进一步区分了有主坟墓和无主坟墓。有主坟墓迁出库区；15 年以内的墓穴及周围土摊晒或直接用 4％漂白粉清液按 $1\sim2kg/m^2$ 或生石灰 $0.5\sim1kg/m^2$ 处理后，回填压实。对无主坟墓，将尸体挖出焚烧，超过 15 年以上的墓穴采用压实处理。

2. 传染性污染源和生物类污染源清理方法

传染性污染源和生物类污染源的清理较为专业，一般由行业管理部门结合清理对象，按照行业清理标准开展，主要涉及医疗卫生机构、环保部门、卫生防疫部门。常用的清理方法包括：消毒、焚烧、填埋、投放毒饵等。

3. 固体废物和危险废物

固体废物和危险废物的清理直接影响生态环境，其处理必须按照国家有关规定处置，一般由环保部门结合清理对象按照国家有关规定开展，必要时组织专项设计。在清理中应注意运输安全，一般不进行贮存作业。

4. 建（构）筑物清理方法

地面建（构）筑物清理一般采用人工、机械、爆破三种方式。地下建筑物如井巷、隧道、人防工程等，一般采取填塞、封堵、覆盖或其他措施。

对于结构简单、三层以下的房屋可采取人工拆除；四层以上的房屋采用机械方式拆除；对于钢混结构的可采用爆破与机械结合方式拆除。各类线路杆材采取人工或机械方式拆除。

5. 林木清理

林木清理一般采用砍伐或移植方式处理，对于残余的枝丫、秸秆和易漂浮物及时运出库外、就地烧毁或采取防漂措施。为保证清理质量，各类林木应尽可能齐地砍伐（或移植）并清理外运，清理后残留树桩高度不得超过地面0.3m。对于珍贵树木，应结合环保要求，开展移栽工作。

8.2.4 库底清理工程量和费用的计算

1. 常规（一般）污染源

化粪池、沼气池、公共厕所、牲畜栏、污水池清理包括污物清掏、坑穴消毒、填埋等项目，各项措施的工程量按面积或体积来计算；生活垃圾清理依据措施或清理量来计算；坟墓按照消毒、回填等各项措施计算工程量。再结合实物指标对应的数量，计算库底清理的工程量。

各项清理措施单价采取典型测算方式，确定人工日、人工单价、设备台班、设备使用单价、物资费用、管理费、税金。结合工程量，计算清理费用。

2. 传染性污染源和生物类污染源

传染性污染源的清理包括对污水、污物、垃圾和粪便的无害化处置，工程量按传染性污染源体积计算；医疗机构、屠宰场等情况包括粪便消毒、坑穴消毒、坑穴覆土、地面和墙壁消毒等项目，工程量按清理体积或面积计算。医院垃圾处理包括运输、焚烧、消毒、填埋等项目，工程量按垃圾体积计算。传染病墓地清理包括开挖、覆土、消毒、尸体处理等项目，工程量按墓穴、尸体、防护用品梳理计算。

灭鼠一般按清理面积计算，按照规定的工作密度，计算灭鼠工作量。

各项清理措施单价采取典型测算方式，确定人工日、人工单价、设备台班、设备使用单价、物资费用、管理费、税金。结合工程量，计算清理费用。

3. 固体废物和危险废物

固体废物和危险废物由专业部门进行识别，并计算相应的工程量。按照处理工程措施，计算相应的清理费用。

4. 建（构）筑物

建筑物清理一般按照建筑物面积计算工程量，构筑物清理按体积、面积或长度计算工程量。地下建筑物如井巷等按照清理措施计算工程量。

建（构）筑清理单价结合人力成本、机械运输情况，综合确定面积或体积单价；采取爆破措施的按照体积测算综合单价。结合工程量，计算清理费用。

地下建筑物按照工程措施计算相应的费用。

5. 林木

园地、林地等成片清理范围的按清理面积计算工程量，零星树木按株数计算工程量。对于采取移栽方式处理的，按株数计算工程量。

林木砍伐的单价考虑人工、车辆、管理费及税金确定每株清理单价，对于成片的园地和林地，估算其种植规模，确定每亩清理单价。移栽的单价考虑人工、运输、养护、管理费及税金确定每株的单价。结合工程量，综合计算清理费用。

8.3 工作中遇到的主要问题及典型案例剖析

8.3.1 库底清理范围的界定

8.3.1.1 城镇污水管网清理问题

"84 规范"中对城镇污水管网的清理未做规定，"96 规范"中也未对此问题作出明确解释。2007 年，《水电工程水库库底清理设计规范》（DL/T 5381—2007）中将市政污水管道纳入卫生清理范围，规定"市政污水、粪便收集和处理设施中积存的污泥（包括公共厕所、粪池、化粪池、沼气池、废弃的污水管道、沟渠等设施中积存的污泥等废物）、牲畜栏和设施内积存的禽畜粪便以及类似的废物必须予以清理""正在使用的污水管道和埋在地下的污水排放支管内积存的污泥可不予清理"。

瀑布沟水电站涉及城镇迁建，瀑布沟水电站从规划到实施，经历了规范变更时期，在可行性研究阶段与实施阶段库底清理工作参照的行业规范不同，对城镇污水管网清理的要求也有所差异。

2003 年《瀑布沟水电站初步设计调整及优化报告》（审定版）主要参照《水电工程水库淹没处理规划设计规范》（DL/T 5064—1996）规定，瀑布沟水电站可行性研究阶段规划将县城污水管网纳入卫生清理范围（表 8.5），同时计列了相应清理费用，但该项目在可行性研究阶段未纳入实物指标调查范围。在实施阶段，库底清理工作依据发生变化，由"96 规范"变为"07 库底清理规范"，后者规定"正在使用的污水管道和埋在地下的污水排放支管内寄存的污泥可不予清理"，因此在 2013 年实施规划报告中取消了县城污水管网清理费用。

表 8.5　　　瀑布沟水电站可行性研究阶段库底清理量与实物指标量对比表

（仅含部分主要项目）

序号	项　　目	单位	库底清理规划量	实物指标量	库底清理规划量与实物指标规划量的差异
1	建（构）筑物清理				
1.1	房屋	m²	4543495	4543495	0
2	卫生清理				

续表

序号	项目	单位	库底清理规划量	实物指标量	库底清理规划量与实物指标规划量的差异
2.1	粪坑、沼气池	个	20568	20568	0
2.2	坟墓	座	20573	20573	0
2.3	县城排污管	m^2	79080	0	79080
3	林木清理				
3.1	园地	亩	1261	1261	0
3.2	林地	亩	4865	4865	0
3.3	零星林木	株	732795	732795	0

8.3.1.2 围堰清理的必要性问题

由主体施工造成的临时建（构）筑物的清理是否应纳入库底清理范围，目前"07底库清理规范"等规范中尚未有明确的规定。成都院负责设计的项目均未将主体工程的围堰等临时建（构）筑物的清理纳入库底清理范围。在实际工作中，地方政府可能会提出将临时枢纽工程纳入库底清理的诉求，例如，安谷水电站。

安谷水电站是成都院承担移民综合监理的项目，在电站蓄水验收时，地方政府提出应把天然水域中残留围堰等临时施工建筑物一并纳入库底清理范围。根据有关规定，临时构建筑物属于枢纽工程范围，应由主体施工单位负责清理，不应纳入库底清理处理。但为了电站及水库的安全运行，各方协商将其纳入特殊清理范围予以考虑，清理范围参照一般清理的大体积建（构）筑物清理范围，清理至死水位以下3m范围，按照"谁受益、谁投资"的原则处理，由安谷水电站业主负责落实施工单位清理残留的临时围堰，但相关费用不纳入库底清理费用，既满足了地方政府的诉求，又使问题得以妥善解决。

8.3.1.3 影响区一般建（构）筑物清理问题

不同时期库底清理相关规范中有关影响区是否纳入清理范围的规定稍有不同（表8.6），"07库底清理规范"中一般建（构）筑物的清理范围应包括居民迁移线以下区域，含影响区范围；林地清理范围由正常蓄水位以下所有水域变为正常蓄水位以下的淹没区，对影响区不做要求；卫生清理范围由正常蓄水位以下所有水域变为居民迁移线以下但不含影响区范围；大体积建（构）筑物清理范围内若涉及影响区，应包含在清理范围内。

表8.6 库底清理设计规范清理范围规定差异表

序号	规范	清理范围规定			
		一般建（构）筑物	大体积建（构）筑物	林地	卫生
1	《水库库底清理办法》（〔86〕水电水规字第59号）	正常蓄水位高程以下全部水域	正常蓄水位至死水位（含极限死水位）以下2m范围内	正常蓄水位高程以下全部水域	正常蓄水位高程以下全部水域
2	"96规范"	居民迁移线以下区域	正常蓄水位至死水位（含极限死水位）以下2m范围内	正常蓄水位以下	正常蓄水位以下

续表

序号	规 范	清 理 范 围 规 定			
		一般建（构）筑物	大体积建（构）筑物	林地	卫生
3	"07库底清理规范"	居民迁移线以下区域	居民迁移线以下至死水位（含极限死水位）以下3m范围	正常蓄水位以下的水库淹没区	居民迁移线以下（不含影响区区域）

正常蓄水位以上水库影响区的建筑物会因为地质灾害发生时间难以确定，房屋闲置时间可能会较长，房屋建筑物如不及时清理，部分库周群众可能会回迁或临时居住而继续使用，存在着较大安全隐患，需要及时进行清理。但在实际操作过程中，各电站处理方式也不统一。锦屏水电站房屋清理就包括了部分影响区范围，两河口水电站结构房屋的库底清理工程量与淹没区的实物指标调查量相同，即未包含影响区范围。

8.3.2 库底清理对象识别

8.3.2.1 危险废物的识别问题

"84规范"和"96规范"并未对医疗废渣、工业废物和危险废物清理做出详细要求。"07库底清理规范"明确"卫生清理对象包括所有可能对水体产生污染的固体、液体废弃物，可分为常规（一般）污染源、传染性污染源、生物类污染源、一般固体废物、危险废物等"，一般固体废物包括一般工业固体废物、废弃建筑材料和不属于危险废物的废弃尾矿渣，危险废物指列入《国家危险废物名录》（环发〔1998〕089）或根据《危险废物鉴别标准》（GB 5085）认定的具有危险特征的固体废物。

危险废物清理对象危险程度较高，专业性较强，又有专门的行业管理规定和技术标准要求，从事水电工程建设征地移民安置规划设计人员没资格或无能力直接识别，需要行业专业人员现场识别或专业部门借助检测设备来识别。危险废物清理对象需要环境保护及安监部门进行识别，此类库底清理对象一般由专业部门配合或直接委托其进行识别，识别完成后纳入库底清理对象。

以溪洛渡水电站为例，由主体设计单位联合环境保护方面的专业机构承担库区工业固体废物的调查、评估和清理处置方案设计工作，通过专业机构的调查，确定项目需清理的工业固体废物主要为铅锌矿洗选厂的洗选尾砂，需清理规模约为 $2760m^3$，考虑需处置的废物性质及规模，并结合当地企业分布、交通运输、地理条件等因素，确定处置方式为在库区周边地区选择类似企业已建的处置设施，将库区清理出的工业固体废物转运至已建处置设施堆存。

8.3.2.2 新增清理对象的问题

回顾过往库底清理规范，会发现库底清理对象在逐渐增多、细化，但规范的更新速度远不及新事物诞生的速度，随着时代的发展和进步，国家对卫生、环境保护、安全等方面的要求在逐步提高，若在项目规划设计过程中，遇到传统涉及清理对象以外的而现行规范没有涵盖的新增清理对象，需在衔接国家对卫生、环境保护、安全等行业新的要求基础上，进一步明确清理主体、分析论证清理的必要性，确定清理技术要求。

8.3.3 库底清理方法

8.3.3.1 库底清理技术要求的深度问题

通过总结现阶段已完成库底清理的水电工程，尽管《水电工程水库库底清理设计规范》（DL/T 5381—2007）对库底清理对象、方法、技术要求做了相关规定，但并没有针对实施阶段的实施方案和设计方案提出工作要求，即使部分电站单独编制了库底清理报告，但方案中的清理方法和技术要求基本与规范一致，同时由于库底清理对象类别众多特性不同，不仅不同清理对象有不同的清理方法，而且就同一清理对象而言，由于其自身构成特点、清理效果、清理成本乃至在库底的位置等因素有所差异，同样需要选择不同的清理方法，造成库底清理规划设计方案难以指导实施工作。

瀑布沟水电站从规划到实施，经历了规范变更时期，在可行性研究阶段与实施阶段库底清理工作参照的行业规范不同，对库底清理设计的要求也有所差异。2003 年，《瀑布沟水电站建设征地移民安置规划报告》（审定版）主要参照《水电工程水库淹没处理规划设计规范》（DL/T 5064—1996）规定，对于库底清理技术基本参照规范，并没有针对清理对象提出详细的处理方法和要求。2009 年，成都院按照《水电工程水库库底清理设计规范》（DL/T 5381—2007），单独编制完成了《瀑布沟水电站水库库底清理设计报告》，实施方案中对于库底清理技术要求在"07 库底清理规范"的基础上，成都院还根据库区实际情况对部分对象的库底清理技术要求进行了补充完善，但对于库区医院废弃物、传染病死亡者坟墓和病死牲畜掩埋地等技术要求不明确的问题依然存在，导致在实施过程中缺乏具体的处理方法，使得部分项目的清理存在一定难度，需在下一步工作逐步完善。

8.3.3.2 传染性污染源、生物类污染源、危险废物清理的问题

大中型水电工程大都涉及农村、乡镇，甚至整座县城需要进行移民搬迁安置，库底清理内容不可避免地涉及传染病疫源地、医疗卫生机构、兽医站等传染性污染源，生物性污染源，一般工业固体废物、废弃建筑材料、不属于危险废物的废弃尾矿渣等一般固体废物，以及列入《国家危险废物名录》（环发〔1998〕089）或根据《危险废物鉴别标准》（GB 5085）认定的具有危险特征的固体废物。

上述库底清理项目的共同之处就是因其行业的特殊性，清理工作专业性较强，涉及国家及行业控制标准较多，一般来说从事水库移民专业的技术人员，在无其他专业人员配合下无法较好地完成相关清理规划设计工作。

现行技术规范中对医疗卫生机构的清理提出了消毒方式、消毒药剂使用、污染物转运或填埋等技术要求，但随着国家对人居卫生安全、环境治理的日益重视，相关专业部门在进行库底清理时实际采用的技术要求要高于库底清理技术规范的所提出的技术要求，因此医疗卫生等机构的清理需要专业部门的参与。生物类污染源的清理和防治方法选择也需要地方卫生防疫部门的配合，清理范围内的生物污染源主要包括老鼠、钉螺、蟑螂等，若不加以专业清理，容易引发介水传染病和虫媒体传染病，所以在选择生物污染源清理方法时，不能仅仅依靠库底清理技术规范提出的技术要求进行清理方法的选择，还需要根据地方实际情况，及时与地方卫生防疫部门沟通，共同制定相关清理方案。工业废物、废水残

留的有毒物质较多，对水体污染较大，清理时废物、废水的收集、清除、装运、处置都有严格要求，处理完成后工业废物、废水必须要求达到国家有关行业排放标准，显然此类清理对象在选择清理方法时，也需要专业人员参与。因此，选择针对传染性污染源、生物类污染源、危险废物等清理对象的清理方法时，需与相关行业主管部门进行充分沟通，在了解现行库底清理规范提出的技术要求基础上，由行业部门协助或直接委托行业单位来选择有效且易于操作的清理方法。

例如，《瀑布沟水电站库底清理规划设计报告》对于医院垃圾、传染病死亡者坟墓和病死牲畜掩埋地的处理："医院垃圾可焚烧部分须及时焚烧，其焚烧残留物应集中填埋，集中焚烧的医院垃圾应按照《危险废物焚烧污染控制标准》（GB 18484）执行；不能焚烧部分，消毒后集中填埋，消毒方法参照《卫生部消毒技术规范》（2002 年版）执行"。《金沙江溪洛渡水电站四川库区实施阶段库底清理规划设计报告》中："医院垃圾采用专门的焚烧炉进行焚烧，焚烧后残留物进行集中填埋""在专业人员的指导下，对传染病死亡者墓地和病死畜掩埋地进行开挖，人、畜尸体挖出后进行就地焚烧处理，墓地和掩埋地消毒用漂白粉（有效氯含量为 60%）按 $1kg/m^2$ 撒布消毒，消毒后取附近净土对坑穴进行填平、压实"。虽然上述库底清理报告中均提出了医院废弃物、传染病死亡者坟墓和病死牲畜掩埋地等清理技术要求和方法，但是清理方法和措施不明确，需进一步细化。

8.3.3.3　一般清理与特殊清理的衔接问题

"07 库底清理规范"根据水库淹没处理范围、清理对象、水库运行方式和水库综合利用要求，分为一般清理范围和特殊清理范围。特殊清理所需费用按照"谁受益、谁投资"的原则由有关部门自行承担。随着我国经济的发展，越来越多的水库将发展综合效益，业主、其他单位或者个人将利用水库建设水产养殖场、捕捞场、游泳场、水上运动场、航线、港口、码头、泊位、疗养所等。由于管理经验不足或专业限制，项目业主不知道编制库底清理专题报告或重复进行库底清理，导致后期经费不足或超标。部分单位提出清理航道、建设港口、增建码头等无理要求，并让业主承担库底清理费用。

成都院青海省综合监理项目积石峡水电站涉及波浪滩水上运动场，根据审定规划，原有的库底清理按照一般清理的范围和内容进行设计，不能满足水上运动场特殊清理要求。根据规范，该特殊清理应由波浪滩水上运动场业主自行或委托相关单位按照行业技术标准，拟定清理方法，提出技术要求，费用由业主自行承担。

近年来，主要任务为发电的炳灵水电站、积石峡水电站、黄丰水电站在进行移民专题阶段蓄水验收时，参会的青海省地方海事局均提出库底清理应增加考虑航运要求，并计列相关费用。根据规范，若考虑航运要求增加相应库底清理内容，则属于特殊清理内容，应由海事部门委托相关单位按照行业技术标准，拟定清理方法，提出技术要求，并承担相关费用。

根据四川省政府明确的岷江乐山—宜宾段采用"渠化上段、整治下段"的建设方案，即乐山至新民段 81km 建设以航运为主，结合发电的老木孔、东风岩、犍为、龙溪口四个梯级，通过梯级渠化，使该河段达到Ⅲ级航道标准，通航千吨级船舶。成都院根据业主安排，库底清理设计仅考虑一般清理，航道疏浚统一委托四川省交通运输厅交通勘察设计研究院按照航运规范要求进行专题设计，费用由业主自行承担。

8.3.4 库底清理工程量和费用计算

8.3.4.1 库底清理工程量调查的问题

准确计算库底清理工程量是编制库底清理费用的基础，是确定移民安置实施阶段库底清理任务及清理实施进度的依据。目前在实施阶段普遍以淹没实物指标为基础确定库底清理实物量，多数未专门进行库底清理实物量调查，应该说淹没实物指标调查与库底清理实物量调查存在较大差异。前者主要是指淹没财产或资产方面，而后者主要是指污染源、污物调查，就各清理项目工程量计算精度而言，控制得不好既可能造成费用偏低，导致库底清理费用不足，又影响库底清理效果和清理工作的顺利开展，所以不能简单以淹没实物指标调查代替库底清理实物量调查。

库底清理实物量与实物指标调查量的衔接体现在三个方面。其一，当库底清理项目工程量的计量单位与库底清理对象识别成果一致时，可直接采用库底清理对象实物量成果来作为工程量，如建（构）筑物清理中的建筑物拆除与清理、构筑物拆除与清理，林木清理中的林地清理、园地清理、零星树木清理等。其二，当清理对象包含了多个清理项目并造成计量单位不同时，需要结合库底清理对象的识别进行清理项目的补充调查来确定工程量；如卫生清理中的化粪池、沼气池、粪池、公厕、牲畜圈等清理对象，其清理项目包括粪便清掏、残留物消毒、坑穴消毒和坑穴覆土共四个项目，应通过补充调查分别确定其工程量。其三，对于危险程度高、专业性强、清理技术复杂、清理要求高，有专门的行业管理规定和技术标准要求，需要专业人员现场识别或专业部门借助检测设备来识别的清理对象的清理项目，应由专业部门统计计算其工程量。

根据实物指标调查成果，瀑布沟水电站正常蓄水位 850.00m 以下建设征地涉及的化粪池、沼气池、粪池、公共厕所、牲畜栏一共有 35167 个。根据库底清理规范要求，卫生清理中一般污染源化粪池、沼气池、粪池、公共厕所、牲畜栏和生活垃圾堆放场的清理包括粪便清掏、坑穴消毒和覆土三道工序，工程量按一般污染源体积、坑穴表面积和覆土体积计算。如果将坑穴表面积进行全面调查的话需要花费大量人力物力。如果对建设征地区普遍使用的化粪池、沼气池、粪池、公共厕所、牲畜栏和生活垃圾堆放场大小标准进行抽样调查，通过测算综合单价的方法将工程量计算单位统一，这样既满足了规范要求，又具有了较强的科学性、经济合理性。在瀑布沟水电站水库库底清理设计报告编制过程中，设计人员通过现场抽样调查，农村中使用的化粪池、沼气池、粪池、污水池 90% 以上为 $8m^3$ 左右，牲畜栏 85% 以上为 $5m^3$ 左右，以"个"为计量单位进行综合单价测算，确定了 $8m^3$ 大小的化粪池、沼气池、粪池、污水池清理单价为 119.49 元/个，$5m^3$ 大小的牲畜栏清理单位为 106.38 元/个。

8.3.4.2 库底清理费用计算的问题

《水电工程水库库底清理设计规范》（DL/T 5381—2007）、《水电工程建设征地移民安置补偿费用概（估）算编制规划》（DL/T 5382—2007）中规定预可行性研究报告阶段，可采取扩大指标估算库底清理费用；可行性研究报告阶段应进行库底清理设计，编制库底清理投资概算；移民安置实施阶段编制库底清理实施办法，必要时复核库底清理设计。库底清理费用包括建筑物清理费、卫生清理费、林木清理费、坟墓清理费、其他清理费、其他费用等；建筑物清理费按照同阶段库底清理设计的设计工程量与相应单价计算；卫生清理费按照同阶段库底清理设计的设计工程量与相应单价计算；林木清理费按照同阶段库底清理设计的设计工程量与相应单价计算；其他清理费按照同阶段库底清理设计的设计工程量与相应单价计算；其他费用按照建筑物清理费、卫生清理费、林木清理费、坟墓清理费、其他清理费 5 项费用的 10% 计算。

库底清理费用计算缺乏统一的、明确的技术规范，对清理项目劳动工日、单价、旧料利用率以及清理项目取费标准等在规范中均未详细规定，各工程间相同项目随意性较大，单价存在差异。

瀑布沟水电站实施阶段房屋的拆除单价根据不同结构考虑不同的残值变现率（包括残料利用率和残料变现价格），移民个人房屋拆除费用应不考虑残值的利用，行政事业单位房屋拆除单价分析的材料残值变现率按照 10% 测算。

锦屏一级水电站根据库区实际情况，房屋拆除费用不考虑旧料价值。按《四川省建设工程工程量清单计价定额》（2009 年）规定，采用 2010 年 10 月价格水平进行了计算。

跷碛水电站在计算时各房屋拆除费时，考虑旧料可利用价值，经对各主要结构房屋拆除旧料可利用价值分析，拆除后的房屋旧料可利用价值大于房屋的拆除费用。因此，在考虑旧料利用后，各结构房屋不再计算拆除费，仅计算各结构房屋拆除旧料后的清理费。墙壁推倒摊平费按 2 工日/100m² 计算（土质者除外），即 0.4 元/m²；对房屋拆除后剩余的易漂浮物烧毁清理掩埋费按 1 工日/100m² 计算，即 0.2 元/m²。

8.4　技术总结及建议

8.4.1　技术总结

8.4.1.1　各项目对是否将影响区建（构）筑物纳入清理未统一思路

"07 库底清理规范"中规定"卫生清理范围为居民迁移线以下区域（不含影响区）""一般建（构）筑物清理范围为居民迁移线以下区域；大体积建（构）筑物留体清理范围为居民迁移线以下至死水位（含极限死水位）以下 3m 范围内"，即除卫生清理明确不含影响区外，建构筑物的清理范围为居民迁移线以下区域，应包括影响区。各项目在实际操作过程中，对于规范的理解和是否将水库影响区建构筑物纳入库底清理范围进行处理，操作不统一。

8.4.1.2　各项目库底清理工程量的统计口径未统一

由于实物指标调查的指标和库底清理指标的统计口径并不是完全一一对应的。因此"07 库底清理规范"中规定："水电工程可行性研究阶段，应调查分析并提出需清理的各种建（构）筑物等设施的类型与数量、卫生清理目标及数量以及林木清理工程量。"从实际操作来看，除瀑布沟水电站在实物指标调查成果基础上，对实物指标调查范围外的清理对象进行了调查，同时根据库底清理要求，对相关指标进行了细化和复核外，其他项目在实物指标调查成果基础上并未细化和复核。

8.4.1.3 单价测算方法不一致，相同的清理项目单价存在差异

各电站库底清理单价的测算方法不一致。P、J 水电站分框架、砖混、砖木、杂房等房屋结构分别测算其房屋拆除单价，D 水电站对不同结构房屋均采用同一个房屋拆除单价。

对移民个人所有的框架结构房屋拆除单价，P 水电站单价测算时，单价构成包括整体拆除、易漂浮物处理、利润、税金，按 2009 年 3 月价格水平计算单价为 39.20 元/m²；J 水电站的单价测算时，单价构成包括整体拆除、易漂浮物处理、措施费、规费、税金，按 2010 年 10 月价格水平计算单价为 98.57 元/m²，两电站间单价差异较大。J 水电站房屋拆除费用不考虑旧料价值，P 水电站移民个人房屋拆除费用不考虑旧料价值，机关企、事业单位房屋拆除费用考虑可利用的旧料价值，并按旧料变现值的 10% 考虑。

8.4.2 建议

8.4.2.1 进一步合理确定清理范围

按照《水电工程水库库底清理设计规范》（DL/T 5381—2007）规范中针对清理范围的规定，卫生清理及林木清理范围不含影响区范围，一般建（构）筑物的清理范围包含居民迁移线以下区域，大体积建（构）筑物清理范围为居民迁移线以下至死水位以下 3m 范围，影响区的建构筑物应按规范要求纳入清理范围。

《水利水电工程水库库底清理设计规范》（SL 644—2014）中规定建构筑物、易漂浮物、卫生清理、固体废物清理范围均是居民迁移线以下区域；《水电工程水库库底清理设计规范》（DL/T 5381—2007）中规定卫生清理范围为居民迁移线以下区域（不含影响区）。现行规范中传染性污染源、危险废物属于卫生清理，然而有些产生此类污染源的企业淹没处理标准高于居民区淹没处理标准，考虑传染性污染源、危险废物对环境及人群健康影响范围广、程度深，企业搬迁后，若不处理，可能危害库周人群健康，因此。应结合产生此类污染源的企业淹没处理范围进行处理。

由主体施工造成的临时建（构）筑物的清理，按照规定应由主体施工单位负责。实施过程中，若地方政府有将枢纽工程临时建筑物清理纳入库底清理的要求时，考虑到"电站及水库安全运行"的原则，建议可将其纳入特殊清理范围，按照"谁受益、谁投资"的原则由有关部门承担。城镇下水管网的清理按照规定除了正在使用的以及埋在地下的污水排放支管可不予考虑，其他情况的污水管网均纳入库底清理范围。

8.4.2.2 进一步细化清理对象

水利行业《水利水电工程水库库底清理设计规范》（SL 644—2014）中规定，应对库底清理涉及的建（构）筑物、易漂浮物、卫生清理项目、固体废物进行补充调查。在这一趋势下，需要在《水电工程水库库底清理设计规范》修编中，对库底清理中的建构筑物、易漂浮物、卫生清理、固体废物清理对象进行细化规定，对清理实物量的单位提出明确的要求，同时参照水利规范，明确提出开展库底清理补充调查的要求。

通过多年的库底清理工作实践，传染性污染源、生物类污染源、危险废物清理对象种类多，技术复杂，清理要求高，为达到传染性污染源、生物类污染源、危险废物清理

技术要求，需要环保、安全及卫生防疫部门等专业部门、专业人员发挥其专业技术优势才能完成库底清理任务，达到清理效果，因此，有必要进一步发挥行业部门专业技术优势，加强对清理对象的识别，加强危害程度较大的库底清理对象的清理力度，提高清理效果。

8.4.2.3 不断更新清理技术要求

细化卫生清理技术要求，对如矿渣等一般固体废物的处理处置，在"07库底清理规范"中内容规定较为简单，仅提出了应根据国家有关环境标准、规定进行判定，按类分别采取措施；一般工业固体废物经县级以上环境保护主管部门鉴别后，对环境没有危害的可就地处理；工矿企业内污水处理设施中的污泥、被污染的残留物，应进行无害化处理。需进一步细化一般固体物的处理技术措施。

随着医疗、卫生、环保、安全等事业的发展，更安全、更经济、更有效的卫生防疫技术、垃圾回收技术等不断更新。现行规范中规定的卫生清理方法以洒生石灰、漂白粉为主要的消毒手段，但随着医疗事业的发展，更为有效的清理技术不断出现，如采用过氧乙酸、次氯酸钠溶液等化学方法对畜禽圈舍消毒效果也很好。现行规范中规定的建（构）物清理方法主要是拆除，建筑垃圾遗弃在库底，但建筑物内砖石、钢筋废料都具有回收价值，目前很多建构垃圾可以制作再生砖等新型建筑材料，将建筑垃圾回收利用等运用到建（构）物清理方法中来，将建筑垃圾资源化，将更经济、更环保。随着科学技术的不断进步，各行业新技术更新的速度可能会越来越快，因此，为提高清理效果，达到库底清理的目的，应紧跟各行业技术发展的步伐，引进先进技术，不断提高清理技术要求、更新清理方法。

做好特殊清理与一般清理的衔接，如航电工程，对有碍航运的码头等建构筑物拆除的费用计入一般库底清理费用中；河道疏浚（包括孤石爆破、险滩清理等）的费用计入特殊清理费用中，不重不漏，合理计列各类库底清理费用。同时建议在《水电工程水库库底清理设计规范》修编中，需增加对特殊清理的指导性意见，提出特殊清理的深度要求。

8.4.2.4 细化工程量统计，明确清理单价测算依据及原则

为了避免开展反复的调查工作，增加工作协调难度和成本，实物指标调查范围内的库底清理项目，在编制《实物指标调查细则》时，应考虑实物指标与库底清理指标在调查统计单位上的衔接，实物指标调查范围外的库底清理项目，应提前做好策划，在实物指标调查过程中一并完成项目的体积、结构、数量等的调查。

随着库底清理规划设计深度的不断加深，清理项目和内容将细化到操作层面，各项操作均需要计列清理费用。对于库底清理费用测算，在各类规范中还缺乏明确的要求，对清理项目的工日、取费（特别是卫生清理消毒的工料消耗标准）等仍没有相关的标准，清理投资的单价，往往按照经验估算，导致规划设计中单价标准取值随意性很大，造成概算精度不够，实施阶段存在变更多的问题，这往往影响到库底清理工作的顺利开展，也影响到其质量和效果。因此，应细化工程量的统计，提高库底清理费用准确性，减少概算偏差；同时需尽快研究和出台库底清理费用编制办法，细化明确清理单价的测算依据和原则，统一清理单价分析的方法、项目取费及标准，合理确定卫生消毒的用工和器械配置标准，以

便计算出符合实际情况与合理的库底清理费用。

　　现行规范中库底清理工程量统计中一般污染源清理先按照粪便清掏、坑穴消毒、坑穴覆土清理项目进行划分，再按照化粪池、沼气池、粪池、公共厕所、牲畜栏清理对象进行统计；建筑物拆除与清理中直接按照钢筋混凝土结构、混合结构、砖木结构、土木结构、木（竹）结构等清理对象进行统计，未按照爆破、机械、人工等拆除工序等进行细分。以上库底清理工程量分类统计的不一致，造成清理单价难以确定或不合理。因此，为提高库底清理概算准确性，库底清理工程量的统计应先按照库底清理对象进行划分，再按照清理工序或项目进行分类统计。

第 9 章

补偿费用概（估）算编制

建设征地移民安置补偿费用设计概算是水电工程可行性研究报告建设征地移民安置规划设计的重要内容，是水电工程设计概算的重要组成部分。

经批准的建设征地移民安置补偿费用概算是签订移民安置协议、编制移民安置实施规划或计划、组织实施移民安置工作、政府有关部门对移民费用进行稽查审计的基础依据。建设征地移民安置补偿费用设计概算的编制单位和人员应具备相应的工程造价咨询资质和从业资格，以依法、客观、合理作为指导思想和工作原则，编制中应严格执行国家和省、自治区、直辖市现行的法律、法规以及有关规定，全面了解建设征地移民安置涉及地区的建设条件，掌握各项基础资料，正确运用相关定额、取费标准和价格资料，完整、准确反映设计内容、设计深度和工程量、实物量。

9.1 政策法规历史沿革及主要规定

9.1.1 时段划分及主要政策规定

我国对于水利水电工程移民安置补偿问题有一个认识、发展和提高的过程。长期以来，经过不懈的努力探索和实践，从 20 世纪 50—60 年代无法可依、无章可循，到 2006 年 9 月开始实施《大中型水利水电工程建设征地补偿和移民安置条例》（国务院令第 471 号）、《水电工程建设征地移民安置规划设计规范》（DL/T 5064—2007）等移民新政策、规范以来，移民概算相关政策规定经历了从无到有、从粗到细、从摸索到规范的发展演化过程。至 21 世纪初 60 余年时间里，在国家大政方针发布、社会经济快速发展等大环境的影响下，各时期移民安置工作的指导思想、总体要求、行业特点等具有明显的时代特征，移民概算相关的政策法规、主要规定等不断深化发展，紧跟时代发展步伐，取得了显著进步，体系不断趋于完善。

以各时期颁布实施的重要法律、法规等为标志，移民安置补偿工作总体上可以划分为四个时期。

第一时期：1982 年以前。1958 年 1 月国务院颁布实施《国家建设征用土地办法》为标志。这一时期，国家尚无指导移民安置规划设计和实施工作的国家性政策和规范，水电工程移民工作一般采取行政指令方式进行，缺乏系统和正式的移民工作指导性法律政策、规程规范。移民工作主要参照 1958 年国务院颁布实施的《国家建设征用土地办法》规定执行，当时国家尚处于计划经济时代，水库淹没处理及移民安置规划非常简单，移民工作主要依托行政指令和政治动员的方式开展，移民补偿一般按人头或满足基本生产生活条件即可，补偿标准偏低。

第二时期：1982—1991 年。主要以 1982 年颁布实施的《国家建设征用土地条例》、《水利水电工程水库淹没处理设计规范》（SD 130—1984）的执行、《中华人民共和国土地管理法》的诞生为标志。《国家建设征用土地条例》对征地补偿和移民安置作出了规定，将土地的经济补偿分为土地补偿、安置补助和地上附着物补偿，并对其补偿补助标准予以明确，这对于当时条件下解决工程建设用地和妥善安置失地移民发挥了重要作用。1984 年，我国水利电力部颁发了《水利水电工程水库淹没处理设计规范》（SD 130—1984），奠定了水利水电工程移民工作从单纯的补偿转变为补偿、安置并重的基础起点，为水库淹没处理和移民安置工作迈向规范化起了重要作用，该规范提出了水库淹没处理补偿投资计算的原则，要求水库淹没处理补偿标准应严格执行《国家建设征用土地条例》等有关规定，以及水库移民安置和专项的迁建、改建或防护所需投资应列入水利水电工程投资，同时对移民概算涉及的各项目进行了细化。1986 年，我国第一部《中华人民共和国土地管理法》诞生，进一步强调了要节约用地、保护耕地，以及针对大中型水电工程建设与其他项目建设（铁路、公路等）在征地补偿、移民安置中的差异性，提出由国务院另行规定大中型水电工程建设征地补偿和移民安置办法，确立了水利水电工程移民补偿补助、安置体系作为不同于基建项目征地拆迁的行业独立发展之路。

第三时期：1991—2006 年。主要以执行《大中型水利水电工程建设征地补偿和移民安置条例》（国务院令第 74 号）和《水电工程水库淹没处理规划设计规范》（DL/T 5064—1996）为标志，结束了长期以来移民工作无法可依、无章可循的历史。1991 年，国务院颁布了国务院令第 74 号，有力地推动了水库移民工作的法制化建设，明确提出"国家提倡和支持开发性移民，采取前期补偿、补助与后期生产扶持的办法"，并对水利水电工程建设征用土地的补偿费和安置补助费标准进行了规定，进一步完善了水利水电工程移民安置工作规范体系，使移民工作发展到了一个新的阶段。1996 年，电力工业部批准了《水电工程水库淹没处理规划设计规范》（DL/T 5064—1996），以适应新形势下水利水电工程建设用地移民专业设计的要求，指导移民安置规范化开展，该规范在《水利水电工程水库淹没处理设计规范》（SD 130—1984）的基础上进行了修编，对淹没补偿概（估）算项目的分类分项进行了统一规定，根据当时的实际情况，增列了勘测规划设计费、农村移民技术培训费和监理费等费用标准，并调整了部分费用的费率。

这一时期，由于当时社会经济发展条件及资金条件的限制，水电移民安置和补偿工作在国家层面主要以国务院令第 74 号为基础，总体上补偿标准较低，征收耕地的土地补偿费和安置补助费之和一般为该耕地前三年平均亩产值的 8 倍左右，最高不超过 20 倍；安置标准以与库区基本情况相结合，基本上使移民生产生活水平达到原有水平为原则，即移民安置建设标准基本立足点是"原规模、原标准、原功能"的"三原"原则。明确提出扩大规模、提高标准增加的投资，由地方政府或有关单位自行解决；同时"96 规范"提出迁建城镇规划除了应本着原规模、原标准的原则外，还应参照行业标准和行业工作程序编制。1998 年国家出台《中华人民共和国土地管理法》和《中华人民共和国土地管理法实施条例》，随后四川省相应制定了《四川省〈中华人民共和国土地管理法〉实施办法》，尽管"74号移民条例"仍是水电工程移民工作的基础和依据，但实际上标准已有了明显提高，国家和四川省土地管理实施办法中均明确征收耕地的土地补偿费和安置补助费之和为该耕地前三年平均亩产值的10～16倍，最高不超过25倍。在标准上已逐渐提高，实际上在这一时期基本按照土地补偿费和安置补助费的下限标准进行补偿，即按照前三年亩产值的10倍计列。

第四时期：2006—2017年。主要以执行《大中型水利水电工程建设征地补偿和移民安置条例》（国务院令第471号）、《水电工程建设征地移民安置规划设计规范》（DL/T 5064—2007）等配套的水电、水利相关设计规程规范为标志，整个移民工作走向规范化、制度化、程序化。以此为基础，国家层面对移民管理体制、移民规划编报、移民诉求表达、前期设计深度、实施过程管理与监督、后期扶持方式、项目竣工验收等规定进行了全面的修改和完善。同时，省级人民政府、省级移民管理部门及其他行业部门配套制定了大量政策，大部分沿用至今。2017年6月1日，《大中型水利水电工程建设征地补偿和移民安置条例》（国务院令第679号）颁布执行，主要对国务院令第471号第二十二条进行了修订"大中型水利水电工程建设征收土地的土地补偿费和安置补助费，实行与铁路等基础设施项目用地同等补偿标准，按照被征收土地所在省、自治区、直辖市规定的标准执行"条款。

2006年9月，"471号移民条例"的颁布实施明确了移民工作管理体制，强化了移民安置规划的法律地位，规范了征地补偿和移民安置工作，明确提出"国家实行开发性移民方针，采取前期补偿、补助与后期扶持相结合的办法，使移民生活达到或者超过原有水平"，对大中型水利水电工程建设征地土地补偿标准做出了相关规定，对专项设施的迁建或复建应当按照其"原规模、原标准原功能"的原则补偿，为促进和保障水利水电工程建设事业蓬勃发展发挥了重要作用。为贯彻执行"471号移民条例"，国家发展改革委相继颁布实施了《水电工程建设征地移民安置规划设计规范》（DL/T 5064—2007）等一系列与之配套的相关规程规范，进一步系统规范了水利水电工程建设征地移民安置规划设计工作；在移民概算方面，对涉及的项目划分、费用构成和编制方法等也进行了细化和补充完善，以适应当前水利水电移民安置工作的新常态。

"471号移民条例"是我国水利水电工程移民安置依据的最重要的行政法规，该条例从保护移民合法权益、维护社会稳定的原则出发，明确了移民工作管理体制，强化了移民安置规划的法律地位，特别是对征收耕地的土地补偿费和安置补助费标准、移民安置的程序和方式及移民工作的监督管理等做了比较全面的规定。主要包括：①移民安置工作实行政府领导、分级负责、县为基础、项目法人参与的管理体制；②已经成立项目法人的大中型水利水电工程，由项目法人负责编制移民安置规划大纲和移民安置规划；③编制移民安置规划大纲和移民安置规划应当广泛听取移民群众的意见，必要时应当采取听证方式；④其他规定，如移民远迁后，在水库周边淹没线以上属于移民个人所有的零星树木、房屋等应当给予补偿；农村移民住房应当由移民自主建造，不得强行规定建房标准；对补偿费用不足以修建基本用房的贫困移民，应当给予适当补偿；对淹没线上受影响范围内因水库蓄水造成当地居民生产生活困难的问题，应当纳入移民安置规划妥善处理；防护工程的建设费用由项目法人承担，运行管理费用由工程管理单位负责。

这一时期的移民安置方式由原来的主要是大农业安置、第二、三产业安置及自主安置三种方式，变为了大农业安置、第二、三产业安置、自主安置、城镇复合安置、长效安置和其他安置6种安置方式。根据《中华人民共和国土地管理法》和"471号移民条例"规定，一般情况下，大中型水利水电工程建设征用耕地的土地补偿费和安置补助费之和不低于该耕地被征收前3年平均年产值的16倍；其他土地补偿补助标准按照地方政府有关规定确定；当土地补偿费和安置补助费不能使需要安置的移民保持原有生活水平的，需要提高补偿补助标准，提高补偿补助标准的多少由项目法人或者项目主管部门报项目审批或者核准部门批准。

第四时期是水电移民政策大发展时期，"471号移民条例"及与之配套的《水电工程建设征地移民安置规划设计规范》（DL/T 5064—2007）解决了前期规程规范、规定等的不足，无论是安置还是补偿政策，相对旧条例时期都有了很大程度的进步和提升，是当前最为完善的水利水电工程移民安置工作规范体系，同时也最大程度的保障了移民合法权益。随着社会经济的发展，移民安置工作体系将不断朝着更加完善的方向演化、发展。

9.1.2 各时期费用项目构成及发展演化

9.1.2.1 1984 年以前

1953年颁布的第一部关于征地的法规，对移民征地补偿的原则是：应根据国家建设的需要，保证国家所必需的土地，又应照顾当地人民的切身利益，必须对土地被征用者的生产和生活有妥善的安置，凡有荒地、空地可利用的，应尽量不征用或少征用人民的耕地良田。对土地被征用者一时无法安置的，则应待安置妥善后再行建设或另行择地建设。征用土地按照"尽一切努力保证不降低原有生活水平，依据淹没损失计算补偿投资"，主要补偿对象是个人和集体的房屋、土地。征地的补偿标准一般以土地最近3~5年产量的总值为标准。1958年，国务院修订并重新公布的《国家建设征用土地办法》规定补偿标准改为对2~4年的亩产量总值予以补偿。这时土地所有权发生了变化，土地补偿费或安置补助费都发给合作社统一使用，只有属于私人的地上附着物补偿费才发给个人，属于典型的低补偿安置。

20世纪60年代，国家加快了大江大河治理和水电开发的步伐，一大批大中型水利水电工程相继上马建设，是新中国成立以来修建水利水电工程最多、移民数量最多的时期。由于处于特殊的历史时期，移民安置工作未遵循客观经济规律，缺乏实事求是精神，没有制定切实可行的移民安置规划，即使有规划也无法执行，补偿更是普遍偏低。当时主要靠行政命令进行移民搬迁，把移民安置看成是简单的搬家，有的地方搬迁移民按照"军事化"进行组织，要求在很短的时间内搬完；有的要求移民自找门路，自己搬迁；再有甚者，为了赶工程进度，采取了提前下闸蓄水的极端做法。这个时期移民补偿无法可依，无章可循，主要靠行政命令进行简单安置补偿，由于补偿低、环境容量严重不足、基础设施差等多种原因，不能满足移民生产、生活的基本需求，遗留了很多问题。

1978年改革开放后，我国经济建设进入了一个新的高峰期，各项建设需要占用大量土地，人口的增加导致人地矛盾突出，产生大量移民。这个时期由于土地制度的变化，国家在征地中既要对土地所有者支付补偿费，又要对土地承包者进行安置，形势的发展要求征用土地和安置移民必须从法律制度上予以保证。

1982 年，国务院颁布的《国家建设征用土地条例》对征地补偿和移民安置作出了新的规定。土地补偿主要依据《国家建设征用土地条例》的规定，分为土地补偿、安置补助和地上附着物补偿。其中，征用耕地（包括菜地）的补偿标准为该耕地年产值的 3～6 倍，征用耕地（包括菜地）的安置补助按农业人口计算，为该耕地的每亩年产值的 2～3 倍；征用园地、鱼塘、藕塘、苇塘、宅基地、林地、牧场、草原等的土地补偿和安置补助标准由省、自治区、直辖市人民政府制定；地上附着物的补偿标准由省、自治区、直辖市人民政府制定。《国家建设征用土地条例》的颁布，对于当时条件下解决工程建设用地和妥善安置移民发挥了重要作用。

9.1.2.2　1984—1991 年

该时期主要以《水利水电工程水库淹没处理设计规范》（SD 130—1984）的执行和我国第一部《中华人民共和国土地管理法》颁布为标志。《水利水电工程水库淹没处理设计规范》（SD 130—1984）奠定了水利水电工程移民工作从单纯的补偿转变为补偿、安置并重的基础起点，为水库淹没处理和移民安置工作迈向规范化起了重要作用，该规范提出了水库淹没处理补偿投资计算的原则，以及水库移民安置和专项的迁建、改建或防护所需投资应列入水利水电工程投资，同时，对移民概算涉及的各项目进行了细化。1986 年，我国第一部《中华人民共和国土地管理法》颁布，把对土地的管理从行政法规上升为国家法律，大大规范了土地征用行为，同时明确规定"大中型水利水电工程建设征地补偿和移民安置办法由国务院另行规定"。国务院指出，水库移民是水利水电工程建设的一个重要问题，关系到库区人民的切身利益和水利水电事业的发展，因此在总结我国多年移民安置工作经验教训的基础上，提出了开发性移民方针，要求水库移民工作必须从单纯的安置补偿的传统做法中解脱出来，改消极赔偿为积极创业，变救济生活为扶助生产，走开发性移民的路子。在开发性移民方针指引下，全国范围内开始处理中央直属水库移民遗留问题，同时也提高了新建水利水电工程移民安置补偿、补助费的标准。1991 年国务院颁布的《大中型水利水电工程建设征地和移民安置条例》（国务院令第 74 号）是在总结 40 多年移民工作经验教训的基础上制定的，也是我国第一部针对水利水电工程建设征地和移民安置制定的专项法规，初步形成了征地和移民安置管理的制度框架，结束了长期以来移民工作无法可依、无章可循、移民经济补偿随意性的历史，该条例提出的实行开发性移民方针，使水利水电工程建设走上了依法征地和实行开发性移民安置的轨道，在规范征地行为、重视前期工作、制定科学的移民安置规划、加强移民工作管理等方面发挥了重要作用，为促进水利水电建设事业的发展、维护库区安定和社会稳定起到了积极作用。

1. 费用项目构成

1984—1991 年间，随着"84 规范"的颁发试行，将水库淹没处理补偿投资主要分为农村移民安置迁建补偿费，受淹城镇、集镇的迁建补偿费，库区工矿企业、铁路、公路、航运等的恢复改建费，库区重要文物古迹的发掘、迁建及防护费，水库库底清理所需的防疫措施和清理的费用，以及库区淹没对象的防护工程费等，并对其费用构成、计算方法和原则予以明确。同时，该规范明确将水库移民安置和专项的迁移、改建或防护所需的投资列入水利水电工程投资，而结合迁、改建或防护，需要提高标准或扩大规模的，增加的投资应由有关部门自行承担。

表 9.1　　　　　　　　移民概算主要情况表（1984—1991 年）

序号	项目及构成	计 算 方 法 或 原 则
一	农村移民安置迁建补偿费	
1	征用土地补偿费	依据《中华人民共和国土地条例》等有关规定进行具体计算确定
2	安置补助费	依据《中华人民共和国土地条例》等有关规定进行具体计算确定
3	房屋及附属建筑物重建费	按原由建筑面积和质量标准，扣除可利用的旧料后的重建价进行补偿
4	农副业生产及福利设施迁建补偿费	一般按原有规模和标准予以补偿
5	小型水利水电设施补偿费	按原有建筑规模和标准，扣除可利用的设备材料值，予以补偿
6	搬迁运输费	包括居民迁移时车船、途中住宿、医药以及集体和个人的物资运输等费用，按运输方式和距离进行计算
7	其他补助费	包括迁移时期移民误工补贴、乡镇企业变迁停产减少收入的补贴及其他补助等
8	行政管理费	可根据移民数量、安置方案、搬迁进度而必须配置的机构人员，按国家规定的各项开支标准进行计算，或按以上 1～7 项之和的 1%～2% 计
9	不可预见费	按以上 1～7 项之和的一定比例计算，其中概算采用 5%，修正概算采用 3%
二	受淹城镇、集镇的迁建补偿费	一般按其原有规模和标准商定，包括新址征用土地的补偿费和安置补助费、房屋及附属建筑物和市政公用设施改建费、搬迁运输费、搬迁期间工商部门减产停产损失补贴费以及相应的行政管理费等项
三	库区工矿企业、铁路、公路、航运等的恢复改建费	一般按原有规模（等级）和标准，考虑可利用的设备材料后的重建造价予以补偿
四	其他	包括库区重要文物古迹的发掘、迁建及防护费，水库库底清理所需的防疫措施和清理的费用，库区淹没对象的防护工程费等

2. 发展演化

与第一时期相比，国家层面已逐步开始重视水库移民问题，认识到保障库区移民的利益与水利水电事业的发展息息相关，针对前一时期未明确移民补偿项目、费用构成等情况，颁发试行了《水利水电工程水库淹没处理设计规范》（SD 130—1984），一方面，明确了水库淹没处理补偿投资编制的原则，提出"水库淹没补偿处理补偿标准，应严格执行《国家建设征用土地条件》的有关规定……"；另一方面，规范了移民补偿项目，将水库淹没处理补偿投资主要分为农村移民安置迁建补偿费，受淹城镇、集镇的迁建补偿费，库区工矿企业、铁路、公路、航运等的恢复改建费等，并对其费用构成、计算方法等进行了细化，以有效指导当时环境下的建设征地移民安置工作。此外，针对水利水电工程与其他行业项目在征地补偿中的差异性，明确由国务院另行规定，为水利水电工程建设征地移民安置补偿区别于其他行业建设征地补偿奠定了基础。

9.1.2.3　1991—2006 年

1. 费用项目构成

1991—2006 年，随着《大中型水利水电工程建设征地补偿和移民安置条例》（国务院令第 74 号）和《水电工程水库淹没处理规划设计规范》（DL/T 5064—1996）的颁发执行，将水库淹没补偿投资概（估）算划分为农村移民补偿费、集镇迁建补偿费、城镇迁建补偿费、专业项目复建补偿费、防护工程费、库底清理费、其他费用、预备费、建设期贷款利息和有关税费等，并根据当时实际情况，对其分项费用构成、计算方法和原则进行了细化和完善。同时，进一步明确了水库淹没处理补偿投资概（估）算应按枢纽工程概（估）算编制年的相同年份的政策规定和价格水平计算，具体见表 9.2。

表 9.2　　　　　移民概算主要情况表（1991—2006 年）

序号	项目及构成	计算方法或原则
一	农村移民补偿费	
1	征用土地补偿和安置补助费	按照国务院令第 74 号等有关政策规定计算
2	房屋及附属建筑物补偿费	按照调查的建筑面积、结构类型和质量标准，扣除可利用的旧料后的重建价格计算
3	农副业价格设施补偿费	按原有设施状况、规模和标准给予补偿
4	小型水利电力设施补偿费	按原有规模和标准，扣除可利用的设备材料给予补偿
5	乡村企业单位迁建补偿费	按调查的房屋及附属建筑物数量和原有规模、标准，扣除可利用的旧料后计算；物资搬运费及搬迁期间停产损失补贴费，按照迁移距离、搬迁时间、停产状况分项计算
6	文化、教育、医疗卫生等事业单位迁建补偿费	按照原有房屋面积和搬迁原有设施进行计算
7	基础设施补偿费	按原有设施状况，结合移民安置点规划分项计算
8	搬迁运输费	一般按迁移距离、运输方式和时间等情况分项计算
9	其他补偿费	如移民个人种植的零星果木补偿及其他必要的补贴
二	集镇迁建补偿费	
1	新址征地和场地平整费	按照迁建规划新址占地移民的补偿、补助费和场地平整、挡护费分项计算
2	公用设施恢复费	本着原规模、原标准的原则，结合迁建规划分项计算
3	公共设施恢复费	本着原规模、原标准的原则，结合迁建规划分项计算
4	居民迁移补偿费	按照农村移民补偿的有关项目和原则分项计算
5	工商企业迁建补偿费	按照原有房屋面积和搬迁原有设施进行计算
6	行政事业单位迁建补偿费	房屋及附属建筑物按调查的数量、结构形式，扣除可利用的旧料后的重建价格计算；搬迁运输费及物资损失按运输距离和运输方式计算
三	城镇迁建补偿费	

续表

序号	项目及构成	计算方法或原则
1	新址征地和场地平整费	按照迁建规划新址占地移民的补偿、补助费和场地平整、挡护费分项计算
2	公用设施恢复费	本着原规模、原标准的原则，结合迁建规划分项计算
3	市政设施恢复费	本着原规模、原标准的原则，结合迁建规划分项计算
4	居民迁移补偿费	按照农村移民补偿的有关项目和原则分项计算
5	工商企业迁建补偿费	按照原有房屋面积和搬迁原有设施进行计算
6	行政事业单位迁建补偿费	房屋及附属建筑物按调查的数量、结构形式，扣除可利用的旧料后的重建价格计算；搬迁运输费及物资损失按运输距离和运输方式计算
四	专业项目复建补偿费	
1	工况企业复建补偿费	按照复建规划，分项计算
2	受淹铁路、公路、电力、电信线路等的复建补偿费	按原线路等级和标准，以选定或核定复建方案分项计算所需费用
3	航运设施复建补偿费	根据蓄水前的原有设施状况，考虑蓄水后结合库周居民点规划，分项合理计算费用
4	水利水电设施补偿费	按复建或其他处理方案，分项计算
5	库周交通恢复费	根据水库蓄水后库周居民点规划情况，对必须恢复和增设的道路、渡口、桥梁等进行合理计算
6	文物古迹费	对确有保存价值的文物古迹，按选定的处理方案计算
五	防护工程费	按选定的防护工程方案所需费用计列
六	库底清理费	按库底清理技术要求分项计算
七	其他费用	
1	勘测规划设计费	按一～六项费用之和的 2％计列
2	实施管理费	按一～二项费用之和的 2％～3％与三～六项费用之和的 0.5％～1％分别计列
3	技术培训费	按第一项费用的 0.5％计列
4	监理费	按国家有关规定分项计算
八	预备费	
1	基本预备费	按一～七项费用总和乘以费率计列，预可行性研究阶段为 20％，可行性研究阶段为 10％，招标设计阶段为 5％
2	价差预备费	按照枢纽工程概（估）算编制年所采用的价差预备费率计算
九	建设期贷款利息	按照枢纽工程合理工期拟定的水库移民与专项复建进度，分年度投资之和及贷款利率，逐年计算应付利息

2. 发展演化

与第二时期相比，国家层面在总结多年移民工作经验教训的基础上，颁布了我国第一部针对水工程建设征地和移民安置制定的专项法规（"74 号移民条例"），同时，结合当时水利水电移民安置工作的整体情况和总体要求，对前一时期的《水利水电工程水库淹没处理设计规范》（SD 130—1984）进行了修编，形成了《水电工程水库淹没处理规划设计规范》（DL/T 5064—1996）。首先，结合"74号移民条例"的相关规定，完善了淹没补偿概（估）算编制的原则，提出"水库淹没处理补偿投资，应以调查的淹没实物指标为依据……。水库移民安置和专业项目的复（改）建或防护所需的投资，按照原规模、原标准、原功能或复建的投资，列入水电工程补偿投资……。水库淹没处理补偿投资概（估）算，应按枢纽工程概（估）算编制年的相同年份的政策规定和价格水平计算"；其次，在"84规范"基础上，细化了移民补偿项目、费用构成等，将淹没补偿概（估）算项目进行了统一规定，主要划分为农村移民补偿费、集镇迁建补偿费、城镇迁建补偿费、专业项目复建补偿费、防护工程费、库底清理费等部分，较前一时期的移民补偿项目分类更为具体和全面；最后，根据当时的淹没处理需要，还增列了勘测规划设计费、农村移民技术培训费和监理费等，提高了实施管理费和基本预备费的费率，并规定淹没补偿概（估）算应为包括价差预备费和建设期贷款利息在内的总投资，使移民概（估）算编制更为规范化和系统化。

9.1.2.4 2006—2017年

1. 费用项目构成

2006年9月至2017年，随着《大中型水利水电工程建设征地补偿和移民安置条例》（国务院令第471号）、《水电工程建设征地移民安置规划设计规范》（DL/T 5064—2007）等配套的水电、水利相关设计规程规范的颁发执行，将建设征地移民安置补偿项目划分为农村部分、城（集）镇部分、专业项目、库底清理、环境保护和水土保持等部分，明确建设征地移民安置补偿费用概（估）算由建设征地移民安置补偿项目费用、独立费用、预备费等三部分费用构成，并结合建设征地移民安置工作的整体情况，对分项费用的计算方法和原则等进行了补充完善。详见表9.3。

表9.3 移民概算主要情况表（2006年9月至2017年）

序号	项目及构成	计算方法或原则
一	农村部分补偿费用	
1	征收和征用土地的土地补偿费用	按照471号令等有关政策规定，根据征收和征用各类土地补偿单价和补偿实物指标中的土地数量计算
2	搬迁补助费用	包括人员搬迁补助费用，物资、设备运输补助费用，建房期补助费等，按照相关规定计算
3	附着物拆迁处理补偿费用	
3.1	房屋拆迁补偿费	按照被拆迁房屋的建筑面积、结构类型和质量标准的重置价格给予补偿
3.2	附属建筑物拆迁补偿费	参照房屋迁建补偿费计算
3.3	农副业及文化宗教设施补偿费	按实物指标量，结合有关政策法规和行业规定给予补偿
3.4	企业的处理费用	根据处理方式不同分搬迁安置补偿费或货币补偿处理费两类计算
3.5	行政事业单位的迁建费用	包括房屋及附属建筑物补偿费、设施、设备处理补偿费，物资处理补偿费等，按相关规定计算

序号	项目及构成	计算方法或原则
3.6	其他补偿费	根据实际情况结合相关规定分析计算
4	青苗和林木补偿费用	包括青苗补偿费，零星树木补偿费，征、占用林地和园地林木补偿费，按照补偿概算实物指标中分类数量和相应的补偿单价计算
5	基础设施恢复费	包括建设场地准备费、基础设施建设费和工程建设其他费用，按照规划设计工程量和相应行业的概算规定计算
6	其他补偿费	按照国家和省级人民政府的规定计算或根据同阶段移民安置规划工作量或搬迁安置人口和相应的补偿费用单价计算
二	城（集）镇部分补偿费用	
1	搬迁补助费用	包括人员搬迁补助费用、物资、设备运输补助费用，建房期补助费等，按相关规定计算
2	附着物拆迁处理补偿费用	按附着物重置价格给予补偿
3	青苗和林木补偿费用	包括青苗补偿费，零星树木补偿费，征、占用林地和园地林木补偿费，按照补偿概算实物指标中分类数量和相应的补偿单价计算
4	基础设施恢复费	包括建设场地准备费、基础设施建设费和工程建设其他费用，按照迁建规划设计工程量和相应行业的概算规定计算
5	其他补偿费	按照国家和省级人民政府的规定计算或根据同阶段移民安置规划工作量或搬迁安置人口和相应的补偿费用单价计算
三	专业项目处理补偿费用	
1	铁路工程补偿费用	根据复建规划设计的工程量，按铁路工程概算编制办法和定额计算
2	公路工程补偿费用	根据复建规划设计的工程量，按公路工程概算编制办法和定额计算
3	水运工程补偿费用	根据复建规划设计的工程量，按航运、水运工程概算编制办法和定额计算
4	水利工程、防护工程补偿费用	按照规划设计的工程量和水利行业概算编制规定或省级人民政府的有关规定计算
5	水电工程补偿费用	按照复建或改建规划设计的工程量和相应行业概算编制规定或省级人民政府的有关规定计算
6	电力工程、电信工程、广播电视工程补偿费用	根据复建规划设计的工程量，按照相应行业设计概算编制办法和定额计算
7	企事业单位补偿费用	根据处理方式不同分搬迁安置补偿费或货币补偿处理费两类计算
8	文物古迹补偿费用	根据文物保护规划设计成果计算
四	库底清理费用	按库底清理技术要求分项计算
五	环境保护和水土保持费用	根据环境保护、水土保持设计成果分别计算
六	独立费用	包括项目建设管理费、移民安置实施阶段科研和综合设计（综合设代）费以及其他税费等，按相关规定分项计算
七	预备费	包括基本预备费和价差预备费，按相关规定分项计算

2. 发展演化

与第三时期相比，国家层面为解决"74 号移民条例"中出现的补偿补助标准偏低、移民安置程序不够规范等问题，通过认真总结实践经验，出台了"471 号移民条例"，并在此基础上颁布实施了《水电工程建设征地移民安置规划设计规范》（DL/T 5064—2007）等一系列与之配套的相关规程规范。一方面，结合"471 号移民条例"的相关规定，进一步完善了淹没补偿概（估）算编制的原则，提出"征收土地的土地补偿费和安置补助费，应满足农村移民生产安置规划的资金需要……对补偿费用不足以修建基本用房的贫困移民，给予适当补助。移民远迁后，在征地范围之外本农村集体经济组织地域内的房屋、附属设施、零星树木等私人财产应当给予补偿……"；另一方面，"96 规范"基础上，对移民补偿项目划分、费用构成等进行了补充完善，如将防护工程费纳入专业项目处理补偿费用中，将有关税费纳入独立费用中，新增环境保护和水土保持费用以及将建设期贷款利息在水电工程项目总概算中计列等，并对部分费用的费率进行了调整，以适应新形势下的建设征地移民安置工作。

9.1.3 小结

自 20 世纪 50—60 年代以来，水利水电工程移民法律法规、条例、规程规范经历了从无到有、不断发展完善的过程，相关补偿补助项目不断趋于细化、完善，客观上为促进费用管理规范化、使用定向化发挥了重要作用，从政策法规源头上保证了移民安置效果越来越好。随着移民概算相关的政策、规定不断更新，对其涉及的项目划分、费用构成、计算方法或原则等也不断细化和完善。

9.2 现阶段项目划分和费用构成

根据现行《水电工程设计概算编制规定》《水电工程费用构成及概（估）算费用标准》和《水电工程建设征地移民安置补偿费用概（估）算编制规范》（DL/T 5382—2007）（以下简称"07 概算规范"），现阶段建设征地移民安置补偿投资概算项目划分和构成如下。

9.2.1 项目划分

建设征地移民安置补偿项目划分为农村部分、城镇部分、专业项目处理、库底清理、环境保护和水土保持等部分。建设征地移民安置补偿项目费用由农村部分补偿费用、城镇部分补偿费用、专业项目处理补偿费用、库底清理费用、环境保护和水土保持费用组成。

1. 农村部分

农村部分是指因项目建设引起项目建设征地前属乡、镇人民政府管辖的农村集体经济组织及地区迁建的相关项目。主要包括土地的征收和征用、搬迁补助、附着物拆迁处理、青苗和林木的处理、基础设施建设和其他等项目。

2. 城镇部分

城镇部分，是指列入城镇原址的实物指标处理和新址基础设施恢复的项目，包括：搬迁补助、附着物拆迁处理、林木处理、基础设施恢复和其他项目等。

3. 专业项目处理

专业项目处理，是指受项目影响的迁（改）建或新建的专业项目，包括铁路工程、公路工程、水运工程、水利工程、水电工程、电力工程、电信工程、广播电视工程、企事业单位、防护工程、文物古迹以及其他等。

4. 库底清理

库底清理，包括建筑物清理、卫生清理、林木清理和其他清理等。特殊清理项目是指特殊清理范围内为开发水域各项事业而需要进行特殊清理的项目。

5. 环境保护和水土保持

环境保护和水土保持是指移民安置区的环境保护和水土保持措施费用，包括：水土保持、水环境保护、陆生动植物保护、生活垃圾处理、人群健康保护、环境监测、水土保持监测，以及其他项目等。

9.2.2 费用构成

建设征地移民安置补偿费用由补偿补助费用、工程建设费用、独立费用、预备费等四部分费用构成。

1. 补偿补助费用

补偿补助费用是指对建设征地及其影响范围内土地、房屋及附属建筑物、青苗和林木、设施和设备、搬迁、迁建过程的停产，以及其他方面的补偿、补助。包括：土地补偿费和安置补助费、划拨用地补偿费、征用土地补偿费、房屋及附属建筑物补偿费、青苗补偿费、林木补偿费、农副业及文化宗教设施补偿费、搬迁补偿费、停产损失费、其他补偿补助费等。

2. 工程建设费用

工程建设费用由建筑安装工程费、设备购置费、工程建设其他费用等构成，但不包括预备费和建设期贷款利息。

3. 独立费用

独立费用包括项目建设管理费、移民安置实施阶段科研和综合设计费，以及其他税费等。

其中项目建设管理费包括建设单位管理费、移民安置规划配合工作费、建设征地移民安置管理费、移民安置监督评估费、咨询服务费、项目技术经济评审费等。

移民安置实施阶段科研和综合设计（综合设计代表）费，是指移民安置实施阶段为解决项目建设征地移民安置的技术问题而进行必要的科学研究、试验以及统筹协调移民安置规划的后续设计，把关农村居民点、迁建集镇、迁建城市、专业项目等移民安置项目的技术接口，设计文件汇总和派驻综合设代、进行综合设计交底所发生的费用。

其他税费是指根据国家和项目所在省、自治区、直辖市的政策法规的规定需要缴纳的费用，包括耕地占用税、耕地开垦费、森林植被恢复费、工程建设质量监督费和其他政策性补偿费用等。

4. 预备费

预备费包括基本预备费和价差预备费。

　　基本预备费为综合性基本预备费，是指在建设征地移民安置设计及补偿费用概（估）算内难以预料的项目费用，包括：设计范围内的设计变更、局部社会经济条件变化等增加的费用，一般自然灾害造成的损失和预防自然灾害所采取的措施费用，建设期间内材料、设备价格和人工费、其他各种费用标准等不显著变化的费用。

　　价差预备费是指建设项目在建设期间内由于材料、设备价格和人工费、其他各种费用标准等变化引起工程造价显著变化的预测预留费用。费用内容包括：人工、设备、材料、施工机械的价差费，建筑安装工程费及工程建设其他费用调整，利率、汇率调整等增加的费用。

　　为方便研究，将项目划分为补偿补助类、工程建设类、其他类项目及体系外新增项目处理四部分内容来开展总结研究。

9.3　补偿补助类

　　补偿补助类主要包括土地及地上附着物等，如土地征收征用、房屋及附属设施、零星树木及成片林木等。

9.3.1　土地及地上附着物补偿补助

9.3.1.1　土地补偿

　　土地补偿包括征收征用补偿费，根据征地年产值标准和相应的倍数计算，其中征地年产值的确定方法不同时期有所不同，或采用一定方法计算，或直接采用发布标准，或以此为基础采用不同方法确定；补偿倍数随地域不同而不同，有直接采用16倍的，有以16倍为基础再根据实际情况增加倍数的。

　　1. 征地年产值标准

　　自《关于开展制订征地统一年产值标准和征地区片综合地价工作的通知》（国土资发〔2005〕144号）文颁布以来，各地相继开展了相应的工作，各省市分别制订了征地统一年产值标准或者征地区片综合地价。从目前情况来看，东部部分省份如浙江省部分地区采用了征地区片综合地价，而西部大多数省份一般采用征地统一年产值。

　　从典型案例及近年来四川省大中型水利水电项目建设征地土地补偿政策的执行情况看，耕地统一年产值确定方式主要分为两种类型，在不同类型、不同时期，各电站根据自身情况还有所不同，有自行测算的，有直接采用省政府批准发布的，有前期自行测算、后期结合采用的等几种情况。

　　（1）2010年1月1日前，自行测算。各水利水电工程建设征地采用的耕地年产值是根据国土法的规定采用该耕地前三年的平均年产值确定，结合水电行业和水利行业的相关规程规范要求，一般依据主要农副产品价格和亩产量，按照全产值法进行测算。

　　（2）2010年1月1日后，执行统一年产值。在《四川省国土资源厅关于组织实施统一年产值标准的通知》（川国土资发〔2009〕54号）公布实施后，四川省大中型水利水电工程建设征地耕（园）地亩产值基本与省国土资源厅颁布的各区域的耕地统一年产值进行了有效衔接。鉴于公布的统一年产值是以乡（镇）为单位的标准，各乡（镇）之间存在差异，因此，从大中型水利水电工程建设征地的特殊性考虑，一般是在公布的统一年产值基础上采用"同库同策、流域平衡、就高不就低"的原则确定各水利水电项目的耕地年产值，不同项目具体操作方式有差异，主要有以下几类：

1）采用"同库同策，就高不就低"的方式执行统一年产值，即执行统一年产值规定，但取本项目建设征地范围内涉及乡镇公布产值最高的乡的产值作为整个项目耕地年产值标准，不分乡执行统一年产值。这种方式是近几年来四川省内大中型水利水电工程建设征地的一般做法，如双江口、大岗山、黄金坪水电站等。

2）耕地采用"就高不就低"的方式，其他土地执行分乡标准。主要是耕地的产值采用"就高不就低"的原则，执行项目建设征地范围内涉及乡镇公布产值最高的乡的产值作为整个项目耕地年产值标准，而其他土地补偿费的计算则以公布的分乡的耕地统一年产值为计算基础。如两河口水电站耕地年产值采用建设征地区统一亩产值高限即 1580 元/亩，征收、征用林地及其他土地费用计算时，年产值按建设征地涉及各乡年产值（1450 元/亩、990 元/亩、1210 元/亩、1580 元/亩）分别计算。

3）采用"流域平衡、就高不就低"相结合的原则，即基本采用电站涉及各个乡的高值作为整个项目建设征地的统一年产值，但在同一个乡涉及上下游两个电站采用亩产值不一致的情况下，考虑到同一个乡采用不同产值标准可能引起不平衡和矛盾，协商后采用其他涉及乡镇就高不就低，涉及两个电站的乡镇统一按同一个电站的标准执行。如大渡河中游的长河坝电站和猴子岩电站，同时涉及康定市的孔玉乡，在 2014 年进行的耕地年产值调整工作中，确定猴子岩电站采取就高不就低，全部乡的耕地产值取 1870 元/亩，而长河坝电站中孔玉乡取 1870 元/亩，其他乡取 2200 元/亩。

4）采用分乡执行公布的产值，即耕地和其他土地都直接按照公布的各个乡的产值执行。如毗河水库、小井沟等大型水库和部分中型水利水电工程。

2. 土地征收补偿倍数

在遵照《中华人民共和国土地管理》（中华人民共和国主席令第二十八号）的基础上，国务院针对大中型水利水电工程特别制定了《大中型水利水电工程建设征地补偿和移民安置条例》（国务院令第 471 号），对大中型水利水电工程土地征收补偿费用进行了相应规定："大中型水利水电工程建设征收耕地的，土地补偿费和安置补助费之和为该耕地被征收前三年平均年产值的 16 倍……征收其他土地的土地补偿费和安置补助费标准，按照工程所在省、自治区、直辖市规定的标准执行……土地补偿费和安置补助费不能使需要安置的移民保持原有生活水平、需要提高标准的，由项目法人或者项目主管部门报项目审批或者核准部门批准。"

其他土地补偿规定，如浙江省制定的《浙江省实施〈中华人民共和国土地管理法〉办法》（浙江省第九届人民代表大会常务委员会公告第 24 号）中规定"征用建设用地的，参照当地耕地的补偿标准补偿"、西藏自治区制定的《西藏自治区实施〈中华人民共和国土地管理法〉办法》规定"征用未利用地，土地补偿费标准为邻近耕地前 3 年平均年产值的 2 倍"、四川省制定的《四川省〈中华人民共和国土地管理法〉实施办法（2012 年修正本）》中规定"征用其他土地的土地补偿费和安置补助费，按照按征用耕地的土地补偿费、安置补助费的一半计算"。

大中型水利水电工程建设征地计算的土地补偿倍数是按照主要依据"471 号移民条例"等有关规定，即征收耕（园）地的土地补偿费和安置补助费之和为该耕地被征收前 3 年平均年产值的 16 倍，林地、草地和其他农用地等土地补偿倍数为耕地的一半，即按 8 倍计列。2006 年 9 月 1 日前核（批）准的在建大中型水利水电工程，但尚未完成移民安置实施规划的，如瀑布沟、溪洛渡、向家坝等，其"土地补偿费和安置补助费"（以下简称"两费"）倍数基本与"471 号移民条例"进行了衔接，耕（园）地按 16 倍计列，其他土地按 8 倍计列。

四川省在实际执行中，对征收土地"两费"不足以安置移民而需提高标准的，未按照条例规定直接提高土地"两费"倍数，而是执行《水电工程建设征地移民安置规划设计规范》（DL/T 5064—2007）规定的"经农村移民安置规划投资平衡分析，征收土地补偿费和安置补助费之和尚不足满足农村移民生产安置规划投资的，可根据国家和省级人民政府有关规定，计列生产安置措施补助费"，不足部分全部纳入了移民概算。例如，亭子口水利枢纽工程计列的生产安置措施费（生产安置增补费）达 0.20 亿元，毗河水利枢纽工程计列的生产安置措施费（生产安置增补费）达 0.31 亿元，瀑布沟水电站实施报告中计列的生产安置措施费达 3.83 亿元，溪洛渡水电站（四川库区）实施规划中计列的生产安置措施费达 0.31 亿元，双江口水电站达 1.19 亿元，猴子岩水电站达 0.24 亿元，锦屏一级水电站为 5.46 亿元，两河口水电站耕（园）地采用逐年货币补偿未计列生产安置措施费。在计列生产安置措施补助费后，换算成耕（园）地的补偿倍数后将高于"471 号移民条例"规定的 16 倍，如亭子口水利枢纽工程达 25 倍，黄金坪水电站达到 49 倍。

因此，水利水电工程在耕（园）地补偿方面存在着两方面的补偿，一方面是显性的补偿，即为大家所熟知的 16 倍；另一方面是隐性的补偿，即不为大家熟知的、但在规划中为生产安置而实际发生而且用于移民的费用，且其数额较大。由于该部分费用没有实际发放给移民群众，因而造成水利水电工程耕（园）地补偿仅有 16 倍的假象，从而形成了水利水电移民同城市建设等被征地农民相比的心理落差。若将显性和隐性费用同时计算，水利水电工程耕（园）地补偿倍数要普遍高于 16 倍。

3. 实施过程中存在的问题

（1）水利水电行业与其他行业存在差异。

1）目前水利水电工程土地补偿标准以公布的统一年产值为基础，采用"同库同价""流域平衡""就高不就低"等原则确定各项目采用的耕地年产值，具体操作方式因不同项目有差异，主要执行情况是"一个工程采用一个价"；城市建设征地则完全按照颁布的统一年产值分区域执行不同的标准，主要执行情况是"一个工程采用多个价"；交通工程征地按照"位于同一年产值区域的，征地补偿水平应基本保持一致，做到征地补偿同地同价"的规定执行，采取一个平均值，或参照相邻同类工程执行的统一标准，在耕地亩产值的取值上居于水利水电建设和城市建设之间。由于不同行业的操作方式不统一，出现同一区域、同一项目、不同行业的执行标准不一样，导致移民相互攀比，对相关工作的开展造成一定不利影响。

2）水利水电行业与其他行业在土地补偿倍数方面存在差异。水利水电工程建设征地补偿基本执行耕地统一年产值的 16 倍政策，一般均需计列生产安置措施费用，折算后耕地补偿倍数远超过 16 倍，甚至超过 30 倍，但生产安置措施费用是隐性的补偿，未实际发放到移民手中；其他行业的征地补偿采用耕地统一年产值、片区综合价等，补偿倍数在16～30 倍不等。由于移民实际拿到手的征地补偿亩均补偿标准差异较大，给移民带来了误解，引发矛盾突出。

3）水利水电行业与其他行业在土地补偿费使用方向上存在差异。水利水电行业和其他行业征地的土地补偿费用主要的用途都是用来安置被征地的农民，但是主要使用方向有所不同。水利水电行业征地的土地补偿费用是用来对集体经济组织的生产安置人口的安置，主要用来平衡生产安置规划投资，用在调剂土地、生产开发等工程投资中，除采用逐年补偿、自主安置等方式，基本上不会将土地补偿费兑付给移民个人。其他行业征地的土地补偿费对农业安置和货币安置的，基本上都是将费用兑付给集体，一般情况是会按照承包土地面积分配给被征地农户；对参加养老保险安置的农民，其土地补偿费也基本上是兑付给集体，由集体分配给农户。从而形成水利水电行业征地移民个人直接获得的补偿资金较其他行业低的表象。

（2）水利水电工程征地年产值与定期发布新标准的衔接问题。征地统一年产值 2～3 年更新发布一次，一般只调增不调减，而当前不同工程项目情况不同，对于以公布的统一年产值为基础，采用"同库同价""流域平衡""就高不就低"等原则确定采用耕地年产值的项目，目前还未形成随调机制，即总是较省政府发布标准滞后一定时间才能再次通过协商、讨论确定采用征地年产值。

征地统一年产值标准调整涉及征用土地补偿费、自主安置移民生产安置费、过渡期耕（园）地收益补助、逐年货币补偿等标准，与移民利益密切相关，在省政府批准发布新的统一年产值后，按新的征地统一年产值标准应是自然合理的，但由于项目情况不同且多是协调达成一致，征地年产值执行标准和范围均存在差别，是延续前一次协调意见思路，还是严格按照省政府批准的新标准实施，建议省级移民管理部门研究制定处理办法，形成随调机制，解决目前调整工作滞后的问题。

4. 相关建议

为缓解水利水电建设征地土地补偿政策与其他行业不一致造成的矛盾，同时解决目前水利水电建设征地土地补偿政策存在的问题，结合目前各行业土地补偿工作因政策差异导致的问题，建议四川省大中型水利水电实施与其他行业一致的建设征地土地补偿政策，在建和已建工程按原政策执行。具体如下：

（1）耕地年产值采用《四川省国土资源厅关于组织实施统一年产值标准的通知》（川国土资发〔2009〕54 号）公布标准，涉及各乡分别采用各乡公布的标准，与文件规定完全一致；且随着省国土资源厅对公布标准和政策的调整相应调整采用标准。

（2）土地补偿倍数与其他行业完全衔接一致，即按现行的《四川省人民政府办公厅转发省国土资源厅关于调整征地补偿安置标准等有关问题的意见的通知》（川办函〔2008〕73 号）要求执行，且随着省内政策相应调整。

（3）土地补偿费用的主要用途是对移民进行生产安置，并进行生产安置资金平衡。新建大中型水利水电工程建设征地生产安置投资平衡分析以最小集体经济组织为单元进行平衡，实施社会养老保险安置方式后，对有参加社会养老保险方式的集体经济组织将其参保人员的生产安置资金需平衡到个人；参与生产安置投资平衡的土地补偿费用的范围根据各项目计算生产安置移民任务采用的基础和移民安置标准综合确定。生产安置平衡后，对不足部分资金通过提高相应集体经济组织的土地补偿倍数解决，对超过国家规定倍数上限的则通过计列生产安置措施补助费纳入概算解决；剩余部分由集体经济组织按相关程序使用。

9.3.1.2 房屋及附属设施

1. 房屋及附属设施补偿标准

水利水电工程房屋及附属设施补偿标准是根据工程涉及地区实际情况，采用重置价方法进行测算，即通过现场典型调查房屋及附属设施各类基础数据，勾勒草图、标出尺寸、还原成设计图并计算出工程量，报告编制时当期物价水平测算出房屋及附属设施的重置价格。以房屋补偿标准为例，其具体测算方法和步骤如下：

（1）根据实物指标调查成果，列出实物指标中各类房屋结构类型，如钢混结构、砖混结构、砖木结构、土木结构、木结构、砖窑、土窑和其他结构等，规定各类房屋主要结构内容。

（2）对每一类房屋结构，选择1座或多座在实物指标中有代表性的典型房屋，按照新建房屋的要求进行设计。

（3）根据"07概算规范"中"工程建设费用"的规定、安置地的建筑工程造价依据和办法编制典型房屋设计概算，推算每平方米房屋造价即相应房屋结构的补偿费用单价。同一结构进行了多种典型房屋设计的，可取加权平均值。安置地条件差别悬殊的，可取加权平均值。

（4）测算结果提交相关方讨论协商，协商一致后提交国家审批。补偿标准可视物价变化实时进行调整，但遵循只调增不调减的调整原则。

（5）其他与房屋有关的补偿。除房屋本身重置价补偿外，水利水电行业还考虑了抗震加固、装修补助、基础设施费，视项目不同还有房屋风貌补助、深基础处理等费用。

2. 实施过程中存在的问题

（1）水利水电行业与其他行业在标准测算方法上存在差异。水利水电工程房屋及附属设施补偿单价是依据《水电工程建设征地移民安置补偿费用概（估）算编制规范》（DL/T 5382—2007）要求，采用重置价方法进行测算。其他行业房屋征收补偿标准主要按照《国有土地房屋征收与补偿条例》（国务院令第590号）执行，即对被征收房屋价值的补偿标准，不得低于房屋征收决定公告之日被征收房屋类似房地产的市场价格，并由具有相应资质的房地产价格评估机构对被征收房屋的价值进行评估；附属设施补偿标准主要采用人民政府同意各市州征地青苗和地上附着物补偿标准的批复中规定的补偿标准，如《四川省人民政府关于同意甘孜州征地青苗和地上附着物补偿标准的批复》（川府函〔2012〕97号）等。

（2）水利水电行业与其他行业在房屋补偿内容方面存在差异。就整个可用于房屋建设的相关补偿费用构成来看，水利水电工程包括房屋重置价、装修补助、基础设施费，且视项目不同还有房屋风貌补助、深基础处理等费用；其他行业可用于房屋建设的仅有房屋重置价，没有考虑其他补偿补助费用或体现不明显。因此，水利水电工程房屋补偿单价若计入装修和基础设施费等费用项目后，将比其他行业要高。

（3）水利水电行业与其他行业存在补偿标准方面存在差异。通过对比分析，不同行业间同结构房屋补偿标准存在一定差异且无规律可循，但水利水电行业附属设施补偿标准大部分要低于省政府同意的各地补偿标准，如大岗山水电站采用的坟墓补偿单价为 800 元/个，而《四川省人民政府关于同意雅安市征地青苗和地上附着物补偿标准的批复》（川府函〔2012〕90 号）中规定的标准为 2000 元/个。可以看出在附属设施补偿标准上，水利水电工程同其他行业存在较大差距。

3. 相关建议

（1）水利水电和其他行业共同建立统一的补偿体系。大中型水利水电工程建设征地和其他行业房屋及附属设施补偿体系存在的差异已严重阻碍征地工作的顺利开展，产生了同结构不同价、同对象不同标准等一系列问题。为从根源上解决类似问题的产生，建议各行业共同建立统一的补偿体系，规范补偿标准计算方法、统一补偿标准，经由国土、移民相关主管部门共同审核，经省政府批准统一发布后共同遵守。如此一方面可进一步体现补偿的公正公平；另一方面可兼顾平衡水利水电与其他工程建设征地涉及各方利益，减轻补偿执行阻力，化解矛盾。

（2）建立补偿标准动态调整机制。建议在行业整合的基础上，省政府每隔 3 年将统一修订发布新的补偿标准，建立水利水电工程建设征地与之联动调整的动态调整更新管理机制，按照移民变更处理程序及时上报变更并审批实施。

9.3.2 零星林木补偿

1. 零星林木补偿标准

水利水电项目涉及零星树木补偿标准主要采用典型测产计算，结合地方有关文件制订，测算结果经各级政府及相关方协商平衡后报由国家审批。

（1）根据实物指标调查成果，列出实物指标中各类零星树木的主要种类，如核桃树、花椒树、苹果树等。以前调查时较常采用简化的分类办法，如只分为成树、幼树；后来逐步细化为按照各种零星树木的不同规格（地径小于 5cm、5～20cm、20～40cm 等，或生长周期幼苗、幼树、初果、盛果、衰果等）进行调查，视项目实际情况而定。

（2）选择样本，即针对各种不同规格零星树木选择一定数量进行实地测量或调查，了解单株产量和价格等信息。选择的样本应具有代表性。

（3）对了解的单株产量和价格信息进行多途径分析修正（结果应得到相关方一致认可），根据修正产量和价格计算每个样本单株年产值，如同种规格选择有多个样本，可取算术平均值作为该种零星树木的单株年产值。

（4）四川省水利水电工程零星树木的补偿标准按单株年产值的 2 倍计算。

此外，也有部分水利水电项目采用四川省人民政府同意各市州征地青苗和地上附着物补偿标准的批复中规定的补偿标准，如《四川省人民政府关于同意甘孜州征地青苗和地上附着物补偿标准的批复》（川府函〔2012〕97 号）等。

2. 实施过程中存在的问题

（1）零星林木补偿标准细化程度不够。水利水电项目涉及零星树木一般由各地根据市场价格自行计算补偿，国家层面没有做出统一规定。在实施过程中，水利水电项目由于对零星林木补偿标准细化程度不够，导致价值差异体现不够充分，如部分水利水电项目将核桃、花椒等零星树木简单划分为成树、幼树，忽略了成树之间、幼树之间也存在较大价值差异的问题。而其他工程建设项目为尽可能减少零星树木实际调查补偿过程中因标准、数量及林木种类等发生的争议，将零星树木种类和规格逐步精细化，每种规格与补偿标准一一对应。如根据《四川省人民政府关于同意甘孜州征地青苗和地上附着物补偿标准的批复》（川府函〔2012〕97号）、《四川省人民政府关于同意阿坝州征地青苗和地上附着物补偿标准的批复》（川府函〔2012〕124号）两文件规定，甘孜州按树木种类、地径将各类零星树木基本划分为特大、大、中、小、幼五种规格（核桃还存在"超大"规格），以数量较多的核桃树为例，补偿标准从10～5000元/株不等；阿坝州按树木生长周期将各类零星树木划分为幼苗、幼树、初果、盛果、衰果五种规格，同样以核桃树为例，补偿标准从20～1850元/株不等，省内其他市（州）也基本类似。

（2）新老项目零星林木补偿标准差异较大。由于水利水电工程特别是大中型水利水电工程建设持续时间较长，短的3～4年，长的7～8年甚至10年以上，且标准制定审批后因受移民安置进度等影响一般不会立即实行，即便随着社会经济的发展、物价水平的提高而提高，但其针对的补偿对象并未发生变化。另外，许多项目在各地统一标准发布前已完成调查，由于在分类规格等方面存在差异等原因导致标准无法完全对应，相比于近期实施的一些项目逐步采用四川省人民政府同意各市州征地青苗和地上附着物补偿标准的批复中规定的补偿标准，造成一些经济收入较高的如核桃、花椒等单株产值的标准相差几倍甚至几十倍。例如，两河口水电站核桃（大）、核桃（中）补偿标准分别为3000元/株和2000元/株，远高于黄金坪电站的260元/株。

3．相关建议

对于在各地统一标准发布前已完成调查或正在进行的项目，由于在分类规格等方面存在差异、现状已遭破坏无法复核等原因导致标准无法一一对应而难以整合，建议尽快明确水利水电工程零星树木与各地补偿标准完全衔接的解决办法，并明确是否根据物价水平等因素适时调整其补偿标准，但应注意零星树木与成片林木补偿标准间的协调。

9.3.3　特殊指标

1．特殊指标补偿

近年来，随着水电开发向金沙江、雅砻江、大渡河上游和西藏等民族地区开发，涉及大量的民族地区特色建构筑物、宗教设施等，如寺院、白塔、玛尼堆、经幡等，但现行政策规范并未对其测算内容、方法等进行明确规定。根据目前实施情况看，宗教设施补偿补助费目前的测算比较复杂，其构成主要可分为四个方面的内容，包括基础设施恢复费、实物补偿费、搬迁补助费和其他补助费。其中，基础设施费包括建设场地准备费、工程建设费和工程建设其他费；实物补偿费按重置价计列；搬迁补助费主要考虑宗教设施中可搬迁设施的拆卸、运输、安装等费用，参照企事业单位的搬迁补助费计算；其他补助费即宗教活动（仪式、仪轨等）的费用，根据宗教派别及所需要仪式调查分析计算。结合案例分析，双江口寺庙宗教活动费占实物补偿费的比重为7.35%，白塔为14.2%，转经房为

1.58%，经堂为7%，两河口寺庙的宗教活动费占实物补偿费的比重为10.41%。

2. 实施过程中存在的问题

目前，四川省水电项目主要集中在甘孜、阿坝、凉山三州地区，也是四川省少数民族聚居地区，越来越多地涉及地方宗教设施以及具有地方民族特色的构建筑物，在水利水电行业补偿的大原则下，对于其宗教设施以及具有地方民族特色构建筑物的补偿未充分结合地方民族特点，未形成规范的、统一的、成体系的具体补偿补助政策，带来不必要的矛盾，阻碍工程的推进。

3. 相关建议

宗教设施及特色构建筑物，按恢复并保持其原有功能和特色的原则进行补偿。宗教设施补偿补助由基础设施恢复费、实物补偿费、搬迁补助费和其他补助费构成。其中，其他补助费主要指宗教仪式、仪轨等费用，由于涉及情况不同、影响范围不同，宜按可准确量化的实物补偿费的一定比例计列，从实施情况看，具有较强的可行性。此外。对民族地区影响力较大的寺庙等重要宗教设施，建议以测算的补偿补助费用为基础，经充分协商后确定。

9.4 工程建设类

工程建设类主要包括城镇及农村居民点基础设施、专业项目。

9.4.1 项目分类及定义

工程建设类项目主要包括专业项目、农村集中居民点、城镇基础设施、公共设施配套等，其中专业项目包括交通运输工程、供水工程、电力工程、通信工程、企事业单位等。

结合工程项目概算编制和实施情况，将工程项目及概算编制分为需复建恢复功能性项目、补偿性项目、配套基础设施项目和其他项目四类。

需复建恢复功能性项目主要指受电站建设征地影响，丧失其原有服务功能，需结合农村移民安置规划、城镇迁建规划，对原有工程项目进行复建，从而恢复其原有服务功能的工程类项目。其涉及范围较广，主要包括铁路、公路、水运、电力、电信、广播电视、水利水电设施及企业、事业单位、文物古迹、矿产资源、其他项目等。

补偿类项目主要指受电站建设征地范围影响，不需要复建或者不满足复建条件的工程项目，主要包括小型水电站、工矿企业、机耕道、驿道、堰沟等项目。

配套基础设施项目主要指迁建的城镇、移民集中安置居民点或其他项目配套修建的供水、供电、交通等配套基础设施项目。

其他项目主要包括为了促进地方经济发展，或者项目建设单位与地方达成共识的部分工程项目。主要包括水利工程、交通工程、电力工程等项目。

9.4.2 各类工程建设类项目概算编制依据、原则及演变过程

9.4.2.1 1984年以前

参考其他行业规定开展工作，移民工程项目建设概算编制缺乏依据，一般采用估算

法、经验法和典型试验等方法测算工程量及单价，估算费用。

9.4.2.2 1984—1991 年

1. 概算编制依据

《水利水电工程水库淹没处理设计规范》（SD 130—1984）。

2. 概算编制主要原则

（1）水库移民安置和专项的迁移、改建或防护所需投资，列入水利水电工程投资。结合迁移、改建或防护，需提高标准或扩大规模增加的投资，应由各有关部门自行承担。不需恢复、改建的淹没对象，只将其拆卸、运输和补助费用列入水利水电工程投资。

（2）库区工矿企业、铁路、公路、航运、电力、电信、广播线路、管道及其附属建筑物的恢复改建费，一般按原有规模（等级）和标准，考虑可利用的设备材料后的重建造价给予补偿。凡结合迁建时扩大规模、提高标准、更新设备需额外增加的投资，应由有关部门自行解决。凡已经失效、停产或不需恢复重建的企业及其他设施，只计算拆运费。

9.4.2.3 1991—2006 年

1. 概算编制依据

《水电工程水库淹没处理规划设计规范》（DL T 5064—1996）。

2. 概算编制主要原则

（1）水库移民安置和专业项目复（改）建或防护所需的投资，按照"原规模、原标准、原功能"迁移或复建所需的投资，列入水电工程补偿投资。凡结合迁移、改建或防护需要提高标准或扩大规模增加的投资，应由地方人民政府或各有关单位自行解决。不需要或难以恢复、改建的淹没对象，可给予拆卸、运输费和合理的补偿费。

（2）水库淹没处理补偿投资概（估）算，应按枢纽工程概（估）算编制年的相同年份的政策规定和价格水平计算。

9.4.2.4 2006—2017 年

1. 概算编制依据

《水电工程移民专业项目规划设计规范》（DL/T 5379—2007）。

2. 概算编制主要原则

（1）工矿企业和交通、电力、电信、广播电视等专项设施和中小学的迁建或者复建，在满足国家相应规定的基础上按照"原规模、原标准、原功能"迁移或复建，所需资金，列入建设征地移民安置补偿费用。

（2）原标准、原规模低于国家规定范围下限的，按国家规定范围的下限建设；原标准、原规模高于国家规定范围上限的，按国家规定范围的上限建设；原标准、原规模在国家规定范围内的，按照原标准、原规模建设。建设标准、规模高于上述规定范围的，超过部分的资金不列入建设征地移民安置补偿费用概算，由有关建设项目所在地人民政府或有关单位自行解决。国家没有规定的由设计单位根据实际情况，参照有关规定，合理确定。

（3）不需要或难以复建的对象，可予合理的补偿费；对技术落后、浪费资源、产品质量低劣、污染严重、不具备安全生产条件的企业，适当补偿后依法关闭。报废的对象，不予补偿。

（4）基础设施、专业项目等移民安置建设项目概（估）算的编制，按照项目的类型、规模和所属行业，执行相应行业的概（估）算编制办法和规定。建设项目无法纳入具体行业的或没有行业规定的，执行水电或水利工程概（估）算编制办法。

9.4.2.5　小结

从《水利水电工程水库淹没处理设计规范》（SD 130—1984）开始实施至 2017 年，国家移民政策和规程规范不断更新，主要具备以下特点：

（1）总体原则维持不变，即需要提高标准或扩大规模增加的投资，应由地方人民政府或各有关单位自行解决。不需要或难以恢复、改建的淹没对象，可给予拆卸、运输费和合理补偿费。

（2）工程设计类项目工作原则不断细化，工作要求更加清晰，工作深度要求更高。

（3）设计原则更加人性化，如对于专业项目复建，"84 规范"中要求考虑可利用的设备材料后的重建造价给予补偿。后期规范中则未再提出。

9.4.3　需复建恢复功能性项目

需复建恢复功能性项目主要包括三类：①按照"三原原则"复建项目；②按照"三原原则＋强制性标准"项目如医院、学校；③项目与移民有关，但需结合地方各行业发展规划提高标准和扩大规模类项目等。

9.4.3.1　概算编制原则和方法

根据"471 号移民条例"、《水电工程移民专业项目规划设计规范》（DL/T 5379—2007）和《水电工程建设征地移民安置补偿费用概（估）算编制规范》（DL/T 5382—2007）相关规定，目前需复建恢复功能性项目的设计和概算编制遵循以下原则。

根据项目实际情况，需复建恢复功能性的移民专业项目，包括铁路、公路、水运、电力、电信广播电视、水利水电设施及企业、事业单位、文物古迹、矿产资源等项目；对这些项目应当按照"原规模、原标准、原功能"的原则和国家有关强制性规定，进行恢复或改建设计。其概算编制，应根据其复（改）建规划设计工程量，按照所属行业概算编制办法和定额计算；对于规模较小，且未进行设计的，可采用类比综合单位指标计算其相应复建费用。

9.4.3.2　实施过程中遇到的问题

根据上述总结，目前水电工程涉及移民专业项目复建规划设计基本原则为原规模、原标准、原功能的"三原"原则，并满足国家相关行业强制性规定。该原则有利于合理控制水电工程移民专业项目迁复建标准及投资概算，提高水工程经济指标。但在水电工程实际建设过程中，从封库令下达，到移民专业项目迁复建实施往往具有较长的周期，同时由于库区社会经济发展，按照"三原"原则完成的原规划设计成果，可能出现设计成果与库区实际情况脱节的问题。

如瀑布沟水电站右岸公路涉及的部分石棉路段，按照"三原"原则完成了规划设计工作，规划为四级公路，路面宽度 6m。随着后期石棉县城发展，石棉县城中心区域扩大后，原规划的右岸公路有部分路段处于石棉县城规划区，与县城道路重叠相交。县城道路标准高于按照"三原"原则规划设计的右岸公路。若按原规划设计成果实施右岸公路，将造成与石棉县城道路规划不配套的问题，给石棉县城交通造成瓶颈，以至于降低移民资金使用效率。

9.4.3.3 初步解决措施及方向

为解决该问题，经初步研究，目前石棉县拟通过采用资金任务双包干的实施方式，结合自有资金提高其与县城规划道路重叠相交部分路段的标准，以配套石棉县城道路规划，避免因重复建设出现资金浪费的问题。

9.4.4 补偿性项目

9.4.4.1 概算编制原则和方法

根据《大中型水利水电工程建设征地补偿和移民安置条例》（国务院令第471号）、《水电工程建设征地移民安置规划设计规范》（DL/T 5064—2007）、《水电工程移民专业项目规划设计规范》（DL/T 5379—2007）和《水电工程建设征地移民安置补偿费用概（估）算编制规范》（DL/T 5382—2007）相关规定，对于不需要或难以恢复的项目，应根据其受征地影响的具体情况，分析确定处理方案。

（1）难以复建或不需要复建的水文站、私人或农村集体经济组织投资的水利工程，根据其设备、设施的残值合理计算补偿费。

（2）难以复建或不需要复建、改建的水电工程，根据其设备设施的残值、投产年限和生产情况等合理计算补偿费。

（3）对于不需迁建或难以迁建的企业事业单位，应根据淹没影响的具体情况，给予合理补偿；对于不需要、不批准或难以迁建，根据淹没影响的具体情况，给予货币补偿。对于资源型企业、破产企业、停产2年以上或连续2年未通过工商税务部门年检的企业、不符合国家现行产业政策的企业，宜采用货币补偿方案。货币补偿费用＝征地费＋基础设施补偿费用＋构建筑物部分补偿费用＋机器设备的补偿费用＋存货资产的补偿费用。

1）对于企业补偿费用，企业处理规划设计中已明确企业单位补偿费用的，按照规划设计成果计列。

2）水电工程项目业主和被拆迁企业达成符合建设征地移民安置政策协议的，根据协议计列补偿费用。

9.4.4.2 实施过程中遇到的问题

以瀑布沟水电站涉及四川省大渡河木材水运局水运设施为例，根据瀑布沟水电站建设征地范围，范围内共涉及木材诱导工程38处。该工程建于20世纪50—80年代，根据国家"天保工程"计划该局从1998年停止木材漂送工作，该工程已失去诱导作用，根据目前实际情况，该项目属于不需要复建项目。设计单位根据《大中型水利水电工程建设征地补偿和移民安置条例》（国务院令第471号）、《水电工程建设征地移民安置规划设计规范》（DL/T 5064—2007）、《水电工程移民专业项目规划设计规范》（DL/T 5379—2007）和《水电工程建设征地移民安置补偿费用概（估）算编制规范》（DL/T 5382—2007）相关规定，会同该项目业主、电站业主，对水运设施逐段核实工程量，最终根据实物量残余价值情况，按其重置全价的30%给予该项目适当补助费用。

此外，部分项目在涉及企业处理过程中，出现一次性货币补偿企业自行复建项目等情况；同时，在企业自行复建过程中，因选址不当、提高标准等原因，出现原货币补偿费用不足以完成其复建的问题。

9.4.4.3 初步解决措施及方向

对于一次性货币补偿企业，相关补偿费用兑付后即完成其移民安置，随后企业的自行复建行为不应再属于移民安置范畴。同时，按照《水电工程移民专业项目规划设计规范》（DL/T 5379—2007）相关规定，对于需结合地方各行业发展规划提高标准和扩大规模类项目，因扩大规模、提高标准增加的投资，不计入建设征地移民安置补偿费，应由有关地方人民政府或者有关单位进行分摊。

9.4.5 配套基础设施项目

9.4.5.1 概算编制原则和方法

农村移民集中居民点、城镇迁建等配套基础设施项目概算编制时，一般应以现状为基础，对低于规范下限的按规范下限建设，对高于规范上限的按规范上限建设，此外，还应满足相应功能需求，达标配置。在基础单价方面，农村居民点基础设施、农村道路等项目没有行业标准的，其基础设施价格可由设计单位自行采集分析确定。

文化、教育、卫生、商贸、金融等服务设施和其他公共设施（如村级活动室）等公共配套，原则上按服务城镇区居民、兼顾当地农村居民的需求配置。根据城镇的级别，按照《镇规划标准》（GB 50188）确定公共设施配套项目，其标准基本按照原规模，适当考虑经济社会发展确定。

9.4.5.2 实施过程中遇到的问题

在集中居民点或城镇配套基础设施项目时，地方往往提出各种诉求，如风貌打造、节能保温、基本入住条件、增加两所一庭（派出所、卫生所、法庭）、提高设施标准（水电路等）等各种要求，大体可以分为几类。

（1）与移民相关，需提高标准的，如路、水、电力工程等。

（2）与移民有点关系，但规程规范无具体要求和规定的，如节能保温、基本入住条件等。

（3）与移民关系不大，但有其他部门规定的（非强制规定），如两所一庭、村镇活动室等。

（4）与移民完全关系不大，也无明确规定，但地方政府强烈要求的，如风貌打造等。

（5）其他。

对于以上地方的各种诉求和费用，目前规程规范均为明确处理原则或建议，其费用既无计算原则，也无详细计算要求，导致各方分歧较大，事情久拖不决。

9.4.5.3 初步解决措施及方向

针对以上问题，应在新规范调研和更新时纳入研究和处理范围，提出项目界定和费用计算的基本原则和方法。

9.5 其他类项目

其他类主要包括促进地方经济发展类项目，此类项目大部分与移民无关或关系不大，主要包括水利、交通等项目。对于该类项目规范只有宏观指导，具体概算费用如何分摊及资金到位影响尚无说明。

9.5.1　概算编制原则和方法

其他类项目概算编制原则一般在协商同意意见基础上，参照专业项目概算编制。

9.5.2　实施过程中遇到的问题

该类项目数量不多，例如瀑布沟水电站的消落区治理，锦屏的老沟水库、盐瓜公路整治等。

以锦屏一级水电站盐瓜公路整治为例，盐瓜公路是锦屏库区至盐源县城的唯一出入通道，该公路于20世纪50年代建成投入运行，路面为泥质路面。由于年久失修，路面坑坑洼洼，车辆行驶极为困难，而锦屏一级涉及盐源县的移民6330人中，至少60%以上选择到盐源县城及周边乡镇自主农业安置，都需要通过盐瓜公路出入。因此，盐瓜公路的整治问题尤为突出。

在此情况下，盐源县积极与公司协商，并由省州移民主管部门参与协调。最终雅砻江公司出资4000万元，作为促进地方经济发展项目纳入移民概算。

9.5.3　初步解决措施及方向

对其他类项目，建议如下：

（1）研究明确各级政府职责和权限，一般应由省级移民主管部门决策或牵头组织各方协调；州级移民主管部门指导、监督，县级政府或移民部门与业主协商。洽谈项目和分摊方式，由设计单位技术支持。

（2）由省级移民主管部门牵头加强资金监管体制，确保移民工程资金及时到位、足额到位。

（3）移民监理应加强相关工程建设资金的使用监管，保证移民资金按正规程序使用。

9.6　体系外新增项目处理

在移民安置实施过程中，出现规程规范没有明确规定的相关项目，如基本入住、保温节能、风貌打造、有房无户籍户搬迁费计列、宗教仪式仪轨费用等。通过对体系外新增项目进行梳理分析，形成了三大类，分别为补偿补助类、工程建设类、其他类。

9.6.1　补偿补助类

随着移民政策、规范的不断更新、完善，补偿项目、类型不断细化，各类补偿标准也在持续提高。通过典型分析，移民投资占工程投资比例越来越高，以P电站为例，从2003年的33.23%提升至60.59%；城镇迁建、专业项目、库底清理、独立费用等占工程投资比例越来越高；但直接补偿到移民个人的费用占工程投资比例从2003年以来变化不大，甚至存在下降的趋势，见图9.1。在移民安置实施过程，在实事求是、以人为本的基础上，为推进移民安置实施工作，出现了一些规程规范没有明确规定的相关项目，如有房无户籍户搬迁费计列、宗教仪式仪轨费用等，但对移民搬迁后的剩余资源处理、移民搬迁后的用益资源收益的损失等在政策上迟迟不能有所突破，这也是直接补偿到移民个人的费用占工程投资比例至今仍变化不大的原因之一。

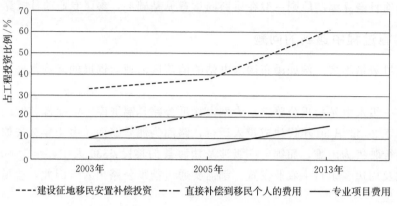

图 9.1 占工程投资比例示意图

9.6.1.1 房屋基本入住费用

现行水利水电工程移民规范和政策无房屋基本入住费用项目的要求。目前拟计列房屋基本入住费水利水电工程主要有瀑布沟、泸定水利水电工程。以瀑布沟水利水电工程为例，在移民安置实施阶段为保证移民房屋代建顺利进行，增加了厨卫、地面砖、墙面砖以及简单的电器、插座灯具、洁具等设施费用，保证入住时可以满足移民基本的生活居住需求。由于可行性研究阶段在实物指标中已计列房屋附属设施中照明线与饮水设施投资，通过分析计算，每 100m^2 房屋增加房屋基本入住工程直接费 5233 元。

房屋基本入住均出现在代建工程中，在移民安置实施阶段为利于移民房屋代建顺利进行，对于加快推进房屋代建工程顺利交付是有必要的。采用房屋基本入住费用的措施后，提高了移民满意度，对移民代建房屋的顺利交付起到了一定作用。

9.6.1.2 房屋保温节能费用

1. 基本情况

可行性研究阶段在房屋单价测算时，按照现行规范和相关政策，一般选择库区具有典型代表性的各类结构的房屋，按重置价格，测算房屋单价。而库区房屋保温节能能力参差不齐，部分电站库区具有典型代表性的各类结构房屋多数达不到房屋保温隔热的强制性规范。为了让移民有更好的居住环境，在安置后能够达到或超过原有生活水平，部分电站在房屋补偿单价测算时额外考虑了房屋保温节能费用。

以瀑布沟电站为例，根据《夏热冬冷地区居住建筑节能设计标准》相关规定：建筑墙体屋面必须有保温隔热措施，要求比现有墙体保温隔热性提高 30% 以上，节约采暖空调耗电量 50% 以上；为达到建筑物隔音、保温、隔热的要求，居住建筑的窗户必须达到现有铝合金单层窗 1 倍的保温隔热指标，对于建筑物开大窗的情况，要求有双层中空窗。基于此，房屋单价测算时，墙体用料量增加或更多采用保温隔热材料（聚苯乙烯泡沫塑料板、泡沫混凝土块、炉渣、挤塑板及界面剂、胶黏剂等材料），同时增加窗户玻璃的厚度，采用保温隔热效果好的玻璃或采用双层玻璃。根据测算，保温隔热共增加直接费约 104 元/m^2。

2. 原因和必要性

为了让移民有更好的居住环境，在安置后能够达到或超过原有生活水平，对于库区房屋普遍保温隔热较差的水利水电工程，根据房屋保温隔热的相关强制性规范，在移民房屋补偿单价测算时额外考虑房屋保温节能费用是必要的。

3. 主要依据

主要依据有《住宅建筑规范》（GB 50368—2005）以及《夏热冬冷地区居住建筑节能设计标准》（JGJ 134—2010）。

4. 实施过程及效果

库区在搬迁前移民房屋保温隔热效果普遍较差，在移民安置实施过程中，为移民增加了房屋保温节能费用，促使移民有更好的居住环境，提高了移民的生活居住质量、生产积极性和对库区移民搬迁的满意度，为移民安置后能够达到或超过原有生活水平提供了支持。

9.6.1.3 宗教活动费

1. 基本情况

近年来，水电工程建设征地移民安置补偿的政策、法规在不断地发展，但针对民俗、民风、宗教特色突出的少数民族地区移民政策仍在不断完善，水电工程在补偿补助体系等宗教设施的处理等方面仍缺少针对性的政策依据和基础，给该区域移民安置工作带来难度。制定寺院及其他宗教设施的宗教活动费用就是难点之一。

库区寺院及宗教设施迁建的补偿以往一般按照"三原"原则进行，现行政策中无宗教活动费的明确规定。成都院承担的项目中计列宗教活动费用的主要有双江口水电站和两河口水电站。以两河口水电站为例，水利水电工程建设征地范围内涉及寺院及其他宗教设施，成都院在 2011 年对寺庙及宗教设施处理进行了专题研究，并形成了《雅砻江两河口水电站建设征地移民安置重要课题之三寺院等宗教设施处理专题研究报告》。根据该专题报告，重建寺院及白塔、洞科、经堂等其他宗教设施需进行开光、加持等相关宗教仪式。在寺院建成后，需由高僧大德与本寺僧众一同按照宗教仪轨，完成为佛像、灵塔、佛塔等灌顶、迎神安住的仪轨及诵经等法事活动，持续几天到几十天不等，需要花费较多的人力物力。此外，有新修的佛塔等，可单个进行开光，内容与上述基本相同。因此，该专题报告建议在补偿中分项目考虑宗教仪式仪轨等相关宗教活动费用。

2012 年，成都院编制的《四川省雅砻江两河口电站建设征地移民安置规划报告》（以下简称《两河口规划报告》）在该专题报告的基础上对宗教活动费的具体补偿标准进行了明确。根据审定的《两河口规划报告》，寺庙迁建宗教费按该座寺庙实物指标补偿补助费的10%计列。白塔、洞科、经堂的宗教活动费计入实物指标补偿费，其他宗教设施宗教活动费按该宗教设施补偿费的1%计列。

2. 原因和必要性

两河口水电站、双江口水电站等水利水电工程项目，库区群众普遍信仰藏传佛教，藏传佛教与群众的日常生产和生活紧密相关。寺院等宗教设施是建设征地区移民群众日常生活中不可或缺的基本元素。重建后，为了营造寺院及宗教设施的宗教氛围而采取的宗教仪轨活动非常重要。如果不能补偿这部分宗教仪轨的开支，也会导致旧的宗教设施无法拆除，新的宗教设施无法建立，从而影响电站的搬迁安置进程。

3. 依据和原则

库区宗教活动费处理依据主要参照《宗教事务条例》（国务院令第 426 号），以及《大中型水利水电工程建设征地补偿和移民安置条例》（国务院令第 471 号）中的相关规定。

库区宗教活动费处理原则为遵循藏传佛教宗教活动中的若干定制，并根据实际情况进行补偿。

4. 实施过程及实施效果

目前，两河口水电站已进入移民安置实施阶段，根据可行性研究阶段审定的《两河口规划报告》及相关成果，两河口水电站涉及 4 县均基本完成了个人和集体的实物指标建档建卡及搬迁安置协议签订工作，移民及村集体对于白塔、洞科、经堂以及其他宗教活动费的处理方式较为认可，移民安置实施较为顺利。

根据可行性研究阶段审定的《两河口规划报告》，各寺庙补偿费用除土地使用权获得、基础设施建设费、实物指标补偿补助费以及搬迁补助费外，还计列了寺院迁建宗教费。实施阶段地方政府依据可行性研究阶段审定的各寺庙补偿费用，通过协商，已与各寺庙签订了一次性补偿协议，为寺庙顺利迁建打下坚实的基础。

9.6.1.4　有房无户籍户搬迁补助费

1. 基本情况

根据现行移民规范，个人的搬迁补助费用包括搬迁交通运输补助费、搬迁保险费、搬迁途中食宿及医疗补助费、搬迁误工费等费用项目，按照同阶段移民安置规划确定的搬迁安置人口和相应的补偿费用单价计算。在移民安置实施过程中，特别是在涉及人口和房屋密集、数量较大的水利水电工程建设征地区，经常会出现有住房但无户籍的情况。这部分人口户籍未迁入库区，居住在库区的房屋内。按照相关规定，在库区有住房但无户籍的人口不能纳入搬迁安置人口，不计列个人搬迁补助费。在实际实施过程中，为顺利完成库区搬迁工作，考虑到有房无户籍人口的搬迁实际需求，目前已有部分水利水电工程计列了有房无户籍户搬迁补助费。

以溪洛渡电站为例，水利水电工程在可行性研究阶段未计列有房无户籍户搬迁补助费。实施阶段，根据相邻电站平衡的原则，参照向家坝水电站计列了有房无户籍户搬迁补助费。有房无户籍户搬迁补助费按照有房无户籍户的房屋面积计算，每平方米房屋面积为 15 元，每户最高不超过 1800 元。

2. 原因和必要性

库区有房无户籍户虽户籍未迁入库区，但在库区通过流转或继承土地修建了房屋，房屋内同样有各类生活用品需要搬迁，搬迁过程会产生相关费用，因此需计列搬迁补助费。由于在部分水利水电工程项目中有房无户籍户数量较多，搬迁距离较远，为解决搬迁过程中的实际问题，顺利完成库区的搬迁工作，对有房无户籍户计列搬迁补助费是必要的。

3. 依据和原则

主要依据有电站相关的审定规划设计成果，以及邻近电站的相关文件，按照与相邻电站平衡的原则以及费用封顶的原则计列有房无户籍户搬迁补助费。

4. 实施过程

以溪洛渡水电站为例，由地方政府提出调整申请，按照相关变更程序进行调整。目前

《金沙江溪洛渡电站移民安置实施阶段四川库区部分补偿补助项目标准测算专题报告》已通过审查，在下一步工作中即将实施有房无户籍户搬迁补助费。有房无户籍户搬迁补助费让移民安置更加公平、合理，提高了有房无户籍户的搬迁积极性，顺利推进了库区的搬迁安置工作。

9.6.2 工程建设类

9.6.2.1 房屋深基础费用

1. 基本情况

在移民房屋补偿综合单价测算时，对移民原有房屋基础现场实测，房屋补偿综合单价中均按移民原有房屋基础埋深计算；迁建房屋地基基础选型及地基处理时由于场地限制、不均匀沉降、地质条件等原因，导致部分房屋基础埋深超过移民原有房屋基础埋深。深基础增加工程量是指基础埋深超过移民原有房屋基础埋深时增加的基础工程量。

以双江口水电站为例，各类房屋单价测算房屋基础埋深为1.5m，移民建房实施过程中，由于居民点垫高防护工程设计对场地填筑采用了分层碾压填筑，根据安置点规划布置，安置点各种户型均为1～2层建筑，因此，主要是根据安置点底层布置对承重墙基础采用加深扩展基础，以增强房屋建筑整体性和减小不均匀沉降的影响。增加扩展基础设计埋深1.2m，采用C20钢筋混凝土扩展基础，厚度0.3m。同时根据安置点不同户型典型图及底层户型布置，计算不同户型基础长度，五人和六人户基础长度均按57.6m考虑。每户房屋基础土石开挖增加36.86m³，土石回填增加19.58m³，C20钢筋混凝土基础增加17.28m³。经计算，垫高防护区居民点深基础补助总投资为161.3万元。

2. 原因和必要性

为减少迁建房屋修建时由于场地限制、不均匀沉降、地质条件等原因产生的影响，增加移民新建房屋的安全系数，需要根据实际情况分析是否计列房屋深基础费用。

3. 实施过程及实施效果

近期项目一般在可行性研究阶段编制移民安置规划报告时考虑房屋深基础费用。目前部分项目已按省级移民管理机构审批的规划成果实施房屋深基础费，有针对性的计列房屋深基础费后，能够减少不均匀沉降、地质条件等对房屋的影响，提高移民迁建房屋的安全系数，进一步提高移民对搬迁安置的满意度。

9.6.2.2 移民房屋抗震加固处理费用

1. 基本情况

根据《我国主要城镇抗震设防烈度、设计基本地震加速度和设计地震分组》（2008年版），成都院涉及的水利水电工程项目所在区域大部分位于抗震设防烈度大于Ⅵ度区域。按《建筑抗震设计规范》（GB 50011—2010），新建建筑设计应满足相应抗震设防分类要求。而水利水电工程在可行性研究阶段房屋单价测算时，按照现行规范和相关政策，一般选择具有典型代表性的各类结构的房屋，按重置价格，测算房屋单价。实际在库区内比较有代表性的用于典型测算的石木结构、土木结构、木结构等房屋本身无抗震结构，抗震能力较差。为提高移民新建房屋的抗震设防能力，近期成都院涉及的正在实施的大中型水利水电工程在房屋单价基础上基本都考虑了抗震加固补助费问题。

计列房屋抗震加固费的典型项目有瀑布沟、泸定、双江口、两河口、溪洛渡等水电工程。以两河口电站为例，库区所在区域抗震烈度为Ⅷ度。经过调查，选取典型中石木结构、土木结构、木结构等部分房屋没有地圈梁、圈梁、构造柱等必需的抗震结构，或内部钢材用量不足，抗震能力较差。为提高移民新建房屋的抗震设防能力，在房屋单价基础上计列抗震加固补助费。按《建筑抗震设计规范》（GB 50011—2010）抗震设防烈度为Ⅷ度，投资约增加10%。房屋抗震加固补助费列入农村移民安置补偿费用的其他项目补偿费用中。

在房屋单价测算中，对框架、砖混结构房屋的钢筋用量，不再计列抗震加固补助费。针对两河口库区涉及的杂房结构的房屋，不符合抗震加固的基本要求，也不再计列抗震加固补助费。经测算的藏式片石木、条石木、石木、土木、木、门窗不全等类型房屋结构加权平均单价为 489 元/m^2，计算得出抗震加固补助费用为 49 元/m^2。

2. 原因和必要性

按照《建筑抗震设计规范》（GB 50011—2010），新建建筑设计应满足相应抗震设防分类要求。20 世纪 70 年代以来的经验表明，对现有建筑进行抗震加固，并对不满足抗震要求的建筑采取适当的抗震对策，是减轻地震灾害的重要途径。在 1981 年历次以来的地震以及 2008 年汶川地震证明，抗震加固的确是保障生命安全和生产发展的积极而有效的措施。因此增列抗震加固补助费是必要的。

3. 主要依据

抗震加固费计列的主要依据是《我国主要城镇抗震设防烈度、设计基本地震加速度和设计地震分组》以及《建筑抗震设计规范》（GB 50011—2010）等相关文件。

4. 实施过程及实施效果

2008 年以来，可研阶段移民安置规划报告编制时均会考虑计列抗震加固费的问题。目前部分项目已按省级移民管理机构审批的规划设计成果实施房屋抗震加固费，增加的抗震加固费后，加强了移民迁建房屋的抗震能力，提高了移民迁建房屋的安全系数，能够进一步提高移民对搬迁安置的满意度。

9.6.2.3 风貌打造费用

在 X 水电站移民安置实施过程中，大部分移民集中安置点房建工程采取统规自建的形式。相对来讲，移民建筑缺乏统一的立面样式，移民建筑外墙或贴瓷砖，或简单涂刷，更有大部分为裸砖和素砂浆涂抹，外墙风貌呈现出杂乱感；规划的广场及其挡墙无适当美化和装饰等。

为进一步优化移民安置环境，突出地方特色，提升移民生活生产质量，由省、州移民主管部门以及项目业主共同协商确定在迁建集镇和集中安置点开展风貌打造工作。所涉及各县地方政府分别牵头开展迁建集镇和集中安置点房屋外墙、部分广场的改造和美化工作。

在风貌打造实施时，遵循了"统一规划、统一评审、统一实施、资金分项"的概算原则。通过风貌打造，增强了移民的幸福感和满意度，保存了彝族特色的民族建筑风貌，提升了安置点的魅力值，对脱贫攻坚起到了促进作用。

9.6.3　其他类

在移民安置实施过程中，部分项目会出现勘察设计费、预备费等费用不足的问题。例如，根据政策规范某电站移民单项工程按政策规定勘察设计费为概算比例的 1.5％，但在外部审查时按审查要求的 1.2％计列，完成审查后、启动移民单项工程前，由业主进行招标后按 1.2％ 的 8.5 折签订合同，即概算比例的 1.02％。在移民单项工程实施时，由于外部因素导致移民单项工程方案几经变化，其中产生了大量的工作和经费，导致实施阶段发生的勘察设计费远超过概算计列费用。在实施过程中，对于上述情况，一般采取协商、签订补充协议等方式进行处理。

9.6.4　初步成效和存在的问题

通过上述分析，在移民安置实施过程中，体系外新增项目使移民安置更加公平、合理，使移民的生产、生活安全进一步得到了保障，提高了移民的生活居住质量、生产积极性和对库区移民搬迁的满意度，为移民安置后能够达到或超过原有生活水平提供了支持，同时也顺利推进了移民安置实施进度。但是，对移民搬迁后的剩余资源处理、移民搬迁后的用益资源收益的损失等在政策上迟迟不能有所突破，需要在后续工作中进一步研究。

9.6.5　全国、全省推广的可行性分析

通过分析，可作为规定项目计入规范并全国推广的有 6 项，分别为房屋基本入住费用、房屋保温节能费用、有房无户籍户搬迁补助费、风貌打造费用、勘察设计费、税费；可全省范围内推广的有 2 项，分别为房屋深基础费用、移民房屋抗震加固处理费用；省内区域性推广的为宗教活动费 1 项。详见表9.4。

表 9.4　　　　　　　　　全国、全省推广的可行性分析表

序号	项　目	是否作为规定项目计入规范	全国、全省推广的可行性	备注
1	补偿补助类			
1.1	房屋基本入住费用	属于普遍性问题，可作为规定项目计入规范。建议由移民自行选择直接按实物指标补偿还是采用房屋基本入住费用（二选一）	全国移民均有房屋基本入住的需求，可全国推广	
1.2	房屋保温节能费用	属于普遍性问题，可作为补助项目计入规范	全国移民均有房屋保温节能的需求，可全国推广	
1.3	宗教活动费	宗教活动费性质较为复杂，建议不纳入规范，以地方政策为主	宗教活动费性质较为复杂，建议省内局部区域推广	
1.4	有房无户籍户搬迁补助费	属于共性问题，较多大型项目存在此问题。可作为补助项目计入规范，补助标准建议以典型调查为基础测算	可全国推广	
2	工程建设类			
2.1	房屋深基础费用	属于区域性问题，建议暂不纳入规范	属于区域性问题，在全省可推广，并形成相关标准	

续表

序号	项 目	是否作为规定项目计入规范	全国、全省推广的可行性	备注
2.2	移民房屋抗震加固处理费用	属于区域性问题，建议暂不纳入规范	属于区域性问题，在全省可推广，并形成相关标准	
2.3	风貌打造费用	属于普遍性问题，且对移民后续发展、脱贫攻坚均能起到积极作用，建议计入规范	可全国推广	
3	其他类			
3.1	勘察设计费	属于普遍性问题，在找到妥善的处理方式后，可计入规范	可全国推广	

第 10 章

综 合 设 计

10.1　法律法规及规程规范的相关规定

新中国成立至 1984 年，移民规划设计工作没有专门的技术标准和规范。设计单位代表国家承担了投资控制的部分职能，在地方政府的配合下，开展实物指标调查，估算投资。国家审查批准补偿投资，并以行政命令形式下达移民任务，基本为指令性移民。1982年 5 月，国务院公布的《国家建设征用土地条例》中首次规定"大中型水利、水电工程建设的移民安置办法，由国家水利电力部门会同国家土地管理机关参照本条例另行制定"。为此，1984 年 12 月，水利部颁布试行《水利水电工程水库淹没处理设计规范》（SD 130—1984）。"84 规范"执行期，设计单位承担部分投资控制的职能，所编制的概算仍然用于投资控制，移民安置实施工作由地方政府负责。1991 年 2 月，国务院以第 74 号令颁布了《大中型水利水电工程建设征地补偿和移民安置条例》。1996 年 11 月 28 日，电力工业部颁布了《水电工程水库淹没处理规划设计规范》（DL/T 5064—1996）。"96 规范"执行期，设计单位控制投资的作用逐渐削弱，移民安置规划由设计单位和地方政府共同编制。实施阶段，由省级人民政府与项目业主签订包干协议，组织有关部门和地方人民政府具体实施。

2002 年前，移民安置实施工作主要由地方人民政府具体负责。国家相关政策文件未明确提出关于开展水电工程移民安置综合设计设代工作的要求，该段时期设计单位介入移民安置工作不深，参与工作不多。2002 年 11 月 30 日，原国家计委发布《关于印发〈水电工程建设征地移民工作暂行管理办法〉的通知》（计基础〔2002〕2623 号），首次提出了移民安置综合设计设代工作要求。计基础〔2002〕2623 号明确提出，工程开工后，承担建设征地移民安置实施规划编制任务的设计单位，要派设计代表驻移民安置实施现场，负责设计交底，并配合做好移民安置规划的实施工作。在移民安置实施中，需要发生重大设计变更的，设计单位应分析原因并提出处理意见，经移民综合监理单位签署意见后，按有关规定逐级上报审批。

2006 年 7 月，国务院以第 471 号令颁布了《大中型水利水电工程建设征地补偿和移民安置条例》，明确移民安置遵循"政府领导、分级负责、县为基础、项目法人参与"的工作体制。2007 年 7 月 20 日，国家发展改革委批准颁布了《水电工程建设征地移民安置规划设计规范》（DL/T 5064—2007）等一系列水库新规范，按照"471 号移民条例"关于移民安置规划和移民工作管理体制的规定，将"96 规范"关于移民安置规划设计阶段划分和各阶段工作内容、深度进行了调整。"07 总规范"提出，移民安置实施阶段，移民安置规划设计总成单位必须开展综合设计和综合设代工作，进行移民安置规划设计交底，处理移民安置规划实施过程中出现的设计问题，处理设计变更事宜〔包括农村移民安置方案调整、城镇规划设计方案调整、专业项目等移民工程设计方案改变〕，编制移民安置验收综合设计报告。在此基础上，移民政策的法规体系逐步完善。2006—2017 年，各省人民政府及移民主管部门根据"471 号移民条例""07 系列规范"相关规定，结合移民工作实际情况，陆续出台了部分移民安置政策、办法等文件，对移民安置综合设计设代工作内容、程序及考核办法等进行了规定。

随着移民安置工作精细化、规范化管理，综合设计设代工作存在分离为综合设计、综合设代两项工作发展的趋势。综合设计工作人员主要承担对原审定设计成果的深化、细化工作，如：实施阶段设计交底，设计变更文件编制等工作；综合设代工作人员承担实施阶段移民安置工作的技术协调、符合性检查等工作。

10.1.1 国家层面

经梳理，国家层面出台关于大中型水电工程移民安置规划的法律法规主要为《大中型水利水电工程建设征地补偿和移民安置条例》，条例中对建设征地移民安置综合设计（设代）工作具体并未做出明确规定和要求。

10.1.2 省级层面

在《大中型水利水电工程建设征地补偿和移民安置条例》及相关法律法规基础上，部分省（市）结合本省移民安置工作实际情况，出台了与大中型水电工程建设征地移民安置综合设计工作相关政策文件。经梳理，四川、云南、青海等地出台的相关政策文件如下。

10.1.2.1 四川省

四川省出台与大中型水电工程建设征地移民安置综合设计（设代）工作相关政策文件主要包括：①《四川省大中型水利水电工程移民工作条例》（NO：SC122711）；②《四川省人民政府办公厅转发省扶贫移民局〈四川省大中型水利水电工程移民工作管理办法（试行）〉的通知》（川办函〔2014〕27 号）；③《四川省大中型水利水电工程移民安置实施阶段设计管理办法》（川扶贫移民发〔2013〕444 号）；④《四川省扶贫和移民工作局关于印发〈四川省大中型水利水电工程移民安置项目设计变更管理办法〉的通知》（川扶贫移民发〔2018〕167 号）；⑤《四川省扶贫和移民工作局关于印发〈四川省大型水利水电工程移民安置综合设计（设代）工作考核办法〉的通知》（川扶贫移民发〔2013〕447 号）；⑥《四川省扶贫开发局关于印发〈四川省大中型水利水电工程移民安置验收管理办法（2018 年修订）〉的通知》（川扶贫发〔2018〕15 号）等。政策文件对综合设计（设代）工作内容、流程及考核办法等方面作出了相应规定和要求，具体规定如下。

1.《四川省大中型水利水电工程移民工作条例》

第一章第三条：大中型水利水电工程移民工作遵循开发性移民方针，坚持以人为本、科学合理、规范有序的原则，实行政府领导、分级负责、县为基础、项目法人和移民参与、规划设计单位技术负责、监督评估单位跟踪监督的机制。

第一章第八条：规划设计单位负责移民安置相关规划设计，对设计成果质量负责，参与移民工作。

第三章第二十五条：省人民政府移民管理机构负责大型水电工程和跨市（州）的大型水利工程移民安置实施阶段综合设计单位和技术咨询审查机构的委托；市（州）人民政府移民管理机构负责中型水利水电工程和不跨市（州）大型水利工程移民安置实施阶段综合设计单位和技术咨询审查机构的委托。

第三章第二十七条：项目法人在每年 10 月上旬，向签订移民安置协议的地方人民政府或者其委托的移民管理机构提交次年移民安置任务和资金计划建议。

县（市、区）人民政府移民管理机构按照年度计划编制要求，会同规划设计单位和综合监理单位编制年度计划方案，并逐级报送签订移民安置协议的地方人民政府或者其委托的移民管理机构。

第三章第三十三条：移民安置项目设计变更分为一般设计变更和重大设计变更。一般设计变更由综合监理单位审核，经县（市、区）人民政府批准后实施，同时送省、市人民政府移民管理机构；重大设计变更经市（州）、县（市、区）人民政府移民管理机构、规划设计单位、综合监理单位提出意见，由省人民政府移民管理机构会同项目法人审核后实施。

2.《四川省大中型水利水电工程移民工作管理办法（试行）》

第二章规定：规划设计单位是移民工作的技术保障单位，负责建设征地移民安置相关规划设计的技术牵头和设计归口，根据委托开展移民安置实施的综合设计（设代）工作，承担设计交底、委派现场设计代表、技术把关和归口管理，编制设计文件，协助县级移民管理机构做好移民安置工作和实物指标分解、移民人口界定、建档建卡、移民安置实施年度计划编制等工作。

第四章规定：设计变更是指按规划在实施过程中，因原有条件变化导致必须对移民方案、项目、投资等进行调整。设计变更分为一般设计变更和重大设计变更。一般设计变更由移民安置综合监理单位组织市、县级移民管理机构和综合设计（设代）单位、水利水电工程项目法人、项目实施单位研究后提出变更方案，由县级移民管理机构或专项设施迁（复）建实施单位逐级上报移民安置规划原审批机关批准后实施。重大设计变更由县级移民管理机构或专项设施迁（复）建实施单位提出变更申请，经移民安置综合设计（设代）、综合监理签署意见，逐级上报省扶贫移民局商项目法人同意后批准，原设计单位据此编制变更设计报告，由县级移民管理机构逐级上报移民安置规划原审批机关批准后实施。

3.《四川省大中型水利水电工程移民安置实施阶段设计管理办法》

第二章规定：移民安置实施阶段设计单位主要工作责任：移民安置综合设计（设代），对移民安置单项工程设计成果进行技术把关和归口管理；协助编制移民安置年度计划；对提出的移民安置项目规划调整和设计变更出具意见；参与对移民安置监督评估工作的年度考核。

第三章规定：综合设计（设代）是指在移民安置实施阶段，依据批准的移民安置规划，进行规划设计交底，负责技术归口，处理移民安置实施过程中出现的规划和设计问题，处理移民安置项目规划调整和设计变更，编制移民安置验收综合设计（设代）工作报告。

主要工作任务包括：对批准的移民安置规划设计进行技术交底；对移民安置实施阶段的移民安置项目规划调整和设计变更出具综合设计（设代）意见；组织召开移民安置综合设计（设代）工作会议，协调和处理有关规划设计问题；参与移民安置验收工作，编制移民安置验收综合设计（设代）工作报告；参与重大单项工程验收；编制移民安置规划调整报告；整理、汇总、归档、移交移民安置综合设计（设代）成果资料；参与移民安置干部培训工作；配合做好移民政策宣传和规程规范的解释工作；完成与规划设计相关的其他工作。

工作要求：综合设计（设代）单位按照要求和工作需要成立现场综合设计代表机构，配备相应的工程技术人员；综合设计（设代）工作实行项目负责人责任制；提交移民安置验收综合设计（设代）工作报告，工作报告中要有明确的验收意见，并对存在的相关问题提出处理建议。

4.《四川省大型水利水电工程移民安置综合设计（设代）工作考核办法》

考核对象及原则章节规定：按照"科学、公正、公平、合理、规范"原则，从"责、能、勤、绩、廉"五个方面设置并量化考核指标，对综合设计（设代）工作实行以绩效为中心的全面考核。

考核内容及分值章节规定：考核分为定量和定性两个方面内容。定量考核包括组织机构及人员责任分工、综合设计（设代）人员履职能力、综合设计（设代）人员出勤状况、综合设计（设代）工作绩效、遵守廉政规定情况五项；定性考核为综合设计（设代）工作绩效综合评价。

考核组织及方法章节规定：考核工作组通过现场实地检查、查阅相关资料、听取综合设计（设代）工作汇报等方式，对各项指标逐项考核评议打分，考核得分由定量和定性分值两部分构成。定量分值由考核工作组人员逐项检查分别打分后取其平均分值。定性分值由考核领导小组成员根据综合设计（设代）工作绩效等情况打分后考虑权重计算得出，然后将定量和定性分值加总后，即为考核最终得分。

5.《四川省大中型水利水电工程移民安置验收管理办法（2018年修订）》

第二章规定：移民安置综合设计（设代）单位提交的移民安置设计工作报告为验收必备文件之一。

第四章规定：水利工程移民安置自验、初验。县（市、区）人民政府征求移民对开展验收工作的意见，组织项目法人、综合设计（设代）、监督评估等单位进行自验。自验通过后，报市（州）人民政府。

水电工程移民安置自验。县（市、区）人民政府征求移民对开展验收工作的意见，组织项目法人、综合设计（设代）、综合监理、独立评估等单位进行自验。自验通过后，县（市、区）人民政府逐级报请省人民政府验收。

水利水电工程移民安置终验（验收）。终验（验收）委员会编制终验（验收）工作大纲、组织现场检查、召开验收会议，听取县级人民政府、项目法人、综合设计（设代）、监督评估等单位的工作报告，专家组形成验收专家组意见，终验（验收）委员会经会议讨论形成验收报告。

6.《四川省大中型水利水电工程移民安置项目设计变更管理办法》

第三章规定：申请开展重大设计变更工作时，应提供移民综合设计（设代）单位意见。

第四章规定：移民安置实施单位、综合设计（设代）单位、综合监理（监督评估）单位，按照《水利水电工程移民档案管理办法》的规定，做好设计变更的资料管理和归档工作。

10.1.2.2　云南省

云南省出台与大中型水电工程建设征地移民安置综合设计设代工作相关的政策文件主要包括：①《云南省人民政府关于贯彻落实国务院大中型水利水电工程建设征地补偿和移民安置条例的实施意见》（云政发〔2008〕24 号）；②《云南省移民开发局关于印发〈云南省大型水电工程移民安置综合设计工作绩效考核办法〉的通知》（云移发〔2016〕90 号）；③《云南省移民开发局关于印发〈云南省大中型水利水电工程建设征地移民安置实施阶段设计变更管理办法〉的通知》（云移发〔2016〕112 号）；④《云南省移民开发局关于印发〈云南省大中型水利水电工程建设征地移民安置验收管理办法〉的通知》（云移发〔2016〕137 号）等。政策文件对建设征地移民安置综合设计设代工作任务、流程及考核办法等方面进行了相应的规定和要求，具体规定如下。

1.《云南省人民政府关于贯彻落实国务院大中型水利水电工程建设征地补偿和移民安置条例的实施意见》

第四章规定：大中型水利水电工程建设移民安置工程开工后，由省移民主管部门委托设计单位派出综合设计代表进驻实施现场，负责向实施单位解释设计意图。在实施中确需对方案进行重大调整和变更时，由项目责任单位提出，设计单位和监督评估单位提出意见后，逐级上报经原审批单位批准后执行。

单项移民工程设计方案确需调整变更时，由项目实施主管单位和县（市、区）移民主管部门负责提出专题论证报告，设计单位和监督评估单位提出意见后，报原审查单位审查核定。

2.《云南省大型水电工程移民安置综合设计工作绩效考核办法》

考核对象和原则章节规定：按照"科学、公正、公平、规范"原则，从"责、能、勤、绩、廉"五个方面设置并量化考核指标，对大型水电工程建设征地移民安置综合设计工作实行以绩效为中心的全面考核。

考核内容和分值章节规定：考核分为定量和定性两个方面内容。定量考核包括组织机构及人员责任分工、综合设计人员履职能力、综合设计人员出勤状况、综合设计工作绩效、遵守廉政规定情况；定性考核为综合设计工作绩效综合评价。

3.《云南省大中型水利水电工程建设征地移民安置实施阶段设计变更管理办法》

第二章规定：设计变更由县级移民实施机构或者移民安置规划报告编制单位（即移民安置实施阶段的综合设代机构）提出。

第三章第八条规定：移民安置实施过程中的设计变更申请，由县级移民实施机构或者综合设计提出。设计变更申请主要内容包括设计变更项目基本情况、设计变更的必要性、设计变更后的初步方案等。

第三章第九条规定：县级移民实施机构提出的设计变更申请，由综合设计、综合监理单位签署意见后，报送州（市）移民管理机构；综合设计提出的设计变更申请，由县级移民实施机构、综合监理单位签署意见后，报送州（市）移民管理机构。

第三章第十条规定：按照设计变更分级标准，县级移民实施机构或者综合设计应当对一般设计变更提出变更申请表，对重大设计变更提出变更申请报告，并由相关单位签署意见后，一般设计变更申请表报送州（市）移民管理机构和项目法人；重大设计变更申请报告经州（市）移民管理机构初审后报送省移民管理机构和项目法人。

第四章第十一条规定：设计变更申请得到批复同意后，应当由综合设计单位组织编制完成设计变更报告，作为设计变更报件的主要内容之一。

第五章第十八条规定：设计变更实施过程中，各级移民管理机构应当加强监督管理，移民综合监理和综合设计单位应当对设计变更的实施进行跟踪检查。

4.《云南省大中型水利水电工程建设征地移民安置验收管理办法》

第二章第九条规定：验收委员会成员应当包括项目主管部门、有关县级以上人民政府及其相关部门、项目法人、移民安置规划设计单位、移民安置监督评估单位的代表和有关专家。

第三章第十五条规定：验收必备文件包括移民安置综合设计单位提交的移民安置规划设计工作报告。

10.1.2.3　青海省

青海省出台与大中型水利水电工程建设征地移民安置综合设计设代工作相关的政策文件主要为《青海省大中型水利水电工程建设征地和移民安置变更管理规定》，其中对建设征地移民安置变更的范围、分类、处理方式、处理程序、变更文件的组成及变更处理过程中各方职责等进行了相应的规定和要求，具体规定如下。

1. 变更的范围和分类章节规定

变更内容包括：移民安置总体方案的变化、移民工程建设规模的变化、指标范围的变化、方案性的调整引起的变化、规划布局的调整、法规政策的调整引起的变更、移民工程中各种技术标准和参数的变化等一系列的变更。

变更的分类：按变更内容分为移民安置总体方案的变更、移民补偿实物量的变更、移民工程的变更三类；按变更性质分为一般变更、重大变更两类；按移民安置变更原因分为设计变更、管理变更、施工变更三类。

2. 变更处理的方式及处理程序章节规定

（1）一般变更处理程序。

1）由现场签证的提出方书面提出变更申请，现场签证单的内容包括产生变更的原因、变更引起的方案、数量及投资变化情况。

2）根据签证提出的变更内容，由单体监理主持相关各方到现场实地察勘，核实变更内容的准确性及合理性，以及变更方案的可行性。

3）由单体监理主持相关变更专题会议，通过对现场情况进行讨论分析。

4）对核定的现场签证变更进行签字确认。现场签证签字顺序为：施工方（施工方提出现场签证的情况才需要施工方签字）、单体监理、单体设计、建设单位、综合设代、综合监理等签署确认意见。

5）现场签证完成签字程序后在监理例会由综合监理备案。

6）由现场签证签字方各保存一份签证存档。

（2）重大变更。

1）移民安置总体方案变更。

建设征地范围调整：由省大中型水利水电工程建设业主正式函告综合设代，明确范围调整原因及范围调整成果，综合监理现场工作会讨论达成一致后，综合设代会同相关各方开展补充规划设计工作，并以设代函的形式将补充规划设计成果上报省移民安置局审查。

移民安置任务调整：由县级人民政府以正式文函的形式逐级上报，提出安置任务调整申请，综合监理现场工作会讨论达成一致后，综合设代会同相关各方开展安置任务复核工作，并以设代函的形式将复核成果上报省移民安置局审查。

移民安置方式调整：由县级人民政府以正式文函的形式逐级上报，提出安置方式调整申请，综合监理现场工作会讨论达成一致后，综合设代会同相关各方开展安置方式复核工作，并以设代函的形式将复核成果上报省移民安置局审查。

移民安置去向调整：由县级人民政府以正式文函的正式逐级上报，提出安置去向调整申请，综合监理现场工作会讨论达成一致后，综合设代会同相关各方开展安置方式复核工作，并以设代函的形式将复核成果上报省移民安置局审查

2）移民工程重大变更。①建设单位向设计单位提出变更要求；②设计单位根据建设单位提出的变更要求，组织相关专业技术人员对变更的依据、内容进行核实，同时根据监理单位提供的已实施完成工程量核实成果，编制变更设计文件；③变更设计文件编制完成后由建设单位提交综合设代、综合监理，由综合设代、综合监理在 4 个工作日内签署相关书面意见；④设计单位根据综合设代、综合监理提出的合理性意见进行修改完善，修改完成后由建设单位上报省移民安置局审查；⑤根据审查专家意见进行修改完善，最后由省移民安置局组织对该变更设计文件的核定，核定后工程变更方可实施。

3. 变更文件的组成

变更应提交设计变更文件，内容包括：变更的原因及依据；变更的内容与范围；工程量和投资变化情况；满足项目审批与实施（施工）需要的报告、图纸和概算等所有文件；变更项目实施组织设计。变更文件由原设计单位编制。

4. 变更处理过程中各方职责

（1）施工单位。施工单位在施工变更中的职责是提供变更申请，包括施工过程中产生变更的具体原因、工程变化数量。

（2）建设单位。①建设单位在施工变更、设计变更中主要起组织、协调作用，组织相关各职能单位快速有效地完成变更，并协调好外部环境，以保证变更工作的顺利进行；②建设单位在管理变更中同时也是变更的提出方。

（3）单体监理单位。①单体监理要对已实施工程数量进行核实，以便为重大变更提供基础数据依据；②单体监理还负责核实变更中内容的真实性和准确性，还要核实一般变更中已实施变更工程数量。

（4）设计单位。①单体设计在施工变更和管理变更中主要职责是对变更方案的审核；

②单体设计还负责编制变更设计报告。

（5）综合设代单位。①综合设代是对整个变更方案的可行性和合理性进行审核；②优化单体设计的设计变更方案。

（6）综合监理单位。综合监理主要负责组织变更处理，包括召开会议、协调变更处理程序等。

10.1.2.4 小结

经梳理，现行的国家相关法律法规，国家层面政策文件暂未对大中型水电工程建设征地移民安置综合设计（设代）工作进行规定和要求；从成都院开展综合设计（设代）工作涉及四川、云南、青海已出台的相关政策法规分析，四川、云南两省出台的移民安置政策法规体系较为完善，关于移民安置综合设计（设代）工作内容、方法等方面的规定较明确；青海省关于建设征地移民安置政策法规体系尚不健全，已出台的政策文件关于综合设计（设代）工作内容、程序等方面规定较少。

经对比，四川、云南两省政策法规中关于综合设计（设代）工作范围、工作内容及工作任务等方面规定基本相同；对设计变更管理规定存在一定的差异，其中，关于设计变更分类分级，两省都规定分为一般设计变更和重大设计变更两类，但云南省对设计变更按内容的不同，分为实物指标变化、移民安置规划方案调整和移民工程设计变更三大类，而四川省分为实物指标变化、农村移民安置、城镇迁建及居民点建设、专业项目处理、库底清理、补偿补助费用变更六大类，更细化；另外，关于设计变更申报，四川省规定由县（市、区）人民政府移民管理机构提出，而云南省规定由县级移民实施机构或者综合设计提出，申报方存在一定差异；关于设计变更审批，两省均规定重大设计变更由省级移民管理机构批准，一般设计变更，四川省规定经县（市、区）人民政府批准后实施，送省、市（州）移民管理机构，云南省规定由市（州）移民管理机构批准，报省移民主管部门备案。

10.1.3 规程规范

根据《水电工程建设征地移民安置规划设计规范》（DL/T 5064—2007），第4章各设计阶段的主要工作内容3.7节提出：实施阶段"开展建设征地移民安置综合设计工作，进行移民安置规划设计交底，处理移民安置规划实施过程中出现的设计问题，处理设计变更事宜（包括农村移民安置方案调整、城镇规划设计方案调整、专业项目等移民工程设计方案改变），编制移民安置验收综合设计报告"。

条文说明提出，《工程勘察设计收费标准》发布后，国家先后出台了《水电工程建设征地移民工作暂行管理办法》《移民安置条例》，对移民安置规划设计提出了非常高的要求，增加了设计内容和设计深度。根据新的规定，移民安置实施阶段，移民安置规划设计总成单位必须开展综合设计和综合设代工作。根据目前移民安置实施阶段规划设计工作的实践，结合《移民条例》的要求，增列"移民安置实施阶段科研和综合设计费"，其是指移民安置实施阶段为解决项目建设征地移民安置的技术问题而进行必要的科学研究、试验以及统筹协调移民安置规划的后续设计，把关农村居民点、迁建集镇、迁建城市、专业项目等移民安置项目的技术接口，设计文件汇总和派驻综合设代进行综合设计交底等工作所发生的费用。按建设征地移民安置补偿项目费用的 1%～1.5%计算。其移民单项工程费用应包含初步设计阶段以后的设计费,按相关行业计费规定计列。

10.2 工作重难点及主要工作方法

大中型水电工程建设征地移民安置是一项复杂的系统工程,实施阶段应依据批准的移民安置规划开展相应工作。建设征地移民安置综合设计单位是指移民安置实施阶段统筹协调移民安置规划的后续设计技术标准和要求,进行移民安置方案的整体与局部、移民安置区的总体与单项、移民安置项目之间的技术衔接和单项设计技术标准控制,编制综合设计文件,为各级移民管理机构及实施单位提供现场技术服务的单位。

根据《水电工程建设征地移民安置规划设计规范》(DL/T 5064—2007)和四川、云南两省相关政策、文件规定,综合设计(设代)主要工作任务是依据批准的移民安置规划,进行规划设计交底和补偿费用分解,负责把关农村移民安置、城镇迁建、专业设施处理等移民安置项目的技术归口,开展移民安置实施过程中出现移民安置项目规划调整和设计变更技术管理,编制移民安置实施计划、移民安置验收综合设计工作报告等综合设计文件,为各方提供现场技术服务。具体主要内容如下:

(1) 对批准的移民安置规划设计进行技术交底。

(2) 对移民安置实施阶段的移民安置项目规划调整和设计变更出具综合设计(设代)意见。

(3) 组织召开移民安置综合设计(设代)工作会议,协调和处理有关规划设计问题。

(4) 参与移民安置验收工作,编制移民安置验收综合设计(设代)工作报告。

(5) 参与重大单项工程验收。

(6) 编制移民安置规划调整报告。

(7) 整理、汇总、归档、移交移民安置综合设计(设代)成果资料。

(8) 参与移民安置干部培训工作。

(9) 配合做好移民政策宣传和规程规范的解释工作。

(10) 完成与规划设计相关的其他工作。

综合设计(设代)主要工作任务和内容见图10.1。

10.2.1 设计交底

设计交底指就批准的移民安置规划设计报告的设计意图、设计成果向建设征地移民安置涉及各级地方人民政府及相关部门进行解释、说明,解答移民安置实施过程中相关各方提出的与移民安置规划设计相关的技术问题。

设计交底是综合设计(设代)人员对建设征地移民安置规划设计报告成果的细化和延伸,是确保移民安置实施主体及工作参与各方按审批移民安置规划设计成果顺利开展移民安置工作的技术支撑。

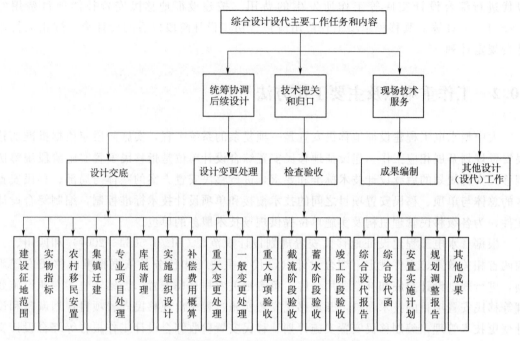

图 10.1　综合设计（设代）主要工作任务和内容

10.2.1.1　设计交底对象

根据《大中型水利水电工程建设征地补偿和移民安置条例》（国务院令第 471 号）规定，移民安置工作实行"政府领导、分级负责、县为基础、项目法人参与"的管理体制，经批准的移民安置规划是组织实施移民安置工作的基本依据，移民区和移民安置区县级以上地方人民政府负责移民安置规划的组织实施，省级移民管理机构负责本行政区域内大中型水利水电工程移民安置工作的管理和监督。为满足移民安置工作需要，设计交底对象包括建设征地移民安置涉及省、市、县人民政府及移民主管部门，与移民安置规划建设集中居民点、城集镇、专项工程等移民单体工程建设相关各级交通、水利、电力、通信、教育、医疗、环保等行业主管部门。

10.2.1.2　设计交底内容

根据大中型水利水电工程建设征地移民安置工作任务，设计交底内容主要包括：建设征地征理范围、实物指标、农村移民安置、城镇迁建、专业项目处理、库底清理、补偿费用概算、实施组织设计等。各部分交底主要内容如下。

1. 建设征地处理范围

（1）水库淹没区。主要交底内容为：水库围堰截流水位、分期蓄水位、正常蓄水位；水库淹没区各淹没对象采用设计洪水标准确定原则；水库运行方式、各频率水库回水计算方法及成果；水库安全超高值计算方法；水库回水末端确定原则；各淹没对象具体处理范围。

（2）水库影响区。主要交底内容为：水库影响区确定依据及原则；水库影响区数量、类型、位置、范围；水库影响区处理原则及处理方式；建设征地范围外实物指标处理范围及处理原则。

（3）枢纽工程建设区。主要交底内容为枢纽工程建设区范围确定原则；枢纽工程建设区与水库淹没区重叠范围处理原则；枢纽工程建设区各地块具体用地范围、面积、性质等。

（4）上下游梯级重叠范围。交底内容为上下游梯级项目建设征地重叠范围、重叠面积及重叠范围处理原则。

2. 实物指标

实物指标交底内容主要包括：实物指标调查依据、组织、对象、方法、过程等；实物指标调查成果采用原则及采用情况；调查成果分类、汇总原则及方法；实物指标分类整理汇总成果等。

3. 农村移民安置

（1）安置任务。交底内容包括：规划基准年及规划水平年确定原则；人口自然增长率、机械增长率等确定依据及原则；规划水平年生产安置人口计算采用基础资料、计算具体方法、计算成果；规划水平年搬迁安置人口计算采用基础资料、计算具体方法、计算成果；临时用地复垦范围确定原则、复垦范围、面积。

（2）规划目标及安置标准。交底内容包括：规划目标确定原则；规划目标确定依据基础资料；规划目标计算方法及成果；各类生产安置方式安置标准确定依据及原则；各安置方式具体安置标准；搬迁安置标准确定依据及原则，人均用地、用水、用电等搬迁安置具体标准；各类土地临时用地复垦标准确定依据、原则及具体标准。

（3）安置方案。农村移民安置方案确定依据及原则；主要规划思路及规划意图；环境容量等规划边界条件；生产安置规划具体方案及配套工程建设标准、建设方案、建设工期、建设资金来源；搬迁安置规划方案及集中居民点建设新址、建设标准、总平面布置、场地平整及内部市政工程设计主要成果、建设费用；临时用地复垦范围、主要复垦措施等。

4. 城镇迁建

城镇迁建交底内容主要包括：规划迁复建城镇性质及规划年限；城镇规模确定原则及方法；城镇新址基本情况；城镇总用地面积、建筑积项、绿化率、容积率、总户数、总人数、人均用地面积等主要规划指标；城镇规划总体思路及总体布局；城镇场平、道路、给排水、电力电信、广电、防灾、绿化工程建设标准、建设方案、建设费用等主要规划设计成果。

5. 专业项目处理

专业项目处理交底内容主要包括：建设征地涉及专业项目基本情况；专业项目处理依据及原则；各专业项目具体处理方式；迁（复）建处理专业项目建设标准、规模、方案、费用；居民点、城镇配套水、电、路基础设施解决方案，建设标准，建设方案及建设费用等。

6. 库底清理

库底清理交底内容主要包括：库底清理具体范围；库底清理主要对象；各清理对象主要清理方法及技术要求；库底清理工程量确定依据及原则，工程量计算采用基础数据、计算方法及计算成果；各项目库底清理费用等。

7. 补偿费用概算

补偿费用概算交底内容主要包括：补偿补助项目确定依据及原则；补偿补助项目构成；补偿补助价格水平年；补偿补助标准确定依据及原则；各项目补偿补助标准确定方法；补偿补助费用计算原则；补偿补助费用计算采用基础资料；补偿补助费用构成。

8. 实施组织设计

实施组织设计交底内容包括：移民安置实施组织人员分工及各方工作职责；移民安置工作流程及程序；移民安置总体控制进度计划安排思路、原则及具体计划；移民安置控制性进度计划安排确定原则及计划安排；移民安置分年度资金确定原则及分年度资金计划安排。

10.2.1.3 设计交底形式和方法

设计交底形式主要为现场交底、电话（邮件）交底、会议交底、设代文件交底4类；交底方法主要包括提前交底、按需交底、定期交底等3种。

1. 提前交底

提前交底指在移民安置实施工作正式启动前，综合设计（设代）人员通过现场交底、会议交底等方式就审定移民安置规划设计报告主要设计成果、工作重难点等内容进行解释、说明。

2. 按需交底

按需交底指在移民安置实施工作过程中，综合设计（设代）人员结合交底对象要求，依据审定移民安置规划设计报告成果，就交底对象提出需了解内容和相关问题进行解释、说明。

3. 定期交底

定期交底指综合设计（设代）人员结合移民安置工作进展情况，定期对下阶段移民安置实施过程中工作重点、难点，可能遇到的问题向交底对象进行解释、说明。

结合各项目设计交底工作开展情况总结分析，为推进建设征地移民安置工作的顺利开展，确保相关各方按规划设计成果开展移民安置实施工作，尽量避免未按规划实施的问题，移民安置工作正式启动前综合设代宜采用会议交底形式就审批建设征地移民安置规划设计成果向相关各方进行提前交底；移民安置实施过程中，宜采用定期交底和按需交底相结合的方法，就相关各方提出问题进行解释、说明；交底过程中，针对重大问题应以交底文件等形式留存相关文字记录备查。

10.2.1.4 设计交底重难点

设计交底重点内容主要包括：生产安置人口和搬迁安置人口确定方法，各安置方式安置标准，各补偿补助项目具体补偿标准等与移民搬迁安置和补偿资金兑付相关内容，各移民单体工程建设规模、标准、方案等。

交底工作难点主要表现为以下两方面：一是受各级移民安置实施管理部门人员调整频繁影响，部分内容需反复多次交底；二是部分项目审批的移民安置规划设计成果内容不够细化具体，操作性不强，甚至无明确规定，且设计交底过程中实施管理部门与综合设计单位理解、认识存在分歧，对设计交底内容不认同。如：远（扩）迁人口确定原则、线外园地林木是否进行补偿处理等问题。

10.2.2　设计变更处理

水电工程移民安置设计变更是指在移民安置实施过程中，对审定建设征地范围、实物指标、移民安置方案、移民工程规划设计成果进行优化调整的行为。

大中型水电工程建设征地移民安置工作面广、政策性强、参与方多、工作周期长，不可控因素多，受移民政策调整完善，移民意愿及安置区居民意见变化，地方人民政府安置思路调整，移民工程建设条件变化等因素影响，实施过程中出现设计变更不可避免。妥善处理设计变更对推进移民安置工作的顺利开展，合理控制移民安置工作进度、费用，完善检查验收资料具有重要意义，是实施阶段综合设计（设代）工作的重要内容。

10.2.2.1　设计变更分类

按变更内容划分，设计变更主要分为建设征地范围及实物指标变更、移民安置方案变更和移民工程设计变更3类。

近年来，为加强水利水电工程设计变更管理，四川、云南等省结合各自实际，制定出台了移民安置设计变更管理办法，明确将设计变更分为一般设计变更、重大设计变更。变更性质主要根据设计变更内容、资金变化幅度确定，但各省关于重大设计变更界定条件存在一定差异。下面以四川、云南两省为例来说明。

1. 四川省

根据《四川省扶贫和移民工作局关于印发四川省大中型水利水电工程移民安置项目设计变更管理办法的通知》（川扶贫移民发〔2018〕167号），符合下列条件之一为重大设计变更，其他设计变更为一般设计变更。

（1）建设征地范围及实物指标变更。

1）因建设征地范围变化引起的实物指标量变化。

2）以县为单位，人口、房屋面积、耕（园）地面积变化幅度大于3％；林地面积、牧草地面积、未利用地面积变化幅度大于5％；新增或减少专业项目类别和数目。

（2）移民安置方案变更。

1）安置标准变化。

2）以县为单位，移民远迁或后靠人数变化幅度大于20％；移民集中或分散的人数变化幅度大于20％；各类生产安置方式的生产安置人数变化幅度大于20％。

3）库底清理技术要求变化；费用变化幅度大于5％且金额变化在400万元（含）以上。

4）补偿补助费用项目变化；补偿补助标准变化。

（3）移民工程设计变更。

1）新增或取消工程项目。

2）工程选址变化；建设规模变化幅度大于20％；总体布局方案调整；功能变化；审定的施工组织发生重大调整；移民单项工程投资变化幅度大于5％（变更金额与直接费的比例）且金额变化在400万元（含）以上。

2. 云南省

根据《云南省移民开发局关于印发〈云南省大中型水利水电工程建设征地移民安置实

施阶段设计变更管理办法〉的通知》（云移发〔2016〕112号），符合下列条件之一为重大设计变更，其他设计变更为一般设计变更。

（1）实物指标变更。

1）征收土地范围发生重大变化。

2）新增滑坡处理范围。

3）以县为单位，人口、耕（园）地、房屋、专业项目其中一项的实物量变化幅度大于3%。

4）以县为单位，林地、牧草地、未利用地其中一项的实物量变化幅度大于5%。

（2）移民安置规划方案设计变更。

1）100人以上的移民集中安置点规划新址（包括农村集中居民点、城镇新址、企事业单位新址等）建设地点改变。

2）移民集中安置点搬迁安置人口或者规划新址占地（包括农村集中搬迁、城镇迁建、企事业单位搬迁等）变化幅度大于20%。

3）移民安置标准变化幅度大于20%。

（3）移民工程设计变更。

1）移民工程建设规模、标准、方案发生重大变化或建设地点、服务范围等发生变化，并导致移民安置规划方案发生重大变化。

2）移民工程地质结论发生重大变化，建设场地评价结论有实质性调整。

3）工程投资1000万元以上（含本级数）的项目投资变化幅度大于20%或者投资变化超过500万元，工程投资1000万元以下项目投资变化幅度大于20%。

10.2.2.2 设计变更处理流程

1. 重大变更处理流程

（1）四川省。

1）县级移民管理机构或项目实施单位提出变更申请。

2）综合设计（设代）、综合监理单位、项目业主签署意见，逐级上报省扶贫开发局确定是否同意调整或变更。

3）同意调整或变更的由原设计单位编制调整或变更设计报告，由调整或变更申请单位逐级上报省扶贫移民局审批。

4）经批准同意的移民安置项目规划调整和设计变更，纳入移民安置规划调整报告。

（2）云南省。

1）县级移民实施机构提出的设计变更申请，由综合设计、综合监理单位签署意见后，报送州（市）移民管理机构；综合设计提出的设计变更申请，由县级移民实施机构、综合监理单位签署意见后，报送州（市）移民管理机构。

2）州（市）移民管理机构在受理设计变更申请后的5个工作日对重大设计变更申请提出初审意见后报省移民管理机构。

3）省移民管理机构在受理重大设计变更申请后的10个工作日内商项目法人，对重大设计变更申请作出批复，并对设计变更报件的编制提出要求。

4）设计变更申请得到批复同意后，由综合设计单位组织编制完成设计变更报告，作为设计变更报件的主要内容之一。

5）省移民管理机构在受理重大设计变更报件 15 个工作日内，会同项目法人共同组织对重大设计变更报件进行审核，经审核同意后，由省移民管理机构对重大设计变更出具书面意见。

6）审核同意的设计变更，纳入建设征地移民安置规划调整报告。

2. 一般变更处理流程

（1）四川省。

1）县级移民管理机构或项目实施单位提出变更方案及申请。

2）综合监理单位审核，经县（市、区）人民政府批准后实施，同时送省、市（州）人民政府移民管理机构。

3）经批准同意的移民安置项目规划调整和设计变更，纳入移民安置规划调整报告。

（2）云南省。

1）综合设计或县级实施机构提出变更申请（包括设计变更项目基本情况、设计变更理由、设计变更后的初步方案）。

2）综合设计提出的设计变更申请，由县级实施机构、综合监理单位签署意见后，报送州（市）移民管理机构；实施机构提出的设计变更申请，由综合设计、综合监理单位签署意见后，报送州（市）移民管理机构。

3）州（市）移民管理机构在接到设计变更申请后，在受理后的 5 个工作日内商项目法人，对一般设计变更申请作出批复，明确是否同意设计变更申请，并对设计变更报件的编制提出要求。

4）州（市）移民管理机构应当在受理一般设计变更报件 10 个工作日内，会同项目法人共同组织对设计变更报件的审核，审核同意后，由州（市）移民管理机构对一般设计变更出具书面意见，相关材料报省移民管理机构备案。

5）审核同意的设计变更，由项目法人定期组织编制设计变更专题报告，按规定上报移民安置规划审批机关审批。

10.2.2.3 主要工作内容及方法

设计变更处理过程中，综合设计（设代）主要工作内容及方法如下：

（1）根据相关资料，查阅拟变更项目原审定规划设计成果。

（2）结合原审定规划设计成果和移民安置实施工作实际情况，分析原规划设计成果存在问题，对项目变更必要性进行分析。

（3）结合工作实际情况，对设计变更提出方拟定变更方案的合理性进行分析。

（4）根据设计变更内容、投资变化幅度，结合省级移民主管部门关于设计变更规定，对设计变更性质进行判定，明确变更项目属重大设计变更或一般设计变更。

（5）分析设计变更对移民搬迁安置及工程建设进度、质量等方面产生影响及可能出现的相关问题，提出相应处理建议。

（6）以设计变更通知单、综合设代函件形式，正式提出变更处理意见，按规定提交相关各方。

（7）根据省级移民主管部门关于设计变更审批意见，编制移民安置规划调整专题报告等综合设计文件。

10.2.2.4 工作重难点

大中型水利水电工程实施阶段建设征地移民安置设计变更处理过程中，综合设计（设代）工作难点主要表现为设计变更经济性把控。

设计变更应遵循技术可行、经济合理的原则。但受建设征地区自然条件，移民意愿、安置区居民意见等多因素影响，部分项目地方提出变更方案具有唯一性，且与同流域类似项目比较变更项目投资较高。变更处理过程中，因变更方案是否经济合理无具体衡量标准，综合设代把控难度较大。

H 水电站可行性研究阶段规划建设 A、B 两集中安置点安置移民 750 人，安置点规划投资约 6000 万元。实施阶段因移民意愿变化，且当地居民不愿流转土地用于居民点建设，加之安置点地质条件复杂，地方人民政府结合移民意愿和安置区自然条件提出对可行性研究阶段审定的移民安置方案进行调整，将 A、B 两安置点调整为 C 安置点。变更后 C 安置点规模为 867 人，建设费用约 1.7 亿元，远高于同流域规模基本相当的集中安置点的建设费用，变更方案是否经济合理，综合设代把控困难。

10.2.3 专项验收

根据《大中型水利水电工程建设征地补偿和移民安置条例》（国务院 471 号）等文件规定"移民工程未经验收或验收不合格的，不得对大中型水利水电工程进行阶段性验收和竣工验收"。大中型水利水电工程建设征地移民安置检查验收是水电工程验收的重要组成部分，是移民安置综合设计（设代）重要工作内容。

10.2.3.1 验收分类

大中型水利水电工程建设征地移民安置验收一般分为阶段性验收和竣工验收。阶段性验收一般包括围堰截流阶段建设征地移民安置专项验收、工程蓄水阶段建设征地移民安置专项验收；部分大型水电工程还结合水库蓄水进度计划分水位、分批次开展蓄水阶段移民安置专项验收。

10.2.3.2 检查验收范围

建设征地移民安置验收范围为建设征地区和移民安置区，包括枢纽工程建设区、水库淹没区、水库影响区、移民安置区，以及城镇迁建、工矿企业处理、专业项目改（复）建、防护工程建设、库底清理等区域。

10.2.3.3 检查验收内容

建设征地移民安置验收项目包括：

（1）农村移民安置及生产恢复情况。

（2）建设征地实物指标调查及其确认情况。

（3）移民个人财产、集体财产等补偿补助资金兑付情况。

（4）农村移民生产开发、移民居民点建设、移民搬迁、移民生产生活恢复情况。

（5）迁建规模、标准，新址占地，市政工程和基础设施建设，房屋迁建情况。

（6）工矿企业处理方案实施情况。

（7）铁路工程、公路工程、水运工程、水电工程、电力工程、电信工程、广播电视工程、文物古迹、水文（水准）站等项目建设、验收和移交使用情况。

（8）库岸滑坡、塌岸、浸没处理完成情况，待观区监测工作情况。

（9）水库库底清理工作完成情况；移民资金使用与管理情况。

（10）移民安置档案建立和管理，建设征地手续办理情况。

（11）移民后期扶持政策和措施的落实情况等。

（12）专业项目改（复）建工程等决算情况。

（13）审计部门对移民资金的审计情况。

10.2.3.4　检查验收应具备的条件

1. 截流阶段

（1）枢纽工程建设区、截流水位淹没影响区移民全部搬迁安置完毕，移民生产生活条件得到保障。

（2）截流影响范围内的专项设施完成迁（复）建或已采取措施恢复功能。

（3）完成截流影响范围内的库底清理工作。

（4）截流验收应在先移民后建设项目验收后进行，条件成熟的也可结合进行。

2. 蓄水阶段

（1）蓄水淹没影响范围内的移民全部搬迁安置完毕。

（2）农村移民房屋建设基本完成，生产发展措施规划基本落实，具备基本生产生活条件。

（3）城镇基础设施及房屋建设满足移民入住条件。

（4）主要专项设施迁建完成并恢复功能。

（5）库底清理工作完成。

（6）移民安置补偿补助资金兑付到位。

3. 竣工阶段

（1）按照审定的移民安置规划或调整规划全面完成移民搬迁安置任务。

（2）农村移民房屋建设全面完成并入住，生产安置已全面落实，生产生活水平达到规划目标，后续产业发展工作已启动。

（3）城镇居民房屋建设全面完成并入住，基础设施、公共设施建设全面完成并通过竣工验收。

（4）专项设施建设全面完成并通过竣工验收。

（5）工矿企业迁建或补偿全面完成。

（6）防护工程建设全面完成并通过竣工验收。

（7）新增滑坡塌岸处理工作完成。

（8）库底清理工作完成。

（9）移民安置资金已全部拨付到位并通过审计。

（10）移民后期扶持政策已落实。

（11）移民档案建设符合要求。

10.2.3.5　验收组织及流程

验收按自验、初验、终验工作程序开展。

（1）移民安置验收由项目法人向省移民管理机构提出申请，省移民管理机构牵头成立验收委员会，委托技术部门编制验收工作大纲，成立验收专家委员会，按照验收工作大纲开展工作。

（2）自验由县（市、区）人民政府及其移民管理机构组织，相关职能部门参与进行，提出自验报告，并向州（市）人民政府提出初验申请。

（3）初验由州（市）人民政府及其移民管理机构组织，相关职能部门、县（市、区）人民政府及其移民管理机构、项目法人、综合设计单位、综合监理单位和独立评估单位参与进行，提出初验报告，并向省移民管理机构提出终验申请。

（4）终验由省移民管理机构会同项目法人组织，验收委员会成员单位参与进行，提出终验报告。

10.2.3.6 综合设计（设代）工作任务及内容

移民安置专项验收过程中，综合设计（设代）主要工作任务及内容包括：根据委托要求编制验收工作大纲；提供验收所需综合设计（设代）成果等基础资料；编制建设征地移民安置设计工作报告；参与检查验收过程中相关问题处理，提出设计关于验收意见。

1. 验收工作大纲

移民安置专项验收工作大纲是参与验收各方开展验收工作的指导文件，工作大纲主要内容包括：工程概况、移民安置规划设计过程及主要规划设计成果、验收指导思想及原则、移民安置进度计划要求、验收依据、验收工作组织、检查验收项目及主要内容、验收应具备条件、验收工作计划安排、验收所需成果清单、存在问题处理原则。

2. 验收基础资料

移民安置专项验收过程中综合设计（设代）所提供基础资料主要包括：建设征地移民安置规划设计报告、建设征地移民安置规划调整报告、移民工程变更设计文件、建设征地移民安置变更专题报告、相关综合设计（设代）文函、年度防洪度汛设计文件、库底清理设计文件、工程截留、蓄水、竣工等阶段相应综合设计（设代）文件等。

3. 编制建设征地移民安置综合设计工作报告

建设征地移民安置综合设计工作报告内容主要包括：建设征地移民安置规划设计工作过程及主要成果；工程枢纽工程建设进度；建设征地移民安置主要任务及实施概况；综合设计（设代）工作组织、工作机构、人员安排、工作制度、工作流程、工作内容、工作成果；建设征地移民安置规划调整和设计变更工作情况（含规划调整内容、变更项目和内容、变更项目确认、审批情况）；综合设计认为检查验收存在主要问题及处理建议；综合设计关于检查验收的结论意见。

10.2.3.7 工作难点

《水电工程建设征地移民安置验收规程》（NB/T 35013—2013）及各省关于建设征地移民安置专项验收管理办法对移民安置专项验收应具备条件要求较高。验收阶段因受诸多因素影响，部分项目移民安置工作实际情况与检查验收要求有一定差距，仍存在部分移民房屋尚不具备入住条件、移民安置资金兑付工作尚未全面完成、少量迁（复）建专项设施尚不具备使用功能等问题。但因检查验收工作是工程按期蓄水发电的必要条件，与项目业主利益息息相关，综合设计（设代）出具检查验收结论除需要考虑移民安置实际情况，还需考虑工程建设进展，验收意见往往仅从是否具备蓄水条件方面分析，与省级移民主管部门关于验收要求存在一定差距。

10.2.4　综合设计（设代）成果编制

10.2.4.1　主要综合设计（设代）成果

根据《四川省大中型水利水电工程移民安置实施阶段设计管理办法》《云南省大中型水利水电工程建设征地移民安置综合设计工作管理办法》（云移发〔2011〕17号）等文件规定和相关各方要求，实施阶段综合设计（设代）工作需编制主要成果，包括：综合设计（设代）报告（含月报、季报、半年报、年报）、移民安置年度工作建议计划及年度工作调整计划、设计变更处理意见、移民安置规划调整专题报告、综合设代相关文函、其他临时性综合设计（设代）成果。

10.2.4.2　成果主要内容

1. 移民安置实施计划

移民安置实施计划包括总体控制性计划、年度计划。

移民安置实施总体控制性计划的内容应包括移民安置任务，实施工作关键线路，完成截止时间，工程截流、工程蓄水、工程竣工等控制性节点，分年度费用需求，形象进度等。

移民安置年度计划应根据移民安置实施总体控制性计划、移民安置实施阶段性计划或移民安置完工计划，提出年度计划建议，分析确定年度工作涉及的移民安置实施项目，分类别、分项目提出完成时间节点和费用需求。

2. 综合设计（设代）报告

综合设计（设代）报告分月报、季报、年报，编制期限、频率等根据委托方要求确定。报告主要内容包括：综合设计（设代）工作情况；设代期间重要会议、巡查、调研情况等重要纪事；移民安置工作总体进展情况；下一步工作计划；存在的问题及处理建议等。

3. 移民安置规划调整专题报告

移民安置规划调整专题报告主要内容包括：原审定移民安置规划方案、规划调整必要性、规划方案调整依据及原则、规划调整比选方案拟订、规划调整方案论证分析、规划调整方案比选评价、规划方案调整存在问题及后续工作建议。

4. 其他综合设计成果

根据移民安置工作需要编制相关综合设计成果。

10.3　工作中遇到的主要问题及典型案例剖析

10.3.1　关于主体设计单位技术归口

1. 主要问题及建议

大中型水利水电工程建设征地移民安置任务包括农村移民安置、城镇迁建，专业项目处理、库底清理、补偿补助资金兑付等，涉及多个行业，工作面广、政策性强、程序复杂，是一项复杂的系统工程。

实施阶段建设征地移民安置勘测设计为多级管理制度，由各级地方人民政府或移民主管部门根据职责权限委托设计单位开展农村、城镇、专项等项目的实施规划设计及单体设计。因移民安置涉及点多面广、需迁复建工程项目多，参与移民安置规划设计单位人员众多，部分工程项目参与设计单位甚至上百家。规划设计过程中，因部分设计单位对建设征地移民安置政策不熟悉，缺乏移民安置规划设计工作经验；同时，各设计单位采用基础资料、设计边界条件存在一定差异；加之地方人民政府技术力量有限，无法统一组织、管理、协调各设计单位，设计单位间基本不具备及时、有效沟通条件，最终完成规划设计成果不能与移民安置政策结合，设计成果间不能有效衔接、汇总，导致工程建设进度滞后，移民被迫过渡安置、建设征地移民安置延长费用增加等问题。如：不同设计单位完成同一复建道路各标段间高程无法衔接、房建工程与场地平整工程规划设计不衔接等问题。

为合理解决各设计单位规划设计成果不能有效衔接、汇总问题，瀑布沟水电站实施阶段开创性提出主体设计单位技术归口概念，由主体设计单位组织相关专业和具有相应设计资质、掌握移民政策、熟悉建设征地移民安置区实际情况的协作单位，成立相应工作机构常驻现场，全面负责开展建设征地移民安置涉及各项目勘测设计工作。工作过程中主体设计单位充分发挥技术优势，积极开展技术指导和技术协调；统一对各专业和协作设计单位进行组织、管理；统一对各勘测设计项目必要性、规模、标准、方案等进行技术把关和技术归口；统一就设计过程中存在相关问题与地方人民政府、项目业主等相关各方进行沟通、协调。经主体设计单位技术归口，有效避免了各规划设计成果间不能有效衔接、汇总等问题，为移民安置工作顺利推进提供了条件，确保了按期下闸蓄水等节点目标的顺利实现。

为此，建议大中型水利水电工程建设征地移民安置规划设计过程中，充分发挥主体设计单位技术优势，主体设计单位应加强技术归口、开展技术牵头、主动介入相关专业设计单位工作，做好技术协调、技术服务及技术归口工作，确保移民安置工作及时、顺利、高效完成。

2. 典型案例剖析

大渡河瀑布沟水电站实施阶段移民安置勘测设计项目实行多级管理制度，实施过程中四川省移民办，雅安市等6个外迁移民安置市，以及汉源县、石棉县分别委托了上百家设计单位展开了农村、县城、集镇、专项等众多项目的实施规划设计及单体设计。由于部分设计单位在规模、标准控制以及项目衔接方面未能与移民安置政策充分结合，成果无法衔接和汇总，导致后续工作无法开展。

在此情况下，2007年9月雅安市委市政府向省政府专题报告请求主体设计单位成都院全面牵头瀑布沟水电站移民实施阶段各项移民工程的规划设计工作。随后，成都院调集院内外各专业精锐力量，常驻现场，全面展开各项勘测设计工作。由于瀑布沟水电站涉及移民工程项目多、专业面广，成都院人力资源有限。因此，雅安市根据具有相应设计资质、掌握移民政策、熟悉汉源县的具体情况的协作单位比选原则并上报省移民办同意后，分别委托同济京奥公司、四川省地勘院、四川农业大学、三峡大学、四川省农科院、四川省交通设计院、自贡城市规划设计院等单位协助成都院开展规划设计工作。工作过程中，成都院充分发挥技术优势，主动介入，积极开展技术指导和技术协调，及时对相关设计单位规划设计成时进行技术归口，最终经参与各方多年努力，瀑布沟水电站移民安置工作顺利完成。

10.3.2　关于实施过程中出现的非技术问题要求通过技术手段处理

1. 主要问题及建议

水电移民安置是一项系统的社会化工作，工作面广、政策性强、涉及相关方多。根据"471号移民条例"规定："经批准的移民安置规划是组织实施移民安置工作的基本依据，应当严格执行，不得随意调整或者修改；确需调整或者修改的，应当依照本条例第十条的规定重新报批。"

大中型水电工程从项目核准到工程蓄水一般需要几年甚至十几年，需结合主体工程建设进度分区域、分期开展移民安置相关工作，工作周期长。移民安置工作实施主体和责任主体是地方人民政府，工作的对象是"人"，人的认识和意志会随着外界因素的变化而发生改变。一方面政府领导为任期制，由于地方政府及行业主管部门领导调整，地方人民政府关于移民安置思路常出现变化；另一方面由于实施过程社会经济发展，移民意愿调整，进而导致移民工程建设地点、规模和规划布局方案变更。同时，移民安置规划遵循"原功能、原规模、原标准"的原则，但水电项目多处高山峡谷地区，地方政府在实施过程中除考虑满足移民安置需要外，还希望通过电站建设能提高移民生产生活水平、带动地方经济发展。为此，移民安置实施过程中受移民政策、规程规范和技术标准变化、政府安置思路和移民意愿调整，以及工程建设条件变化等因素影响，出现设计变更不可避免。

但从目前众多水电项目移民安置实践来看，移民安置过程中因地方政府随意调整规划设计成果、不按规划设计图纸施工、组织管理不当等原因，导致实施情况与原审定设计成果存在差异现象也较为普遍。如，实施过程中地方人民政府以提高移民生产生活水平，符合地方社会经济发展为由，随意对原调整规划设计成果进行调整，擅自扩大工程建设规模、提高工程建设标准、增设项目。因地方政府工程建设能力不足，组织管理不当，导致项目设计成果不能有效衔接，出现重复施工等问题；工程建设过程中，为满足部分领导个人喜好，对规划设计成果进行随意调整；更有甚者因工程建设过程中受利益因素驱动对设计成果随意变化，改变施工组织、方法、工艺，使得施工成果无法达到设计意图，不得不进行修补而产生变更等。

进入移民安置后期，相关各方鉴于项目已实施，强烈要求综合设计单位按现行相关政策、文件规定，通过变更纳入移民安置规划处理。但该类项目前期基本未履行变更程序，变更相关基础资料不够细化、完善，设计单位单从技术层面分析，变更必要性不足，方案不尽合理，经济性差，甚至不满足现行规程规范和技术标准的规定，处理较为困难。为解决相应缺口资金，各方通常要求设计单位采取按现状还原设计、对相关各方正式提供资料进行复核后纳入规划报告等方式处理，给综合设计工作带来了较大困难和压力。主要表现为以下三个方面：一是综合设计（设代）单位需组织大量人员开展资料分析、变更方案反复论证、还原设计等基础性工作；二是工作过程中需考虑各方意见，面临各方给予的压力；三是由于该类项目从技术层面分析变更必要性不足，方案不尽经济合理，缺乏变更决策过程等基础资料，存在一定设计风险。

为此，建议在实施过程中综合设计进一步加强技术归口，及时提醒相关各方随意变更存在的风险和问题。各级移民主管部门、项目法人、移民综合监理等参建各方应认真履行设计变更活动的监督管理职责，规范变更行为。同时，移民主管部门严格审批程序、提高违规变更成本，对未按规定履行变更审批程序的项目、未批先建项目后期不予以受理；对未按规定履行变更审批程序，实施变更的项目存在经济合理性差、质量、安全问题的单位和人员追究相关责任。

2. 典型案例剖析

（1）案例1：关于移民工程变更处理问题。X水电站规划建设2座集镇和9个集中居民点。工程建设过程中，地方人民政府单方面对居民点总平面布置及竖向规划方案、内部市政基础设施规划等进行了调整，工程建设完成后强烈要求按已实施成果开展移民工程变更设计，将变更增加费用纳入移民安置规划处理。经分析，集镇、居民点设计变更项目主要包括以下三类问题：①实施过程中地方擅自对审定集镇、居民点平面布置及竖向规定进行调整，提高部分项目设计标准，如：调整移民房屋、公共设施布置方案，改变集镇、居民点道路红线宽度，提高绿化、电力电信标准；②实施过程中，在原审定成果基础上增加部分工程项目，如：增设地面硬化，踏步等设施；③因地方组织开展房建工程规划布局，设计高程与市政工程初步设计审定成果不协调，房建过程中对审定市政工程场平、挡墙、道路、管网等进行调整，对部分已完建项目进行拆除重建。

鉴于此类项目情况复杂，设计单位单从技术、经济等方面分析，设计变更处理必要性不足，加之部分地方人民政府提出设计变更项目基础资料不够完善，前期变更处理工作推进十分困难。为推进移民工程变更处理进程，省移民主管部门会同电站项目业主召开移民工程变更处理工作协调会议，要求设计单位按"尊重历史、面对现实"的原则，根据集镇、居民点实施现状开展还原设计，编制变更专题报告处理。根据协调会议精神，2017—2019年间，设计单位组织了大量设计人员开展现场踏勘、协调对接、方案论证、报告编制等工作，消耗了大量人力、物力，开展了大量工作。在此基础上，结合各集镇、居民点现状实际情况、项目变更资料等变更清理成果，最终编制完成了集镇、居民点变更设计专题报告，较好地解决了各方提出的问题。

（2）案例2：关于房建缺口资金处理问题。根据《水电工程建设征地移民安置补偿费用概（估）算编制规范》（DL/T 5282—2007）的规定，移民房屋补偿单价的测算方法为：选择库区调查的实物指标中有广布性和代表性的典型房屋，还原其设计和工程量，根据安置地的建筑工程造价依据和办法编制典型房屋设计概算，推算每平方米房屋造价即相应房屋结构的补偿费用单价。按现行移民政策、规范的规定，移民房屋建设应按"建补分离"政策规定执行，一般应采取移民自建的方式建设，即移民利用领取的房屋补偿费，由其自行建设其房屋的方式。实施过程中，受移民搬迁时间紧、任务重等因素影响，地方决定对L水电站移民安置房采取（统）代建方式，由项目业主代建。因建房方式改变，导致代建成本和补偿单价的差距达1600元/m^2。经分析造成代建房屋造价与房屋补偿单价差异的原因主要包括以下几个方面：一是移民和地方政府要求增加或调整部分项目，如：增加新农村风貌建设、基本入住项目调整、实际代建户型调整较补偿单价测算采用典型户型有所调整；二是由于相关强制性规程规范的要求而增加的项目和工程量，如：深基础处理、地基处理、新增保温节能措施；三是物价变化及政策调整；四是移民阻工导致施工单位窝工而发生的窝工索赔；五是实际代建的房屋较移民实物指标调查中原有房屋面积增加、结构提高。

为解决 L 水电站代建房屋资金缺口，相关各方要求设计单位对符合相关规程规范要求合理部分，比如保温节能、基本入住、场地地基处理、房屋深基础处理、物价差与政策性差异造成的资金缺口，分析其合理性，测算相关工程量及费用，通过分别编制相关专题报告，按程序报审后纳入移民工程费用处理的方式解决；对新农村风貌建设由省级移民主管部门明确相关政策规定后，按政策规定处理；对面积差和结构差造成的资金缺口应由移民补缴。

10.3.3　工程建设正常计量与移民变更处理问题

根据工程建设相关规定，工程项目招标工程量表所列的工程量一般是按设计图纸计算的。按《建设工程工程量清单计价规范》（GB 50500—2013）等相关文件规定，工程建设过程当发现工程量清单中出现缺项，工程量偏差，或因工程变更引起工程量增减，按承包人在履行合同义务过程中完成的工程量计算，竣工结算时以经过监理工程师计量的实际完成的合格工程量为依据。一般情况下，实际完成工程量与招标清单工程量存在一定差异，一是由于工程建设过程中变更引起的工程量增减；二是由于设计文件与实施成果误差引起的工程量增减，即便是完全按照图纸施工，最终实际完成工程量与设计工程量也存在一定差异，变更产生的量差按照合同中变更的相应条款处理；其他原因产生的量差一般是由监理计量，建设单位确认。

由于移民工程项目特殊性，工程建设过程中除执行工程基本建设程序相关规定处，还需各省关于移民工程变更相关规定履行移民变更程序。以四川省为例，根据《四川省扶贫和移民工作局关于印发〈四川省大中型水利水电工程移民安置项目设计变更管理办法〉的通知》（川扶贫移民发〔2018〕167 号）规定，符合下列条件之一为重大设计变更，其他设计变更为一般设计变更：①新增或取消工程项目；②工程选址变化；建设规模变化幅度大于 20%；总体布局方案调整；功能变化；审定的施工组织发生重大调整；移民单项工程投资变化幅度大于 5%（变更金额与直接费的比例）且金额变化在 400 万元（含）以上。

因移民工程建设涉及面广、情况复杂、敏感性强，部分参建单位人员工程建设管理技术水平有限，缺乏水电移民工程项目建设管理经验；同时，对省级移民主管部门出台变更管理办法学习领悟不够，将工程变更和移民变更概念混淆，不理解工程计量与移民变更关系，要求综合设计（代代）人员介入单项工程建设，将工程建设过程中产生的量差和工程变更均纳入移民变更程序处理。

如：库区公路建设过程中常出现的线型微调、部分路段边坡挡墙结构形式调整等工程变更导致工程量和工程建设费用变化。根据工程建设管理相关规定，应由施工单位、单项设计、单项监理、建设单位按工程基本建设程序或施工合同关于变更相关约定处理。但部分项目实际操作过程中，常要求综合设计介入出具综合设代意见，对变更通知单、工程计量文件等予以签字确认，以便后期纳入移民变更处理。

为避免出现上述问题，建议国家或省级部门出台相关文件、办法，明确综合设计（设代）具体工作任务和内容；同时，建设移民安置实施过程中，综合设计（设代）人员要加强指导，向相关各方做好宣传解释工作。

10.3.4 关于综合设计单位定位、职责的问题

根据工程建设相关规定，工程建设过程中单项设计单位的主为职责为：建设工程施工前，向施工、监理单位说明勘察、设计意图，解释勘察、设计文件；按照合同约定和勘察、设计文件中明确的节点、事项和内容，提供现场指导，解决施工过程中出现的设计问题；施工单位在施工过程中发现勘察、设计文件存在问题的，设计单位应当应施工单位要求到现场进行处理；设计文件内容发生重大变化的，应当按照规定对原设计文件进行变更；参加设计文件中标注的重点部位和环节的分部工程、分项工程和单位工程的验收，并签署意见；参加建设工程竣工验收，对是否符合设计要求签字确认，并向建设单位提供建设工程的使用维护说明等。

根据四川、云南两省相关政策、文件规定，综合设计单位的职责为统筹协调移民安置规划的后续设计技术标准和要求，进行移民安置方案的整体与局部、移民安置区的总体与单项、移民安置项目之间的技术衔接和单项设计技术标准控制，开展移民安置实施过程中出现移民安置项目规划调整和设计变更技术管理，为各方提供现场技术服务。

目前，因国家层面暂尚未出台关于综合设计（设代）工作职责、定位等相关文件，各省出台的政策文件关于综合设计定位、职责及与单项设计关系不够明确，加之参建各方关于理解不尽相同，导致移民工程建设过程中存在部分工作属单项设计承担还是综合设计承担存在争议，相互扯皮、推诿现象。建议在总结前期工作经验教训基础上，由国家层面出台统一政策或行业标准，进一步明确、细化综合设计（设代）工作范围、职责定位、工作内容等，以使相关工作顺利有序开展。

10.3.5 关于重复设计工作经费的问题

根据《水电工程建设征地移民安置补偿费用概（估）算编制规范》（DL/T 5382—2007）规定，综合设计（综合设计代表）费是指移民安置实施阶段为统筹协调移民安置规划的后续设计，把关农村居民点、迁建集镇、迁建城市、专业项目等移民安置项目的技术接口，设计文件汇总和派驻综合设代、进行综合设计交底所发生的费用，费率为1%～1.5%。

移民安置实施阶段，因移民安置政策调整、移民意愿变化等，部分项目原可行性研究审定移民安置规划设计方案不能满足移民安置需要，主体设计单位（一般为综合设计单位）牵头开展了移民安置方案分析、研究、论证及移民安置规划方案调整专题报告编制等工作（如：移民安置总体规划调整报告编制、移民安置规划调整报告等）；同时，因移民安置方案调整，部分设计成果未能实施，产生了重复设计工作经费。

经梳理，重复设计工作经费主要包括3个方面。一是重复设计，主要是各安置点在实施过程中，移民建房对接后，要求规划布局进行，导致规划布局发生了较大调整，从而导

致已实施或未实施的基础设施也发生了较大调整，相应的规划设计工作既要考虑移民的意愿，又要兼顾未调整的部分，尽量减少投资浪费，使得规划设计工作调整难度很大，但最终投资变化不大，以最终投资来测算勘测设计费无法反映重复设计费；二是已完成施工图设计但项目取消或未实施，主要是由于农村移民安置方案调整，取消了部分安置点，在此期间，设计单位完成了一部分施工图，但最终项目取消或未实施，因该部分的项目取消或未实施，最终调概报告中无投资概算，无法计列勘测设计费；三是根据实际实施情况，编制移民安置规划调整、移民安置方案调整、变更汇总和概算调整等相关报告，产生了相应设计工作量。由于现行政策和规程规范未明确重复设计费处理方式，工作过程中各方关于重复设计费处理原则和计列方式常出现分歧。

对于重复设计和已完成施工图设计但取消或未实施项目，由于这部分项目在设计概算中无法计列相应的勘察设计费，建议以审定的工程概算中勘察设计费为基础，按重复设计和已完成施工图设计实际工作量测算相关费用与项目业主协商。对于移民安置规划调整、移民安置方案调整、变更汇总和概算调整等相关报告，目前各项目有两种处理办法，一是按照实际投入的人工日，按人均产值测算相关费用后与业主协商；二是以建设征地移民安置补偿费用概算为基数，按照《中国建设工程造价管理协会关于规范工程造价咨询服务收费的通知》（中价协〔2013〕35 号）等文件规定费率计算相关费用后与业主协商。由于实际投入的人工日和人均产值无相关依据，与业主协商起来较为困难，建议以建设征地移民安置补偿费用概算为基数，按照《中国建设工程造价管理协会关于规范工程造价咨询服务收费的通知》（中价协〔2013〕35 号）等文件规定的费率计算相关费用。

10.4 技术总结及建议

10.4.1 综合设计（设代）工作主要内容

水电工程建设征地移民安置综合设计（设代）工作涉及内容较多，主要工作包括设计交底、设计变更处理、检查验收、综合设计（设代）成果编制及移民安置过程中存在相关问题的技术服务、协调等。

设计交底是综合设计（设代）人员对建设征地移民安置规划设计报告成果的细化和延伸，是确保移民安置实施主体及工作参与各方按审批移民安置规划设计成果顺利开展移民安置工作的技术支撑。

设计变更处理主要是依据国家和省、市（州）有关政策、相关行业强制性标准、技术规程等，同时满足移民安置工程使用功能、安全、质量、成本、环境保护、水土保持要求的，对已批准的移民安置项目的设计方案进行优化调整的行为，通过变更项目设计方案使项目实施更加符合实际情况。

国家相关法律法规明确移民工程未经验收或验收不合格的，不得对大中型水利水电工程进行阶段性验收和竣工验收，大中型水利水电工程建设征地移民安置检查验收是水电工程验收的重要组成部分，一般分为阶段性验收和竣工验收。

实施阶段综合设计（设代）工作需编制主要成果，包括：综合设计（设代）报告（含月报、季报、半年报、年报)、移民安置年度工作建议计划及年度工作调整计划、设计变更处理意见、移民安置规划调整专题报告、综合设代相关文函、其他临时性综合设计(设代)技术成果。

10.4.2 工作重难点

10.4.2.1 设计交底

工作重点:生产安置人口和搬迁安置人口确定方法;各补偿补助项目具体补偿标准;各移民单体工程建设规模、标准、方案。工作难点:因移民安置实施管理部门人员调整,实施过程中部分内容需反复多次交底;部分项目审批移民安置规划设计成果部分内容说明不够细化具体,操作性不强,设计交底过程中实施管理部门与综合设计单位处理意见可能存在分歧。

10.4.2.2 设计变更处理

工作重难点:省级移民主管出台设计变更管理规定中关于重大设计变更、一般设计变更界定条件规定不够具体,变更提出方提交变更基础资料不完善,导致设计变更处理过程变更性质判定困难;地方人民政府结合建设征地移民安置区实际情况提出的部分设计变更项目,单从技术、经济方面分析难度较大、投资较高,但受地方人民政府意见、移民意愿、安置区居民意见等多因素限制,基本不具备提出比选方案的条件,工作过程中该类项目把控处理较为困难。

10.4.2.3 检查验收

工作重难点:相关的规程规范以及各省级移民管理部门出台的建设征地移民安置专项验收管理办法关于移民安置专项验收应具备的条件要求普遍较高。验收阶段因受诸多因素影响,部分项目移民安置工作实际情况与检查验收相关要求有一定差距。

10.4.3 下一步工作建议

目前,我国大中型水电工程数量众多,建设征地移民安置工作任务繁重,主要涉及四川、云南、青海、西藏等省(自治区),由于各省水电开发进程不一致,各自出台的移民政策体系、移民管理制度等不尽相同,其中关于移民安置综合设计的相关规定有相同之处也存在差异,各项目在实际工作中处理同类问题的方式方法也存在着一定差异。

同时,因水利水电工程建设征地移民安置涉及面广、周期长、情况复杂,实施过程中需各方协调处理大量特殊问题。通过对目前综合设计工作中存在的主要问题进行梳理、分析、研究,设计单位应从相关的工作思路、工作方法等方面提出建议、解决方案、措施,形成经验教训库,为后续工作过程中合理处理类似问题提供经验,以便提高综合设计工作进度、质量和效果。

为规范各工程建设征地移民安置综合设计工作,建议由国家层面统一研究出台相关规程规范,以便顺利开展综合设计工作。同时,在实际操作过程中,提出以下建议:

(1)移民安置实施过程中,建议强化主体设计单位技术归口的作用,减少多头设计,归口主要是符合性检查有关要求。

(2)移民安置设计变更处理中,综合设计单位应把握整体与局部的变更关系。

（3）移民安置规划设计单位对各项安置标准，特别是移民工程类建设标准应严格把关，坚持原则，以节约、优化移民投资。

（4）移民综合设计单位应参与水电工程移民相关政策的研究制订，以及相关管理办法的修订，以保证项目顺利推进。

（5）移民综合设计单位应对各类设计变更项目进行统筹，对功能符合性、安全性进行整体把握。

第 11 章

总 结 与 展 望

11.1 城镇迁建规划设计

1. 总结

早期水利水电项目建设规模较小，涉及城镇迁建任务并不多，且对于迁建规划设计方面的行业规范和技术标准要求也不是一直就有的，而是有一个从无到有、由浅入深、由粗到细的过程，是随着社会经济的发展而不断深化的。从设计深度来看，城镇迁建由前期的初步选址初步规划，逐渐到重视选址，达到总体规划深度再发展为总体控制、详细规划，市政工程均达到初步设计深度。随着近 10 余年来一大批大中型水利水电项目建设的推进，涉及越来越多的城集镇迁建任务，其处理方案需根据其淹没影响程度、水库淹没后其经济腹地的变化情况，以及地方总体规划、交通网络的恢复、行政区划的调整等综合分析确定，已成为移民安置规划的重要组成部分。从水利水电工程建设涉及城镇的基本情况看，一般规模不大，由于历史原因，这些城镇早期缺乏统一规划、布局混乱、空间狭小、建筑密集、街道狭窄、市政基础设施落后、环境卫生较差、房屋建筑陈旧破败、公共建筑功能不全，公共服务设施缺乏，一般只有学校、医院等，没有专门的集贸市场，主要以街为市，每逢赶集便拥挤不堪。水利水电工程建设为受淹城镇的升级改造带来了契机，加快了地区社会经济的发展。

城镇迁建规划设计的主要任务是依据国家水利水电工程建设征地补偿政策，按照《镇规划标准》（GB 50188—2007）等移民安置规划设计阶段的行业规范要求，确定迁建规模，进行城镇新址选择及其建设用地范围内的用地布局、场地平整、基础设施、公用设施规划设计、环境保护、移民搬迁安置和城镇功能恢复的规划设计，计算相应的迁建补偿费用，编制移民安置规划水平年的迁建规划设计文件。因此，城镇迁建规划是为满足移民搬迁需要而作出的规划，着重于近期搬迁建设，注重受淹城镇的恢复重建恢复功能。从近年来城镇迁建实施的效果看，还存在一些值得关注的问题。

（1）公共服务设施处理原则与规划用地规模不能完全匹配。按照现有移民政策，公共服务设施房屋建筑建设等的费用按照对应实物指标和重置价格计算，而由于历史原因，这部分实物指标很少，相应的补偿费用低，虽然《镇规划标准》（GB 50188—2007）规定的基础设施建设标准基本能满足城镇的发展需要，但对于公共服务设施房屋建筑等超出实物指标补偿部分不能计列补偿投资，增加投资需地方政府自筹解决，为此资金缺口很大，导致公共服务设施功能缺失，影响规划城镇功能的完全发挥。目前，一些水利水电项目逐步将学校、医院（卫生室）等按照国家、行业相关规范要求进行了配置，不再按实物指标补偿纳入移民概算。因此，做好城镇迁建投资与水利水电工程促进地方经济发展的平衡，进一步明确此类问题的处理原则是将来移民政策修订中应关注的问题。

（2）硬件设施基本完备，发展软环境有待加强规划引领。城镇迁建特别注重硬件设施的完备，按照相关的政策规范进行的规划、建设可以让城镇建设成为布局合理、功能齐全、配套完善、兼具现代风格和民族风貌的新城镇。这一进程是由于水利水电项目的建设人为加速推进的，但与之相配套的城镇持续发展的环境条件因没有经历长期的、正常的发展演变，建成的产业园、商铺等短期内难以发挥规划的社会经济发展功能，还需要在意愿征求、产业规划、从业者的技能培训、社区建设等软环境方面加强规划引领。

（3）针对少数民族地区城镇迁建的特殊要求完善相关的规程规范。随着水利水电工程向西部少数民族地区推进，在城镇迁建规划已涉及少数民族宗教信仰、生活习惯、风俗文化等现有规程规范未涵盖的内容，需要在充分调查研究的基础上有针对性地进行完善，及时做到依法依规开展规划设计工作。

2. 展望

现有城镇迁建规划设计方面的规程规范对推动水利水电工程建设的顺利进行，迁建城镇硬件设施的跨越式发展起到了重要作用，一是建议考虑社会经济的发展态势，在事关民生的医疗健康、上学、政务办事、社区文化建设等公共服务设施的处理原则、处理方式上进一步完善明确，提升小城镇功能；二是针对城镇迁建及发展问题，建议对硬件设施在依法依规做好规划设计的同时，更加注重对迁建城镇后续发展密切相关的软件环境的前瞻性规划，带动商贸、物流、餐饮、务工一体化发展，助力加快推进城镇化；三是针对少数民族地区特殊的生活习惯、民俗民风、宗教信仰，制定与完善相应的规程规范。

11.2 专业项目规划设计

1. 总结

工矿企业、等级公路、电力电信、库周交通等是水利水电项目经常遇到的需进行处理的专业项目对象，一般承担着库区人们出行、物流、用电、通信等基本需求功能，处理原则由早期"适当补偿、不处理或只做方案性规划逐渐发展为按'原规模、原标准、原功能'处理，对有其他项目替代不需恢复功能或难以复建恢复功能的专业项目，应给予合理补偿"，到执行国家有关强制性规定，需扩大规模，提高标准或改变功能的项目，应由省级主管部门和项目法人协商一致，并明确投资分摊方案，同时将原初步设计深度要求由技施招标阶段提前至可行性研究阶段，再到现阶段促进地方经济发展、统筹扶贫项目或其他行业的综合性处理原则，做到了与时俱进，更加符合社会经济发展的需要。

2. 展望

"三原"原则已不适应新形势要求，需进行改革创新。现行水利水电征地移民工作坚持的主要原则是原标准、原规模、原功能的"三原"原则。多年来，全国的水利水电移民工作严格执行该原则，基本上体现了补偿的公平，在相当长的时间内对移民补偿安置工作和水利水电行业的发展是起到了非常大的促进作用。但在社会经济水平快速发展的今天，大多数大中型水利水电工程建设周期一般在 8～10 年，加上前期工作一般约 10～15 年，若以规划当年作为"三原"原则的标准，那么 10～15 年后各项移民工程的建设水平就可能远远低于当地社会经济发展水平。随着我国改革的深入推进和社会经济水平的快速发展，水利水电征地移民工作理念和原则也逐步进行了调整。例如，目前水电行业在实际工作中基本遵循的是"三原＋行业规范强制性"的原则，特别是基础设施中水、电、道路的复建标准一般都高于现状标准，部分突破了"三原"原则的束缚。但总的来看，"三原"原则已不能完全适应新的要求，需结合社会经济发展状况和水利水电移民工作特点和理念，研究提出水利水电移民工作新原则。

11.3 库底清理设计

1. 总结

水利水电工程库底清理是水库淹没处理的重要组成部分，关系到水库水质、库周及下游人群健康、水库综合利用和枢纽工程运行安全。从新中国成立初期到注重环境保护和可持续发展的今天，水库库底清理工作从依据《水库库底清理办法》到依据《水库库底清理规范》，取得了长足的发展和进步，有关库底清理的法律法规已逐步健全，形成了一套完整的理论体系，丰富和完善了库底清理规划设计的内容，使库底清理工作发挥了巨大且积极有效的作用。但从库底清理的实施情况看，一些水利水电项目库底清理工作未按规定严格执行，验收不够严谨，管理不够规范；库底清理规划设计内容较为薄弱，清理对象主要根据库区实物指标确定，未进行专门调查，存在不够全面与彻底、针对性不强的问题；库底清理概算内容不全面、深度不够导致清理费用明显偏低，影响库底清理质量。相关规定较实际工作需要有所滞后。

2. 展望

鉴于库底清理工作的不可逆转性，其造成的不利影响具有潜藏性、长期性、严重性等特点，需加强库底清理相关技术内容和深度要求，费用概算按照工程类概算要求进行编制，同时严格验收要求和流程，确保库底清理工作落到实处、取得实效。

11.4 补偿费用概算

1. 总结

从"补偿补助项目简单包括土地补偿费、房屋补偿费及树木、水井等附着物的补偿"的粗放做法，到"补偿补助项目细分，相继增加了青苗补偿费、搬迁运输费、城镇迁建补偿费等补偿补助项目，明确规定了补偿补助项目的标准与测算方法"的深化规定，到"移民补偿补助项目划分更加细化，增加了基础设施补偿费、城镇迁建的场地平整费，并首次对税费标准进行了规定"的继续完善，再到"土地补偿费和安置补助标准大幅度提高，调整为平均年产值的 16 倍，耕地年产值则根据地方发布的相关规定执行，房屋及附属设施补偿采用还原设计确定补偿标准，测算方法更加精细化、规范化"的与时俱进。至目前，移民补偿费用体系经历了从无到有，从粗放到逐渐完善的过程，已基本实现了补偿项目和标准的规范化、系统化、统一化、合理化和透明化。随着国家经济社会的快速发展，城镇化进程的加快，水利水电行业移民补偿与城市征地拆迁政策体系的差别仍然继续存在着且有扩大的趋势，对水利水电行业移民补偿政策带来了一定的影响。同时，水利水电工程逐步向少数民族偏远地区发展，也带来了诸如民族宗教特色浓厚的设施项目、林下资源等的补偿原则、标准、方法缺失的问题，这些问题亟待解决。

2. 展望

（1）水利水电和其他行业宜共同建立统一的补偿体系。大中型水利水电工程建设征地和其他行业征地拆迁补偿体系存在的差异已严重阻碍征地工作的顺利开展，产生了同结构不同价、同对象不同标准等一系列问题。为从根源上解决类似问题的产生，建议各行业共同建立统一的地上附着物补偿体系，规范补偿标准计算方法、统一补偿标准，经由国土、移民相关主管部门共同审核，经省政府批准统一发布后共同遵守。如此一方面可进一步体现补偿的公正公平；另一方面可兼顾平衡水利水电与其他工程建设征地涉及各方利益，减轻补偿执行阻力，化解矛盾。

（2）少数民族地区的特殊性，要求进一步完善补偿体系。土地及其衍生物是传统移民补偿补助体系的主要项目，包括土地补偿费、安置补助费、青苗等地面附着物补偿费等。在四川江河上游高海拔的民族地区，移民对种植业依赖相对不高，其大部分收益却来自周边林草地，如松茸、虫草的采集，天然草场放牧等，但这部分林草资源具有严格的定点分享制度，即只能从长期约定俗成的固定的林地或草场资源中获取收益。但由于现行的移民补偿补助体系尚没有纳入这部分林下资源和牧草资源，移民远迁后将无法再获取这部分收益，导致移民大部分收入丧失，而没有其他切实有效的措施补足，使得移民搬迁后的生活水平必然下降。这在一些工程实例中已有充分表现，移民往往不在乎被征占土地的补偿，但却非常关切林下资源和牧草资源收入损失如何恢复等问题。

另外，少数民族地区特殊的宗教设施和宗教器物补偿如何在尊重地区民族宗教信仰的前提下进行合理补偿需要进行积极探索。随着水电开发逐步深入，在以往移民工作中未曾遇到的如寺庙、白塔、转经房、擦擦房等宗教公共设施，以及经堂、玛呢堆、经幡、煨桑点等个人宗教设施，这些设施具有鲜明的民族特色，甚至维系着信众一生的精神信仰，可见其在少数民族移民心中的地位，它们或因宗教禁忌不可拆卸搬迁，或可以搬迁重建但需要按当地宗教习俗举行宗教仪式。但这些宗教设施和宗教器物规模大小不一，构造亦千差万别，有的刻有经文，有的镂空，对其补偿标准很难确定；宗教仪式更是名目繁多，规格不一，难以准确测算补偿费用；而对于意识形态方面的价值亦无法衡量计算，如很多神山、圣水被少数地区人们看作是神圣不可侵犯的。因此，少数民族地区特殊的宗教设施和宗教器物的处理直接关系着电站建设和移民搬迁的顺利进行，目前全国范围内对民族地区特色实物的调查及补偿处理仍缺少统一的技术规范，如何在尊重地区民族宗教信仰的前提下兼顾经济性和合理性，无疑是一个需要花大力气进行系统研究的重大课题。

（3）建立移民安置补偿标准动态调整机制。在移民安置实施过程中，受移民搬迁时间紧、任务重等因素影响，部分项目移民安置房采取（统）帮建方式开展。因建房结构、房屋面积、物价水平、保温技能措施、风貌打造等原因，导致房屋代建造价与补偿单价之间存在差异，部分水电站代建成本和补偿单价的差距达 800～1600 元/m²，超过审定的房屋补偿单价约 100%～200%。对此，瀑布沟、泸定等水电站建立了动态调整机制，分析价差的合理性，测算相关工程量及费用，编制相关专题报告对房屋补偿单价进行调整，明确了资金分摊。

《国土资源部关于进一步做好征地管理工作的通知》（国土资发〔2010〕96 号）中明确规定："各地应建立征地补偿标准动态调整机制，根据经济发展水平、当地人均收入增长幅度等情况，每 2～3 年对征地补偿标准进行调整，逐步提高征地补偿水平。目前实施的征地补偿标准已超过规定年限的省份，应按此要求尽快调整修订。未及时调整的，不予通过用地审查。"伴随经济社会的发展以及居民消费价格指数上涨等因素，建议补偿标准的动态调整充分考虑了各地国民经济社会发展规划的人均纯收入目标、社会平均工资等指标，并逐步建立了移民补偿标准动态调整机制。

参 考 文 献

［1］ 施国庆，陈阿江．工程移民中的社会学问题探讨［J］．河海大学学报（哲学社会科学版），1999
（1）：23－28.

［2］ 张谷，刘焕永，陈彦，等．中国水利水电工程移民安置新思路［M］．北京：中国水利水电出
版社，2016.

［3］ 李丹，郭万侦，刘焕永，等．中国西部水库移民研究［M］．成都：四川大学出版社，2010.

［4］ 中国电建集团成都勘测设计研究院有限公司．大渡河瀑布沟水电站建设征地移民安置实施规划设
计报告第五分册：工矿企业处理［R］．成都，2007.

［5］ 中国电建集团成都勘测设计研究院有限公司．汉源新县城总体规划［R］．成都，2004.

［6］ 中国电建集团成都勘测设计研究院有限公司．金沙江溪洛渡水电站四川库区建设征地移民安置总
体规划［R］．成都，2012.

［7］ 中国电建集团成都勘测设计研究院有限公司．金沙江溪洛渡水电站云南部分建设征地移民安置实
施规划设计［R］．成都，2015.

［8］ 中国电建集团成都勘测设计研究院有限公司．金沙江溪洛渡电站移民安置实施阶段四川库区部分
补偿补助项目标准测算专题报告［R］．成都，2013.

［9］ 中国电建集团成都勘测设计研究院有限公司．瀑布沟水电站初步设计调整及优化报告［R］．成
都，2009.

［10］ 中国电建集团成都勘测设计研究院有限公司．雅砻江锦屏一级水电站实施阶段建设征地移民安置
实施规划设计［R］．成都，2014.

［11］ 中国电建集团成都勘测设计研究院有限公司．四川省宝兴河跷碛水电站建设征地移民安置规划设
计［R］．成都，1999.

［12］ 中国电建集团成都勘测设计研究院有限公司．四川省大渡河龙头石水电站建设征地移民安置规划
设计［R］．成都，2005.

［13］ 中国电建集团成都勘测设计研究院有限公司．四川省大渡河泸定水电站建设征地移民安置规划设
计［R］．成都，2007.

［14］ 中国电建集团成都勘测设计研究院有限公司．瀑布沟水电站汉源县农村移民安置实施规划报告
［R］．成都，2006.

［15］ 中国电建集团成都勘测设计研究院有限公司．雅鲁藏布江加查水电站建设征地迁移人口安置规划
［R］．成都，2014.

［16］ 中国电建集团成都勘测设计研究院有限公司．四川省雅砻江二滩水电站初步设计水库淹没处理和
移民安置规划［R］．成都，1985.

［17］ 中国电建集团成都勘测设计研究院有限公司．四川大渡河瀑布沟水电站水库库底清理设计报告
［R］．成都，2009.

［18］ 中国电建集团成都勘测设计研究院有限公司．四川大渡河双江口水电站建设征地移民安置规划大
纲调整报告［R］．成都，2016.

［19］ 中国电建集团成都勘测设计研究院有限公司．四川省雅砻江孟底沟水电站建设征地移民安置规划
设计［R］．成都，2016.

［20］ 中国电建集团成都勘测设计研究院有限公司．四川省黑水河流域毛尔盖水电站建设征地移民安置
规划报告［R］ 成都，2007.

［21］ 中国电建集团成都勘测设计研究院有限公司. 四川省雅砻江牙根二级水电站建设征地移民安置规划设计［R］. 成都，2016.

［22］ 中国电建集团成都勘测设计研究院有限公司. 四川省雅砻江两河口电站建设征地移民安置规划报告［R］. 成都，2012.

［23］ 中国电建集团成都勘测设计研究院有限公司. 金沙江溪洛渡水电站四川库区实施阶段库底清理规划设计报告［R］. 成都，2012.

［24］ 中国电建集团成都勘测设计研究院有限公司. 雅江县普巴绒集镇迁建修建性详细规划设计报告［R］. 成都，2016.

［25］ 中国电建集团成都勘测设计研究院有限公司. 雅砻江两河口电站建设征地移民安置重要课题之三：寺院等宗教设施处理专题研究报告［R］. 成都，2011.

［26］ 中国电建集团成都勘测设计研究院有限公司. 四川省大渡河长河坝水电站建设征地移民安置规划报告［R］. 成都，2007.

［27］ 中国电建集团成都勘测设计研究院有限公司. 四川省大渡河黄金坪水电站章古河坝移民安置点外部供水工程初步设计调整报告［R］. 成都，2013.

［28］ 中国电建集团成都勘测设计研究院有限公司. 四川省大渡河黄金坪水电站章古山土地开发整理规划设计调整报告［R］. 成都，2013.

［29］ 中国电建集团成都勘测设计研究院有限公司. 四川省大渡河长河坝水电站建设征地移民安置防护及引水工程初步设计报告［R］. 成都，2007.

［30］ 中国电建集团成都勘测设计研究院有限公司. 大渡河龚嘴水电站技施设计说明书第三卷：水文、泥沙、动能和水库［R］. 成都，1983.

［31］ 中国电建集团成都勘测设计研究院有限公司. 涪江双江航电枢纽工程正常蓄水位选择专题报告5 建设征地移民安置［R］. 成都，2018.

［32］ 中国电建集团成都勘测设计研究院有限公司. 金沙江上游叶巴滩水电站建设征地移民安置规划大纲［R］. 成都，2015.

［33］ 中国电建集团成都勘测设计研究院有限公司. 金沙江溪洛渡水电站可行性研究报告第九篇：建设征地和移民安置规划设计［R］. 成都，2005.

［34］ 中国电建集团成都勘测设计研究院有限公司. 四川大渡河瀑布沟水电站汉源县道路复建工程建设征地移民安置实施规划设计报告［R］. 成都，2007.

［35］ 中国电建集团成都勘测设计研究院有限公司. 四川嘉陵江东西关水电站初步设计报告第三篇：水利、动能和水库［R］. 成都，1988.

［36］ 中国电建集团成都勘测设计研究院有限公司. 四川省绰斯甲水电站建设征地移民安置规划报告［R］. 成都，2012.

［37］ 中国电建集团成都勘测设计研究院有限公司. 四川省大渡河猴子岩水电站建设征地移民安置规划设计报告［R］. 成都，2009.

［38］ 中国电建集团成都勘测设计研究院有限公司. 四川省大渡河黄金坪水电站建设征地移民安置规划报告［R］. 成都，2009.

［39］ 中国电建集团成都勘测设计研究院有限公司. 四川省大渡河硬梁包水电站建设征地移民安置规划报告［R］. 成都，2012.